U0489657

高职院校特色规划教材

水污染控制技术

（富媒体）

张　剑　主编

石油工业出版社

内容提要

本书介绍了水污染控制的基本理论和实际应用，内容涵盖环境科学的基础知识、安全操作规范、污水处理技术、污泥的处理与处置、PLC 应用技术、泵站维护等方面。通过对环境基本属性、环境科学的发展、世界和中国的环境现状等多维度的学习，使读者掌握污水处理的核心技术，理解并能够应对当前环境保护面临的挑战。本书还通过实际操作和案例分析，增强读者的动手能力和问题解决能力，实现对污水处理和环境保护全面掌握的目标。

本书为高等职业院校环境工程专业教材，也可作为相关专业的培训教材和参考书。

图书在版编目（CIP）数据

水污染控制技术 ：富媒体 / 张剑主编． -- 北京 ：石油工业出版社，2025. 5. --（高职院校特色规划教材）. -- ISBN 978-7-5183-7431-1

Ⅰ. X52

中国国家版本馆 CIP 数据核字第 2025VA2356 号

出版发行：石油工业出版社
（北京市朝阳区安华里二区 1 号楼　100011）
网　址：www. petropub. com
编辑部：（010）64523697
图书营销中心：（010）64523633
经　销：全国新华书店
排　版：三河市聚拓图文制作有限公司
印　刷：北京中石油彩色印刷有限责任公司

2025 年 5 月第 1 版　2025 年 5 月第 1 次印刷
787 毫米×1092 毫米　开本：1/16　印张：17. 25
字数：415 千字

定价：45. 00 元
（如发现印装质量问题，我社图书营销中心负责调换）

版权所有，翻印必究

前　言

在全球经济快速发展的背景下，环境问题愈发突出，尤其是水资源污染问题已成为亟待解决的重大挑战。伴随着工业化和城市化的加速推进，不同行业的水污染问题日益严重，对生态系统和人类健康构成了巨大威胁。为了应对这些挑战，我国陆续出台了多个行业的水污染物排放控制标准。例如《电子工业水污染物排放标准》（GB 39731—2020）自 2021 年 7 月 1 日起实施，《地方水产养殖业水污染物排放控制标准制订技术导则》（HJ 1217—2023）已于 2023 年 3 月 1 日正式实施，《船舶水污染物排放控制标准》（GB 3552—2018）针对船舶行业的污染控制提出了明确要求。这些标准为不同产业的水污染物排放提供了科学依据和法律框架，推动水资源的有效保护与可持续发展。

结合当前环境保护领域的需求，本书编写团队经过深入调研与研讨，科学规划了内容结构，并明确了各项目的编写分工。具体编写人员及分工如下：河南水利与环境职业学院张剑负责项目一任务 1. 1 至 1. 5；河南省化工研究所有限责任公司刘琛负责项目一任务 1. 6、1. 7 及项目五任务 5. 6；河南水利与环境职业学院郭朔泽负责项目二；河南水利与环境职业学院郝元锋负责项目三任务 3. 1 至 3. 4；河南水利与环境职业学院李丹丹负责项目三任务 3. 5 至 3. 10；河南水利与环境职业学院唐璐负责项目四；河南水利与环境职业学院薛涛负责项目五任务 5. 1 至 5. 5；河南水利与环境职业学院隋聚艳负责项目六。全书由张剑统稿。

本书编写过程中，得到了新开普电子股份有限公司朱德山、河南瀚源水务有限公司路程等技术管理人员的无私帮助和有益建议，在此一并表示衷心感谢。

由于编者水平有限，书中的错误与不妥之处在所难免，敬请广大读者批评指正。

编者

2024 年 8 月

目　录

富媒体资源目录

续表

序号	项目	页码
31	视频 31　污泥的处置	144
32	视频 32　初识 PLC 自动控制系统	180
33	视频 33　探究 PLC 硬件体系结构	188
34	视频 34　熟悉 PLC 编程软件环境	193
35	视频 35　了解 PLC 基本逻辑指令	202
36	视频 36　掌握 PLC 常用控制程序	218
37	视频 37　学习 PLC 启、保、停经典案例	223
38	视频 38　泵站的用途及分类	227
39	视频 39　泵的选择	232
40	视频 40　离心泵基本知识	239
41	视频 41　螺杆泵基本知识	246
42	视频 42　泵的运行与维护	253

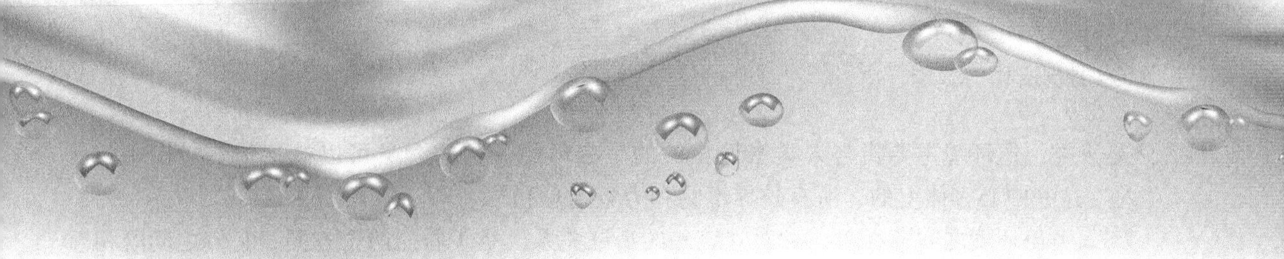

项目一　环境素养提升

任务 1.1　认知环境基本属性

学习目标

视频 1　认知环境基本属性

1. 知识目标

（1）掌握环境的概念；

（2）了解环境的组成要素；

（3）掌握环境的属性特征以及它们与环境要素之间的关系。

2. 技能目标

掌握环境的基本属性，能应用到实际工作当中。

3. 素质目标

（1）培养学生对本专业的职业认同感；

（2）增强学生的动手能力，培养学生的团队合作精神。

思政情境

人不负青山，青山定不负人！这句话告诉我们：保护生态环境其实就是保护自己。我们要像保护眼睛一样保护生态环境，推动形成人与自然和谐发展现代化建设的新格局。要想保护生态环境，就需要认知环境的基本属性。

相关知识

1.1.1　掌握环境的概念

环境是指周围客观事物的总和。根据研究需要和目的，人们会将研究对象从周围事物中分割出来。这种人为划定的范围内的研究对象称为体系或中心事物，其周围事物就是环境。不同的中心事物具有不同的环境，环境随着中心事物的变化而变化。

如果中心事物是人类，环境就是以人为中心的周围一切事物，包括所有其他生命体和非生命体。这里不考虑它们是否对人类的生存和发展有影响。对于环境科学，中心事物仍然是人类，但环境主要指与人类密切相关的生存环境。它的含义可以概括为：“作用于‘人’这一中心客体上的、所有外界事物和力量的总和”。

人类与环境之间存在着一种对立统一的辩证关系，是矛盾的两个方面。它们之间既相互作用、相互依存、相互促进和相互转化，又相互对立和相互制约。

当前，世界各国对各自国家的环境保护政策都有明确的规定，但这些规定和各国法律对环境的解释又不尽相同。我国颁布的《中华人民共和国环境保护法》（以下简称《环境保护法》）中明确指出：“本法所称环境，是指影响人类生存和发展的各种天然的和经过人工改造的自然因素的总体，包括大气、水、海洋、土地、矿藏、森林、草原、野生生物、自然遗迹、人文遗迹、自然保护区、风景名胜区、城市和乡村等”。法律明确规定的环境内涵就是指人类的生存和发展环境，并不泛指人类周围的所有自然因素。这里的“自然因素的总体”强调的是“各种天然的和经过人工改造的”——即法律所指的“环境”，既包括了自然环境，也包括了社会环境，所以人类的生存环境有别于其他生物的生存环境，也不同于所谓的自然环境。

自然环境是指人类生存、生活和生产所必需的物质基础，包括各种天然的和经过人工改造的物质条件，如空气、土壤、水、岩石、矿物和生物等。同时，自然环境也包括能量资源，如阳光、地热、温度、引力和地磁力等。此外，自然环境还包括自然现象，如地震、火山活动、海啸等，这些现象的发生与地壳稳定性和太阳的稳定性有关。这些自然要素构成了大气圈、水圈、土壤圈、生物圈和岩石圈等各种圈层，因此自然环境也可分为大气环境、水环境、土壤环境、生物环境和地质环境等。总之，自然环境是指直接或间接影响人类生存和发展的一切自然形成的物质、能量和自然现象的总体。

从广义上讲，自然环境包括地球环境和宇宙环境两个部分。地球环境对于人类生存具有特殊的重要意义，因为它为人类提供了主要的活动场所和必要的物质基础。虽然理论上宇宙环境的范围无穷大，但在千万亿个天体中，只有地球适宜人类繁衍生存。宇宙环境中的星体存在会对地球环境产生影响，例如月球引力会对海水的潮汐产生影响。虽然目前人类活动的范围主要还限于地球，但随着空间科学和宇航事业的发展，人类有望能够频繁往来于月球和地球之间，并在月球上建立适合人类生存的空间站以及规模化开发利用月球上的自然资源，从而使月球成为人类生存环境的重要组成部分。

社会环境是人类在自然环境的基础上所创造的一种人工环境，它不仅包括物质方面的生产力、科技水平、文化艺术等，还包括政治、法律、组织等方面的社会制度和社会文化等，这些方面相互作用，共同构成了一个复杂的社会环境。社会环境与自然环境紧密相连，相互作用，社会环境的发展也会导致自然环境的变化。在可持续发展的背景下，必须认识到社会环境与自然环境之间的关系，并在社会发展的过程中保护自然环境，实现生态与社会的可持续发展。

总之，环境的含义和内容既极丰富，又随各种具体状况不同。《环境保护法》中定义的环境概念是把环境中应当保护的要素或对象界定为环境的一种工作定义，其目的是从实际工作的需要出发，对环境一词的法律适用对象或适用范围作出规定，以保证法律的准确实施。

1.1.2 了解环境的要素

地球的环境是一个漫长的演化过程，与生命的起源和进化密切相关。根据“星云假说”理论，约60亿年前，地球由气体和尘埃云逐渐形成，逐渐凝结成为地球的前身。大约46亿年前，地球是一个炽热的大火球，外面包围着原始大气。由于放射性元素的热能作用，地球内部的温度不断升高，使地球内部物质具有了可塑性，从而为重力分异提供了条件。较重的金属元素向地球内部集中，形成了地核；而较轻的物质则逐渐上升形成了地幔、地壳等岩石圈。地球内部的气体逐渐上升到地表，在引力的作用下滞留在地球周围，形成了原始的大气圈。这些气体包括 CO、CH_4、NH_3 和 H_2 等还原性气体，而 O_2 则尚未存在。同时，由于地球内部具有较高的温度，地球内部的水分以水蒸气的形式逃逸出地球，进入大气圈并在温度降低时以雨水的形式降落在地球表面。水分的蒸发和降雨使地表温度下降，形成了河流、湖泊和海洋，最初的水圈就此形成。这些最基本的条件为地球生命的出现创造了必要的条件。因此，生命体的进化和地球环境密不可分。

约35亿年前，原始海洋中的元素和小分子化合物受到各种能量的作用，如β射线、γ射线、雷电和热能，逐渐合成了生命的基本要素，如氨基酸、核苷酸和蛋白质等简单有机化合物，随后集聚演化成具有单细胞结构、能进行无氧呼吸的厌氧生物，即厌氧细菌。这些生物通过异养方式吸收水中的有机物并进行发酵作用以获得能量，导致水中有机物质的含量逐渐减少。大约20亿年前，出现了更为进化的自养原核生物，如细菌、燧石藻和蓝藻等生物。它们具有叶绿素，能够进行光合作用，是生命的第一次飞跃。这些生物通过新陈代谢作用在其生命过程中产生了 O_2，O_2 首次出现在大气圈中，并减少了大气中的 CO_2，逐渐改变了原始大气的组成，使得大气环境从还原型向更适合生物生存和发展的氧化型转变。

经过约4亿年的演变，地球形成了含氧的大气圈。在6亿年前，动物出现在海洋中。随着大气中氧气含量的增加，高空中的游离氧分子逐渐积累形成了臭氧层，它能够吸收宇宙紫外线，为进一步的进化和生命登陆提供了保护。陆生生物的出现标志着生物从水生到陆生的转变，这也使得生物圈从水圈扩展到陆地。同时，地表环境也逐渐演化，由水生环境转变为陆生环境。在数十亿年的时间里，地球的地壳运动和环境演化形成了现代地表地貌，包括高山峡谷、江河湖海、丘陵平原、绿色植物、气候带等。

生物进化的加速与地球环境的演变密切相关。从12亿年前出现的最早真核生物到5亿年前的海洋无脊椎动物，再到约4亿年至2亿年前的陆生蕨类植物，地球上的水陆生态系统逐渐形成，生物圈初现雏形。陆生植物的繁茂和茁壮促进了大气中氧气的积累，从而推动了陆地上氧气需求动物的繁殖和进化，使得动物从水生到陆生、从无脊椎到脊椎不断进化。约在2亿年前，哺乳动物出现了。如今，地球上有大约500万~5000万种生物，与人类一起构成了生物圈。

在生物的生命过程中，二氧化碳会被转移到岩石圈中，形成大量的碳酸盐岩，逐渐改变着岩石圈的组成。同时，生物分解物和岩石风化物在地表相互作用，形成了肥沃的土壤，为植物的繁荣生长奠定了基础。这也催生了哺乳动物的大量繁殖，同时也为人类的诞生创造了有利的条件。

据研究，古人类出现在距今约200万~300万年前。人类是物质运动的产物，即地球的地表环境发展到一定阶段所形成的结果。环境是人类生存与发展的物质基础。人类通过自身的活动来利用和支配自然界，同时也改造着自然界，将自然环境转变为新的生存环境，而这些新的生存环境又反过来影响和塑造着人类。因此，人们今天所依赖的生存环境，是在人类的进化过程中由简单到复杂、由低级到高级、通过人工改造和加工而逐渐形成的。

从环境的形成与发展来看，构成环境整体的各个独立的、性质不同而又服从总体演化规律的基本物质组分称为环境要素，亦称环境基质。

环境要素主要包括水、大气、生物、土壤、岩石和阳光等。大气、水、土壤（岩石）和生物四大环境要素及其存在的空间构成了人类的生存环境，即大气圈、水圈、土壤—岩石圈和生物圈。

环境各要素之间通过能量流、物质流形成相互联系、相互作用和相互制约的关系。

1.1.3 掌握环境要素的属性

1. 环境整体大于诸要素之和

环境各要素之间相互联系、相互作用形成环境的总体效应，这种总体效应是在个体效应基础上的质的飞跃。某处环境所表现出的性质，不等于组成该环境的各个要素性质之和，而要比这种“和”丰富得多、复杂得多。

2. 环境要素的相互依赖性

通过能量流，即通过能量在各要素之间的传递，或以能量形式在各要素之间的转换来实现相互作用和制约。通过物质流，即通过物质在环境要素之间的传递和转化，使环境要素相互联系在一起。

3. 环境质量的最差限制规律

整体环境的质量不是由环境各要素的平均状态决定的，而是由环境诸要素中那个“最差状态”的要素控制的，并且不能够因其他要素处于良好状态得到补偿。因此，环境要素之间是不能相互替代的。

4. 环境要素的等值性

任何一个环境要素，对于环境质量的限制，只有当它们处于最差状态时，才具有等值性。例如，对一个区域来说，属于环境范畴的空气、水体、土地等均是独立的环境要素，无论哪个要素处于最差状态，都制约着环境质量，使总体环境质量变差。

5. 环境要素变化之间的连锁反应

每个环境要素在发展变化的过程中，既受到其他要素的影响，同时又影响其他要素，形成连锁反应。

知识拓展

青蛙效应

美国康奈尔大学做过一次有名的实验，实验研究人员做了十分精心的策划与安排，他们把一只青蛙冷不防丢进煮沸的油锅里，在千钧一发的生死关头，这只反应灵敏的青蛙说时迟，那时快，用尽全力一跃跳出了那势必使它葬生的滚烫油锅，真是虎口余生。隔了半个小时，他们使用一个同样大小的铁锅，这一回在锅里面放五分之四的冷水，然后把那只刚刚死里逃生的青蛙再次放到锅里，这只青蛙在水里不时来回游着。接着，实验人员偷偷在锅底下用炭火慢慢烧热，青蛙浑然不觉仍然来回游着。

青蛙在微温的水中享受温暖，等到它意识到锅中的水温已经承受不住，必须奋力跳出才能活命时，可是一切为时已晚，它浑身乏力，全身瘫痪，呆呆地躺在水里，卧以待毙，最终丧生在锅里面。青蛙效应告诉我们，一些突变事件往往能够引发人们的警觉，而容易置于死地的却是在自我感觉良好的状况下，对实际状况的逐步恶化没有清醒的察觉。人天生就是有惰性的，总愿意安于现状，不到迫不得已不愿意去改变已有的生活，若一个人久久沉迷于这种毫无变化安逸的生活时，就会忽略了周遭环境的变化，当危机到来时，就像那只青蛙一样，只能坐以待毙，认清所处环境非常重要。

那么我国现在的自然环境正面临哪些问题呢？

1. 沙漠化面积在不断扩大

全国目前沙漠化面积达 $37.1\times10^4km^2$，占国土面积的 3.86%，而且每年还要新增沙漠化面积 $2100km^2$。

2. 水土流失日趋严重

全国水土流失面积从新中国成立初期的 $253\times10^4km^2$ 增至 $360\times10^4km^2$，增加 1.4 倍。

3. 草地退化、沙化和盐碱化呈发展趋势

目前全国严重退化草地达 $73\times10^4km^2$，缺水草地面积 $36\times10^4km^2$，草原鼠虫害发生面积 $2\times10^4km^2$。沙化和苗碱化土地面积扩大。

4. 天然林正在衰败

海南岛由于不合理的开荒种地、乱砍滥伐，由专家警告，若照此速度发展下去，用不到 20 年的时间，海南的天然林将荡然无存。

5. 生物多样性锐减

我国是世界上生物多样性最丰富的国家之一，高等植物、野生动物占世界总量的 10%左右，但是现在已有近 200 个特有物种锐减。有些已经灭绝，高等植物约有 4600 种，其中 15%以上处于濒危状态，野生动物有 400 种处于濒危状态。

6. 自然灾害加剧

我国是一个自然灾害多发的国家，由于生态环境遭受破坏，自然灾害不断加剧。据统计，每年由于各种地质灾害给国家造成直接经济损失 274 亿元，其中由于不合理的工程建设活动造成或诱发的人为地质灾害至少占一半以上。

7. 垃圾问题严重

目前，全国每年的城市垃圾生产量达到 1.5×10^8t，并正以每年约 9% 的速度递增，2/3 的城市陷入生活垃圾包围之中。

8. 工业污染与农业污染问题

随着城市工业化程度的提高，工业污染逐渐侵入农村地区，例如汽车尾气污染、燃煤污染、工地扬尘、固体废物、污水排放等，对农业生产造成巨大破坏，并由此产生一系列连锁反应，工业排污、河流污染、农田毁坏，百姓返贫，社会停滞。

9. 沙尘天气严重

中国东北地区遭遇沙尘天气，致使能见度不足百米，空气中含有大量沙尘颗粒，给市民出行带来不便。

综上所述我们应该时刻警惕环境污染，爱护环境，从我做起。

巩固与提高

一、单选题

1. 根据我国环境保护法，以下（　　）不属于环境。

A. 森林　　B. 草原　　C. 月光　　D. 温泉

2. 四大环境要素是指（　　）。

A. 大气、水、阳光和生物

B. 氧气、水、土壤和生物

C. 大气、水、土壤和生物

D. 大气、水、土壤和人类

3. 环境各要素通过（　　）形成相互联系、相互作用和相互制约的关系。

A. 物质流、能量流　　B. 物质流、意识流

C. 意识流、能量流　　D. 物能流、意识流

二、判断题

1. 环境要素，亦称环境基质。（　　）

2. 环境整体等于各要素之和。（　　）

3. 属于环境范畴的空气、水体、土地等均是独立的环境要素，无论哪个要素处于最差状态，都制约着环境质量，使总体环境质量变差。（　　）

4. 环境各要素之间是不能相互替代的。（　　）

任务 1.2　了解环境科学发展

学习目标

1. 知识目标

（1）掌握环境学科的分科体系，包括基础环境学和应用环境学；

（2）了解环境工程学科的发展。

2. 技能目标

掌握环境学科的分科和发展，并能运用到实际环境问题的分析当中。

3. 素质目标

（1）培养学生对本专业的职业认同感；

（2）增强学生的动手能力，培养学生的团队合作精神。

视频 2　了解环境科学发展

思政情境

战国时期，著名思想家荀子提出了“环保治国”理念。《荀子》一书中第九篇《王制》里面提到：“草木荣华滋硕之时，则斧斤不入山林，不夭其生，不绝其长也。”这是我国古代关于环保的描述。随着时代的发展，人类越来越关注环境保护，下面来了解一下环境科学发展的情况。

相关知识

1.2.1　掌握环境学科的分科体系

1. 环境科学的任务及研究内容

环境科学的研究对象是人类所处环境的质量结构和演变。因此，环境科学的任务在于揭示人类活动、社会进步、经济增长和环境保护之间的基本规律，探究保护人类免于环境负面影响和保护环境免于人类活动负面影响的方法。从微观层面研究环境中的物质，尤其是人类活动排放的污染物的微小粒子在有机体内迁移、转化和蓄积的过程及其运动规律，探索它们对生命的影响和作用机理。从宏观层面研究人类与环境之间的对立统一关系，掌握人类社会活动与环境变化的发展规律。在此基础上，采取相应措施逐步解决人类所面临的环境问题，达到社会经济和环境保护协调发展的目标。主要的研究内容如下。

1）探索人类活动与生态平衡的相互协调关系

探索人类活动与生态平衡之间的相互关系，是需要探讨的重要课题。人类的生存与发展与生态环境的质量息息相关，二者之间存在着相互依存、相互作用的关系。为了达到经济、社会和环境的协调发展，需要深入研究这些关系，以便更好地把握人类活动对生态环境的影响，并找到解决问题的方法。

（1）评估生态系统结构及其内部关联、功能以及相关影响因素，尤其考虑人类活动中物质和能量的迁移与转化对生态系统变化的影响。对此，应该注意两个方面：一是废弃物的排放不能超出环境的自我净化能力；二是要合理开发和利用不可再生资源，以及获取可再生资源的速度不能超过其再生能力，以保证环境资源的永续利用。

（2）探究人类的生产和消费活动对生态系统的影响，不仅包括已经产生的积极影响，还包括负面和潜在的影响。对于这些影响，需要进行深入研究和分析，例如大面积的酸雨和生态破坏、全球气候变暖和臭氧层破坏等重大不良变化及其原因。这些变化对人类社会和生态系统的影响不可忽视，需要采取措施减少负面影响，例如改变能源结构、推广清洁能源、减少温室气体排放、加强环境监测和管理等。同时，还需要加强公众的环境教育，提高环境保护意识和能力，推动人类与自然和谐共生。

（3）研究生态系统平衡失调后所应采取的相应战略对策。生态系统的平衡失调将会导致一系列的环境问题，为了维护生态系统的平衡和稳定，需要采取综合而有力的对策和战略，从而实现经济、社会和环境的可持续发展。

2）揭示全球范围内环境演化的规律

地球环境是由各组成因素相互作用演化而成的，包括岩石、大气、水、生物、能量等。在这种相互作用中，环境变异也可能随时随地发生。为了使环境向有利于人类社会进步的方向发展，必须深入了解环境变化的原因及过程，包括环境的基本特性、组成形式和演化机理等。只有这样，才能采取针对性的措施，保护环境，防止环境污染和破坏。

3）研究污染物对环境变化及生物生存的影响

需要研究有害物质在环境中的物理和化学变化过程，以及其在生态系统中的积累、迁移、转化的机理，还需要考虑其对生命体的损害作用，尤其是进入人体后的影响。同时，必须深入研究污染物造成的物质循环变化与环境退化之间的相互关系，包括环境自净化的机制。这些研究结果可以在为保护人类生态环境而制定各项环境标准、法规和控制污染物排放指标提供依据。

4）寻找区域性环境污染的综合防治途径

综合治理环境污染需要考虑多个方面，包括社会管理措施、经济发展规律和工程技术手段等。可以采用系统分析和系统工程的方法，寻求最佳方案。其中包括以下措施和途径：

（1）以生态理论为指导，研究制定区域（或国家）的环境保护和经济发展规划，作为环境保护工作的基本保障。这样可以确保环境保护与经济发展相协调，使环境保护成为经济发展的重要组成部分。

（2）采取科学技术措施和应用环境政策法规，防治环境污染破坏，确保人类改造自然活动对环境的影响在生态系统的调控能力之内。这包括多种防治污染的技术措施，例如物理、化学和生物方法等。

（3）探索物质、能量在人工利用中的流动过程和规律，寻求物流和能流的合理结构和布局，以及资源利用的最佳方案。这也是工程技术要解决的重要问题之一，可以通过循环经济等方式实现资源的可持续利用。

2. 环境科学的分类

环境科学是一门内容十分丰富、涉及领域广泛的学科。它不仅涉及自然因素，也包括社会因素；既有独立于其他自然科学和社会科学的一面，也与这些学科紧密联系。环境科学是一门综合性新兴学科，与自然科学、社会科学以及技术科学有着密不可分的关系，因此其学科分类体系尚不存在统一的模式。但是，如果按照其性质和作用进行分类，可以将环境科学划分为基础环境学和应用环境学两大类。

基础环境学分为环境生态学、环境化学、环境毒理学、环境地质学、环境社会学、环境数学和环境物理学，见图 1.1。其中环境物理学可细分为环境声学、辐射污染及其控制、热污染及其控制。

应用环境学分为环境医学、环境法学、环境功效学、环境经济学、环境控制学和环境工程学，见图 1.2。其中环境工程学可细分为大气污染防治工程、水污染防治工程、固体废物治理工程、噪声及热污染控制工程。

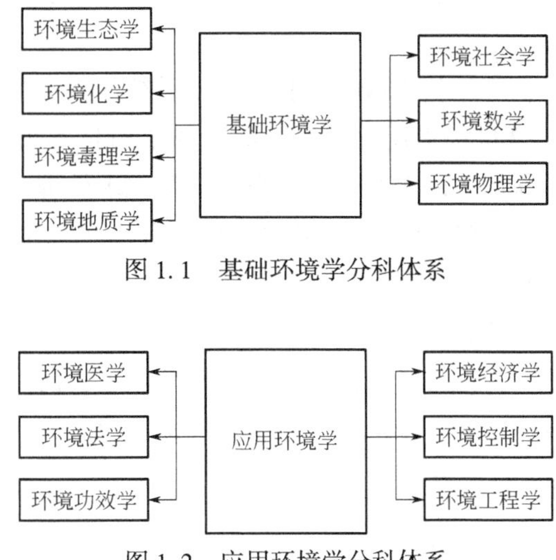

图 1.1　基础环境学分科体系

图 1.2　应用环境学分科体系

1.2.2　了解环境工程学科的发展

环境工程学科是环境科学的重要分支，它的形成和发展与人类文明的进步息息相关。从早期简单的环境治理需求到现代复杂的综合治理技术，环境工程学逐渐成为解决环境问题、推动社会可持续发展的关键学科。以下从环境工程学的起源与早期发展、工业化推动环境工程学的形成、现代环境工程学科的确立与发展及环境工程学的未来发展趋势四个方面进行系统阐述。

1. 环境工程学的起源与早期发展

早在人类历史的早期，就出现了与环境工程相关的实践活动。这些活动大多是为了满足人类的基本生存需求，同时解决环境卫生问题。

在水污染防治方面，古罗马是最早进行城市排水系统建设的文明之一，大规模修建了地下排水道，以改善城市污水排放状况。这些排水道的建成不仅提高了卫生水平，还减少了疾病传播的风险。在中国古代，明矾被广泛应用于净化饮用水，这是最早的水质改善技术之一。

固体废弃物的管理在古代也得到了初步的应用。古希腊和中国都采用了垃圾填埋和堆肥技术。例如，在中国，生活垃圾和粪便被集中堆积发酵后用于农田施肥，实现了最早的资源循环利用。

空气污染问题的关注最早可以追溯到公元 61 年。当时，罗马哲学家 Seneca 指出了烟尘污染对健康的危害。在中国，清朝康熙皇帝为治理京城煤烟污染，下令将琉璃厂迁往城外，这是中国历史上对空气污染治理的早期尝试。

这些实践活动虽然没有形成系统的科学方法，但却为环境工程学科的萌芽奠定了基础。

2. 工业化推动环境工程学的形成

19 世纪的工业革命极大地提升了社会生产力，同时也带来了严重的环境问题。伴随着工厂的兴建和城市化的加剧，大量废气、废水和固体废弃物无序排放，对环境和人类健康造成了前所未有的挑战。

这一时期，环境工程学开始从零散的经验积累向系统的技术方法发展。例如：

水污染防治技术——19 世纪中期，砂滤和漂白粉杀菌技术被引入自来水处理。这些技术的应用，不仅提高了饮用水的安全性，还奠定了现代水处理工艺的基础。

空气污染治理技术——1855 年，美国发明了离心分离机，用于工业烟尘的控制。这种设备被认为是现代除尘技术的雏形。

固体废弃物处理技术——1822 年，德国开始利用工业废渣制造水泥。1874 年，英国建成了第一座垃圾焚烧炉，为城市垃圾的无害化处理开创了先河。

可以说，工业化阶段标志着环境工程学的雏形逐渐显现。

3. 现代环境工程学科的确立与发展

进入 20 世纪中期，环境问题的复杂性和全球化使得环境工程学迅速发展，并成为一门独立的学科。现代环境工程学不仅注重传统污染物的治理，还关注污染源控制、资源循环利用和生态系统保护。

在大气污染防治方面，技术手段从单一的除尘、脱硫发展到综合性的光化学烟雾和酸雨治理。例如，布袋除尘器和湿法脱硫技术的广泛应用，使工业排放的颗粒物和二氧化硫大幅减少。

水污染治理进入了活性污泥法和生物滤池的时代，这些技术极大地提高了污水处理效率，同时减少了水体富营养化等环境问题。

固体废弃物的处理技术则开始向资源化和能源化方向发展。例如，垃圾焚烧发电技术不仅解决了垃圾堆放问题，还为社会提供了新的能源来源。

此外，现代环境工程学还引入了系统工程的理念，对区域性环境问题进行综合治理。通过数学建模和环境影响评价方法，环境工程师可以科学预测污染物的迁移和转化，制定最佳治理方案。

4. 环境工程学的未来发展趋势

随着社会对可持续发展的需求不断提高，环境工程学的未来发展呈现出以下几个趋势：

（1）数字化与智能化。物联网、大数据和人工智能技术的快速发展，为环境监测和污染治理提供了更高效的解决方案。例如，智慧水务系统可以实现对水质的实时监测与自动化处理。

（2）绿色技术与低碳发展。开发清洁能源和绿色材料是环境工程的重要方向。太阳能、风能和氢能的广泛应用，以及碳捕集与封存（CCS）技术的发展，将在应对气候变化中发挥关键作用。

（3）跨学科融合。未来的环境工程将更加注重与生态学、生物技术、社会学和经济学的交叉研究，以系统性地解决环境问题。

（4）国际合作与全球治理。环境问题具有跨区域性，加强国际合作，共同应对气候变化、海洋塑料污染等全球性挑战，将成为环境工程学的重要使命。

总之，环境工程学科的发展历程体现了人类在应对环境问题方面的不断探索。从早期的经验积累到现代的科学技术体系，从单一问题治理到综合性解决方案，环境工程学的使命始终是实现人与自然的和谐共生。在未来，环境工程将以智能化、绿色化和全球化为方向，为人类社会的可持续发展做出更大贡献。

知识拓展

噪声的危害和控制

从物理学角度上讲，声源做无规则振动时发出的声音就是噪声，泡沫塑料块刮玻璃时产生的声音的波形是不规则的，所以它就是噪声。从环境保护角度讲，凡是妨碍人们正常休息、学习和工作的声音，以及对人们要听的声音产生干扰的声音都属于噪声。街道上的汽车声、安静图书馆的音乐声、教室里的喧哗声都是噪声。优美的音乐令人心情舒畅，而杂乱的噪声则令人心烦意乱，而且会对人体造成危害。

人们以分贝为单位来表示声音的强弱等级，零分贝为人刚听到最弱的声音。为了保证休息和睡眠，50dB 以下最为合适。图书馆阅览室的沙沙翻书声大概就是 40dB。当声音超过 70dB 时，会干扰谈话和学习，而长期生活在 90dB 的环境当中，会损伤听力，突然暴露在 150dB 的环境中，双耳会完全丧失听力。火箭、导弹发射时大约为 150dB，对人体的危害极其大。

既然噪声对人体有这么大的伤害，那么我们应该怎样去控制噪声呢？声音从产生到引起听觉大概有这样三个阶段：声源的振动产生声音，空气等介质传播声音，鼓膜的振动引起听觉。因此，控制噪声也要从这几个方面入手。

（1）防止噪声的产生。在居民区禁止鸣笛，高考阶段所有工地停止施工。这些，都是从声源处控制噪声。

（2）阻断噪声的传播。穿越北京动物园的隔音蛟龙就是采用这种方法减小噪声对于动物的影响，道路两旁的绿色植物也是可以吸收噪声的。

（3）防止噪声进入耳朵。在进行射击训练和比赛时，运动员都要戴上防噪声耳罩，阻碍枪声进入耳朵，造成听力损伤。

活性污泥百年史

水是环境之本，生命之源，更是人类赖以生存的根基所在。如果污水不断增多，那么生态链将遭受严重破坏，从而危害人类生存，因此应当做好污水处理，保护环境。污水处理技术种类繁多，其中活性污泥法的历史源远流长，让我们共同追溯这一技术的发展历程。

活性污泥法起源于 1912 年，美国劳伦斯研究所开始进行污水曝气实验。英国的福勒教授在访问该研究所后，和他的学生克拉克和盖奇共同研究污水曝气实验。实验中发现，对污水长时间曝气会产生一些絮状体，同时水质会得到明显的改善。

后来，阿尔登和洛基特对这一新奇现象进行深入研究。由于曝气实验是在瓶中进行，每天实验结束后把瓶子倒空，第二天重新开始。他们发现由于瓶子清洗不彻底，当瓶壁浮着一些棕褐色的絮状体时，处理效果反而更好，于是他们将它称为活性污泥。随后在每天结束实验前，他们把曝气后的污水静置沉淀，直到去上层净化清水，留下瓶底的污泥，供第二天使用。如此一来，大大缩短了污水处理的时间。1914 年，阿尔登和洛基特在英国的化学工程学会上发表该实验成果，活性污泥法就此诞生。

活性污泥法是一种污水的好氧生物处理法，它能从污水中去除溶解性和胶体状态的有机物，以及能被活性污泥吸附的悬浮固体和其他一些物质。要了解活性污泥法，首先要认识活性污泥。通过肉眼观察，活性污泥是呈黄褐色絮状的物质，气味特殊，但无臭味。在显微镜下观察活性污泥，可以看见大量微生物，包括各种细菌、真菌、原生动物和少量的后生动物。除此之外，还有作为孕腐基础的无机物质，这些微生物和无机物组成了微型的生态系统，这种生态系统成为菌胶团活性污泥法的基本流程。

典型的活性污泥法是由曝气池、沉淀池、污泥回流系统和剩余污泥排出系统组成，污水和回流的活性污泥一起进入，曝气时形成混合液。通过空气扩散装置，将压缩空气以细小气泡污水进入污水中，增加污水中的溶解氧，使溶解氧活性污泥与污水互相混合，充分接触，使活性污泥发生反应。活性污泥法的原理形象说法，是微生物吃掉了污水中的有机物，这样污水变成了干净的水。它本质上与自然界水体促进过程相似，只是经过人工强化，污水净化的效果更好。

经过近 100 年的发展和改良，活性污泥法已经在污水处理领域中占有相当重要的地位，在理论和实践上已经成熟，同时也引申出了很多种类的运行方式。

（1）氧化沟工艺。它最早是由帕斯维尔博士设计，于 1954 年在荷兰沃绍本建造并投入使用。污水和活性污泥的混合液在连续式反应池中进行反应，通过带方向控制的曝气和搅动装置推动混合液在池中的闭合式渠道中循环。氧化沟工艺具有较长的水力停留时间、较低的有机负荷和较长的泥链，能保证较好的处理效果。

（2）生物降解 AB 工艺。该工艺是一种高负荷两阶段活性污泥法，于 20 世纪 70 年代由德国亚琛工业大学的本克教授发明。主要利用城市排水管网中存在的大量微生物，形成一个短世代、适应性强和高活性的微生物群落，成为一个抗性的生物动力系统，通过生物化学作用净化污水。

（3）一体化活性污泥法（unitank 工艺）。1987 年由比利时公司发明，是当今一种全新的污水处理工艺，可以像传统活性污泥法那样在恒定水位下连续流运行。可视为续批法、普通曝气池法及三沟式氧化沟法联合而成，具有连续进水、占地面积小、设备少的优点，同时具有同步脱氮功能。

巩固与提高

一、单选题

1. 环境科学体系分为（　　）和（　　）。

A. 基础环境学　环境工程学　　B. 基础环境学　应用环境学

C. 环境生态学　应用环境学　　D. 环境生态学　环境工程学

2. 沈括在（　　）中描述了炭黑生产所造成的烟尘污染。

A.《水经注》　B.《山海经》　C.《梦溪笔谈》　D.《齐民要术》

3. 以下哪一项不是中国古代在水污染控制方面的应用。(　　)

A. 修建地下水道　　B. 持刀守卫水井

C. 陶土管排水管道　　D. 明矾净水

二、判断题

中国和欧洲的古建筑的门窗都要考虑隔音要求。(　　)

任务 1.3　了解世界环境问题

学习目标

视频 3　了解世界环境问题

1. 知识目标

（1）了解环境承载力的概念；

（2）了解世界各类环境问题的发展；

（3）了解世界各主要环境问题现状。

2. 技能目标

掌握世界环境的各类问题，并能运用到实际问题解决和分析中。

3. 素质目标

（1）培养学生对本专业的职业认同感；

（2）增强学生的动手能力，培养学生的团队合作精神。

思政情境

1952 年 12 月 5 日至 9 日，伦敦被浓厚的烟雾笼罩，交通瘫痪，行人小心翼翼地摸索前进。据统计，当月因这场大烟雾而死去的人多达 4000 人。此次事件被称为伦敦烟雾事件，成为 20 世纪十大环境公害事件之一。受此次事件的影响，1956 年，英国政府颁布了世界上第一部现代意义上的空气污染防治法——清洁空气法案。从此，世界上越来越多的国家关注环境问题。

相关知识

1.3.1　了解环境承载力的概念

环境问题广义上是指由于自然因素和人类活动共同作用引发的环境质量变化，以及这些变化对人类生产、生活和健康带来的负面影响。通常所说的环境问题多指狭义的环境问题，即人为因素导致的环境问题。因此，环境问题可分为两类：一类是由自然因素引起的，称为第一类环境问题或原生环境问题，如火山爆发、地震、海啸、洪涝、干旱、流行病等自然灾害或异常变化；另一类是由人类活动引发的，称为第二类环境问题或次生环境问题。后者是环境科学与环境保护的研究重点，也是人类生存面临的最严重挑战之一。

第二类环境问题还可以进一步划分为生态环境失调与环境污染两大类型。生态环境失调主要是由于人类盲目开发利用自然资源，超出环境承载力，引起生态环境质量恶化、生态平衡破坏或自然资源枯竭的现象。环境承载力（Carrying Capacity，即 CC）是用以限制发展的一个最常用概念。“环境承载力”指在某一时期，某种状态或条件下，某地区的环境所能承受人类活动作用的阈值。例如，畜牧业的高速发展、过度砍伐森林和开荒造田导致的草原退化、水土流失以及沙漠化等。环境污染则是随着人口的过度膨胀、城市化的规模发展和经济的高速增长导致的环境污染和破坏、环境质量发生恶化、原有的生态系统被扰乱的现象。例如，工业生产过程中排放的废气、废水和废渣对生物环境和非生物环境的污染。

1.3.2 了解环境问题的发展

环境问题自人类诞生以来就存在。在远古的漫长岁月里，人类仅仅是为了生存向自然界索取有限的天然资源，主要是利用和依赖环境而不是有意识地改造环境。因此，人类活动对环境和自身的影响不大，但也会由于人口的自然增长和盲目滥用资源造成诸如疾病流行、局部区域生活资源缺乏、食物减少等环境问题。

进入农业社会后，人类利用和改造环境的影响越来越明显，与此同时也发生了相应的环境问题，如大量砍伐森林、破坏草原、盲目开荒，往往引起严重的水土流失，频繁的水旱灾害和沙漠化。由于当时工业生产并不发达，因此引起的环境污染问题并不突出。

真正的环境问题出现在 18 世纪中叶开始的工业革命以后。由于生产力的大幅度提高和新生产关系的建立，扩大并强化了人类利用、改造环境的能力，从而破坏了原有的生态平衡，产生了新的环境问题。一些工业化的先驱城市和工矿企业区，排出大量污染环境的废弃物，出现了一系列污染环境的事件。如英国伦敦在 1873—1892 年间，由于大量排放煤烟型有害废气，多次发生可怕的有毒烟雾事件；19 世纪后期，日本足尾铜矿区排出的废水污染了大片农田。但此时的环境污染尚属局部的、暂时的，其造成的危害也有限。因此，环境问题未能引起人们的足够重视。

总之，从人类诞生开始就存在着人与环境的对立统一关系，就出现了环境问题。从古至今随着人类社会的发展，环境问题也在发展变化，大体经历了四个阶段：

（1）早期污染阶段（工业化前至 19 世纪末）。此阶段主要表现为局部的生活污染问题，如粪便污染等。环境问题与人类活动密切相关，但规模较小，对自然生态的影响有限。

（2）工业污染阶段（20 世纪初至 20 世纪中期）。随着工业化的加速，微生物污染、耗氧有机物等问题开始显现。尤其是 20 世纪 40 年代，大量工业废水和废气排放对水体和空气造成了显著污染。

（3）环境问题第一次高潮（20 世纪中期至 20 世纪 80 年代）。工业化和城市化进一步发展，环境问题呈现多样化和复杂化的趋势，包括 SO_2 污染、颗粒物、光化学烟雾、酸雨、重金属污染、氮磷富营养化等。垃圾问题也成为各国的重大挑战。

（4）环境问题第二次高潮（20 世纪末至 21 世纪初）。随着现代科技和工业活动的持续扩展，环境问题进一步深化，出现温室气体排放、黑碳、气溶胶、有机金属污染物、持久性有机物污染、二次污染、核废料、工业危险废弃物等新型污染形式。这一阶段的问题具有全球性、复杂性和长期性的特点。

1.3.3　了解世界所面临的主要环境问题

目前世界所面临的主要环境问题见图 1.3。

图 1.3　世界主要环境问题

1. 人口问题

目前，人口快速增长是当今环境面临的首要问题。截至 2022 年底，全球人口已经达到了 80 亿人。人类是生产者和消费者，而地球上的资源却是有限的。由于地球环境和资源的限制，人口增长也应受到限制。如果人口增长过快，超出地球环境的合理承载能力，将会对生态环境造成破坏和污染，给人类社会和生态系统带来严重影响。

2. 资源问题

土地资源不断减少和退化、森林资源不断缩小、淡水资源严重不足、生物多样性逐渐减少、某些矿产资源面临枯竭等问题都在表现出来。与此同时，随着工业不断扩大和集中，全球能源消耗量也在不断攀升。以 1900 年全球能源消耗量 7.75×10^8t 煤当量为基准，到 2000 年，这一数字已经增长到了 117×10^8t 煤当量。此外，2021 年下半年，全球范围内的能源资源短缺问题也开始显现，席卷全球各个地区。

3. 生态破坏问题

全球性的生态环境破坏主要包括：森林被毁、草场退化、土壤侵蚀、土地荒漠化等，如图 1.4 至图 1.7 所示。其中，土地退化是当代最为严重的生态环境问题之一，它正在削弱人类赖以生存和发展的基础。

4. 环境污染问题

环境污染作为全球性的重要环境问题，主要指的是温室气体过量排放造成的气候变化、臭氧层破坏、广泛的大气污染和酸沉降、有毒有害化学物质的污染危害及其越境转移、海洋污染等。

在 20 世纪 80 年代以后，突发性的严重污染事件迭起，如印度博帕尔农药泄漏事件（1984 年 12 月）、苏联切尔诺贝利核电站泄漏事故（1986 年 4 月）、莱茵河污染事故（1986 年 11 月）等。

图 1.4　森林被毁

图 1.5　草场退化

图 1.6　土壤侵蚀

图 1.7　土地荒漠化

5. 气候变化问题

当前温室效应导致全球气候变暖、海平面上升、降雨和蒸发体系改变，影响农业和粮食资源，改变大气环流进而影响海洋水流，导致富营养化地区的迁移、海洋生物的再生分布和一些商业捕鱼区的消失。气候变化已成为世界紧迫的环境问题。

知识拓展

巴黎协定

《巴黎协定》于 2015 年 12 月 12 日在第 21 届联合国气候变化大会（巴黎气候大会）上通过，于 2016 年 4 月 22 日在美国纽约联合国大厦签署，于 2016 年 11 月 4 日起正式实施。2021 年 11 月 13 日，联合国气候变化大会（COP26）在英国格拉斯哥闭幕。经过两周的谈判，各缔约方最终商定了《巴黎协定》实施细则。《巴黎协定》是已经到期的《京都议定书》的后续。

2016 年 4 月 22 日，时任中国国务院副总理张高丽作为习近平主席特使在《巴黎协定》上签字。同年 9 月 3 日，全国人大常委会批准中国加入《巴黎气候变化协定》，成为完成了批准协定的缔约方之一。

《巴黎协定》的长期目标是将全球平均气温较前工业化时期上升幅度控制在2℃以内，并努力将温度上升幅度限制在1.5℃以内。目前共有193个缔约方，即192个国家加上欧盟加入了巴黎协定。《巴黎协定》是人类有史以来第一次有目共睹的、世界上几乎每个国家协同做出的具有法律约束力的减排承诺。

该协定的效力是自上而下的，每个国家无论大小都签署了减少碳排放的协议，以限制全球变暖。同时它也是自下而上的，因为它为每个国家都留下了各自规划国家气候战略的空间。

2020年9月22日，国家主席习近平在第七十五届联合国大会上宣布，中国力争2030年前二氧化碳排放达到峰值，努力争取2060年前实现碳中和目标。

2021年5月26日，碳达峰碳中和工作领导小组第一次全体会议在北京召开。同年10月，《关于完整准确全面贯彻新发展理念做好碳达峰碳中和工作的意见》（以下简称《意见》）以及《2030年前碳达峰行动方案》相继出台。这两份重要文件共同构建了中国碳达峰碳中和“1+N”政策体系的顶层设计，而重点领域和行业的配套政策也将围绕以上意见及方案陆续出台。其中《意见》作为碳达峰碳中和“1+N”政策体系中的“1”，为碳达峰碳中和这项重大工作进行系统谋划、总体部署。

2022年8月，科技部、国家发展改革委、工业和信息化部等9部门印发《科技支撑碳达峰碳中和实施方案（2022—2030年）》，统筹提出支撑2030年前实现碳达峰目标的科技创新行动和保障举措，并为2060年前实现碳中和目标做好技术研发储备。

巩固与提高

一、单选题

1. 下列选项中，（　　）不属于世界的主要环境问题。

A. 人口问题　　B. 资源问题　　C. 战争问题　　D. 环境污染

2. （　　）是当代最为严重的生态环境问题之一。

A. 森林减少　　B. 沙漠化　　C. 土地退化　　D. 物种消失

3. （　　）不是发生在20世纪80年代的环境污染事件。

A. 伦敦烟雾事件

B. 印度博帕尔农药泄漏事件

C. 苏联切尔诺贝利核电站泄漏事故

D. 莱茵河污染事故

4. 各缔约方最终商定了《巴黎协定》实施细则的时间是（　　）。

A. 2015年12月12日　　B. 2016年4月22日

C. 2016年11月4日　　D. 2021年11月13日

二、判断题

1. “环境承载力”指在某一时期，某种状态或条件下，某地区的环境所能承受人类活动作用的阈值。（　　）

2. 工业不断集中和扩大，能源的消耗大增。（　　）

任务 1.4　了解中国环境现状

学习目标

视频 4　了解中国环境现状

1. 知识目标

（1）了解中国环境保护的四个阶段；

（2）了解新时代环境保护的内容。

2. 技能目标

掌握并熟识新时代环境保护的内容，并能运用到实际问题解决和分析中。

3. 素质目标

（1）培养学生对本专业的职业认同感；

（2）增强学生的动手能力，培养学生的团队合作精神。

思政情境

2015 年 1 月 1 日，被称为“史上最严”的新《环境保护法》正式实施，直指违法成本低、环保意识弱等环境治理顽疾。新《环境保护法》的亮点主要是可对违法企业按日处罚，上不封顶；可对违法企业负责人进行行政拘留，突出强调了政府监督管理责任，以及向社会公开环境信息，为公民参与环境监督提供便利。新《环境保护法》有四个特点：一是定位合理，二是创新理念，三是完善制度，四是强化责任。此次《环境保护法》的修订已最大限度凝聚了各方共识，是现阶段最有力度的一部环保法，为未来统一协调大环保“基本法”奠定了良好的基础。

相关知识

1.4.1　了解环境保护的发展历程

1. 我国环保事业的起步（1973—1977 年）

在 1972 年斯德哥尔摩人类环境会议后，我国比较深刻地了解到环境问题对经济社会发展的重大影响，意识到我国也存在着严重的环境问题，于 1973 年 8 月在北京召开了第一次全国环境保护会议，标志着我国环境保护事业的开始。提出了“全面规划，合理布局，综合利用，化害为利，依靠群众，大家动手，保护环境，造福人民”的 32 字环境保护方针，要求防止环境污染的设施，必须实施与主体工程同时设计、同时施工、同时投产的“三同时”原则。这一时期的环境保护工作主要有：(1) 全国重点区域的污染源调查、环境质量评价及污染防治途径的研究；(2) 以水、气污染治理和“三废”综合利用为重点的环保工作；(3) 制定环境保护规划和计划；(4) 逐步形成一些环境管理制度，制定了“三废”排放标准。

2. 改革开放时期环保事业的发展（1979—1992 年）

1978 年 12 月 18 日，党的十一届三中全会的召开，我国的环境保护事业也进入了一个改革创新的新时期。1983 年 12 月，在北京召开的第二次全国环境保护会议确立了控制人口和环境保护是中国现代化建设中的一项基本国策。提出了“经济建设、城乡建设和环境建设同步规划、同步实施、同步发展”的“三同步”和实现“经济效益、社会效益与环境效益的统一”的“三统一”战略方针；确定了符合国情的“预防为主、防治结合、综合治理”“谁污染谁治理”“强化环境管理”的三大环境政策。在这一时期，逐步形成和健全了我国环境保护的环保政策和法规体系，于 1989 年 12 月 26 日颁布《中华人民共和国环境保护法》，同期还制定了关于保护海洋、水、大气、森林、草原、渔业、矿产资源、野生动物等各方面的一系列法规文件。

3. 可持续发展时代的中国环境保护（1992—2013 年）

1992 年在“里约会议”后，世界已进入可持续发展时代，环境原则已成为经济活动中的重要原则，主要有：商品（各类产品）必须达到国际规定的环境指标的国际贸易中的环境原则；要求经济增长方式由粗放型向集约型转变，推行控制工业污染的清洁生产，实现生态可持续工业生产的工业生产发展的环境原则；实行整个经济决策的过程中都要考虑生态要求的经济决策中的环境原则。1996 年 7 月在北京召开了第四次全国环境保护会议，提出“九五”期间全国 12 种主要污染物（烟尘、粉尘、SO_2、COD、石油类、汞、镉、六价铬、铅、砷、氰化物及工业固体废物）排放总量控制计划和中国跨世纪绿色工程规划两项重大举措。

4. 新时代的中国环境保护

2014 年 4 月 24 日，十二届全国人大常委会第八次会议表决通过了《环保法修订案》，被称为“史上最严厉”的新法，于 2015 年 1 月 1 日施行，标志我国环境保护工作进入新时代。

2018 年 5 月第八次全国生态环境保护大会，开启了新时代生态环境保护工作的新阶段，加快构建生态文明体系，建设美丽中国。十三五期间，我国单位国内生产总值能耗下降 8.1%、二氧化碳排放下降 14.1%。地级及以上城市细颗粒物（$PM_{2.5}$）平均浓度下降 27.5%，重污染天数下降超过五成，全国地表水优良水体比例由 67.9%上升到 87.9%。设立首批 5 个国家公园，建立各级各类自然保护地 9000 多处。美丽中国建设迈出重大步伐。

1.4.2　了解环境保护的内容

环境保护，简称环保，涉及的范围广、综合性强，它涉及自然科学和社会科学的许多领域等，还有其独特的研究对象。环境保护方式包括：采取行政、法律、经济、科学技术、民间自发环保组织等，合理利用自然资源，防止环境的污染和破坏，以求自然环境同人文环境、经济环境共同平衡可持续发展，扩大有用资源的再生产，保证社会的发展。在环境保护工作中，既要重视自然原因对环境的破坏，更要研究人为原因对环境的影响和破坏，因为后者往往更广泛和潜在。环境保护的内容很多，如人口控制、污染防治、资源保护等。

知识拓展

了解我国环境问题之一——雾霾

雾和霾有什么区别？随着冷空气进入间歇期，北方多地又开始进入雾霾天气了。雾霾主要说的是霾，它由二氧化硫、氮氧化物和可吸入颗粒物组成，是会污染环境的。而雾是指在水汽充足、微风及大气稳定的情况下，相对湿度达到100%时，空气中的水汽便会凝结成细微的水滴悬浮于空中，使地面水平的能见度下降，这种天气现象称为雾。一般雾是不会污染环境的。如今，雾霾已经成为北方特定的环境现象，雾霾期间容易诱发心血管疾病、呼吸道感染等疾病，所以出门一定要记得戴防霾口罩，防止灰尘、细菌和过敏源进入我们的身体。

众所周知，近年来空气污染问题日益突出，在国内外已经备受关注。举个例子，2013年11月16日上午，韩国首尔一架私人直升机撞上民间公寓后坠毁。韩国某教授声称由于雾霾天气造成微尘浓度增加，导致直升机能见度降低坠毁。以北京为例，2013年北京$PM_{2.5}$年均浓度为89.5$\mu g/m^3$，超过环境空气质量标准中$PM_{2.5}$年均浓度标准值近两倍，2013年北京重度污染以上的天数累计有58天，占到15.9%。

$PM_{2.5}$指数持续爆表，事实上雾霾对人体的伤害远比我们想象的要厉害。雾霾中对人体危害最大的是可吸入颗粒物，它包括PM_{10}和$PM_{2.5}$。PM_{10}是直径小于或等于10μm的颗粒物，$PM_{2.5}$是直径小于或等于2.5μm的颗粒物。人体有几道防御关卡。第一关鼻腔，鼻腔中的鼻毛和鼻涕是我们阻挡外来异物的第一道防线，90%直径大于10μm的颗粒物会被鼻毛和鼻涕阻挡下来，却无法挡住PM_{10}和$PM_{2.5}$。第二关咽喉，咽喉表面分泌有大量的黏液，这些黏液会黏住直径大于10μm的颗粒物，然后通过吐痰将它们排出。但这些黏液同样无法阻挡PM_{10}和$PM_{2.5}$。第三关细管下呼吸道的纤毛，有10μm长，1s可以向上翻动20次，可以将PM_{10}中较大的颗粒物推至咽部，但$PM_{2.5}$的体积约为PM_{10}的1/64，微小的体积可以让它无视这些阻挡。即便是气管净滑肌受到刺激和收缩，试图将这些颗粒物喷出去，但仍旧对$PM_{2.5}$徒劳无用。第四关支气管。支气管就像一棵道长的大树，拥有密密麻麻的树杈。当$PM_{2.5}$侵入支气管时，人体会调动大量的白细胞和淋巴细胞来清除异物，身体便进而引发各类炎症。但最终$PM_{2.5}$还是到达了目的地，树杈的尽头——肺泡。人体大约有3亿多个肺泡，肺泡中有一对强有力的守卫巨噬细胞，专门吞噬异物，有着体内清道夫之称。然而$PM_{2.5}$数量众多，又有难以分解的内核，加上重金属的毒素，巨噬细胞很难消化，最终因细胞肌破裂而成。我们的免疫力就是这样下降的，但危害并没有止于肺泡。$PM_{2.5}$家族中更有一种高空战士$PM_{0.5}$，它们是一类直径小于0.5μm的颗粒物。$PM_{0.5}$可以穿过肺泡直接进入血管，并沿途损伤血管内膜，使得血管变窄，血压升高，引发血栓。$PM_{0.5}$甚至可以通过肺循环到达心脏，向人体心脏发起攻击，造成心律失常，引发心梗。

巩固与提高

一、单选题

1. 世界地球日是每年的（　　）。

A. 6月1日　　B. 4月22日　　C. 6月5日　　D. 3月22日

2. 1978 年 12 月 31 日，中共中央以中发（1978）79 号文件转发了国务院环境保护领导小组（　　）。明确指出：消除污染、保护环境是进行经济建设、实现四个现代化的重要组成部分。这是中国共产党历史上第一次以党中央的名义对环境保护工作做出指示，引起了各级党组织的重视，推动了我国环境保护事业的发展。

A.《关于保护和改善环境的若干规定（试行草案）》

B.《中华人民共和国环境保护法》

C.《环境保护工作汇报要点》

D.《规划环境影响评价条例》

3. 第（　　）次全国环境保护会议将环境保护确立为基本国策。制定了经济建设、城乡建设和环境建设同步规划、同步实施、同步发展，实现经济效益、社会效益、环境效益相统一的指导方针。

A. 二　　B. 四　　C. 六　　D. 七

二、判断题

1. 1973 年 8 月 5 日至 20 日，第一次全国环境保护会议在北京召开。中国的环境保护事业也从此揭开了序幕。（　　）

2. 2014 年环保法修订案经十二届全国人大常委会第八次会议表决通过。这部法律增加了政府、企业各方面责任和处罚力度，被称为“史上最严的《环保法》”。（　　）

3. 2018 年 5 月，中央召开全国生态环境保护大会，确定我国 2035 年的生态环境目标是：生态文明全面提升，实现生态环境领域国家治理体系和治理能力现代化。（　　）

任务 1.5　探讨环境问题对策

学习目标

视频 5　探讨环境问题对策

1. 知识目标

（1）了解可持续发展的产生与发展历程；

（2）了解可持续发展的基本原则。

2. 技能目标

掌握可持续发展的环境问题对策，并能运用到实际问题解决和分析中。

3. 素质目标

（1）培养学生对本专业的职业认同感；

（2）增强学生的动手能力，培养学生的团队合作精神。

思政情境

《寂静的春天》是一本激起了全世界环境保护事业热潮的书，作者是美国海洋生物学家蕾切尔·卡逊，于 1962 年出版。它描述了人类可能将面临一个没有鸟、蜜蜂和蝴蝶的世界。正是这本不寻常的书，在世界范围内引起人们对环境的关注，唤起了人们的环境意识，也引发了公众对环境问题的注意，将环境保护问题提到了各国政府面前。

相关知识

1.5.1 可持续发展的由来

1962 年，《寂静的春天》讲述了有关农药和化学农药对环境的危害以及对生态平衡的影响。这本书被认为是现代环境运动的重要里程碑，引起了人们对环境污染和生态平衡的关注，促进环保运动的兴起。

1968 年，《增长的极限》由世界银行前副行长丹尼斯·梅多斯（Dennis Meadows）等人撰写完成，讨论了人类社会增长所面临的资源限制和环境挑战。该书提出了“增长的极限”概念，强调资源有限和环境容量有限，如果不加以考虑，将会面临问题。

1972 年，在联合国主持下于瑞典斯德哥尔摩召开的人类环境会议上发表了《人类环境宣言》。宣言强调了人类活动对环境的影响，并呼吁国际社会共同努力保护环境，实现可持续发展。

1987 年，《我们共同的未来》由挪威前首相布朗特兰德（Gro Harlem Brundtland）夫人主持的世界环境与发展委员会（WCED）发布的报告中，首次提出了“可持续发展”的概念，强调满足当前需求的同时不损害后代的需求。这个概念在后来的环保和发展政策中发挥了重要作用。

1.5.2 环境问题的对策

在工业发达国家环境污染已十分严重，直接威胁到人们的生命和安全，成为重大的社会问题，激起广大人民的不满，并且也影响了经济的顺利发展。

工业发达国家把环境问题摆上了国家议事日程，包括制定法律、建立机构、加强管理、采用新技术，20 世纪 70 年代中期环境污染得到了有效控制。城市和工业区的环境质量有明显改善。

在 1979—1988 年间这类突发性的严重污染事故就发生了 10 多起。这些全球性大范围的环境问题严重威胁着人类的生存和发展，不论是广大公众还是政府官员，也不论是发达国家还是发展中国家，都普遍对此表示不安。1992 年里约热内卢环境与发展大会正是在这种社会背景下召开的，这次会议是人类认识环境问题的又一里程碑，通过了全球实施可持续发展战略的行动纲领——《21 世纪议程》。

1.5.3 可持续发展的基本原则

1. 公平性原则

公平性原则是可持续发展的核心价值观，强调资源分配和发展机会的公平，尤其关注代内公平和代际公平。它要求当代人不仅要解决当前社会内部的不平等问题，还要对未来世代的需求负责。

1）代内公平

公平性首先体现在同一代人内部的公平，即不同国家、地区和群体在发展中应享有平等的权利和机会。例如，贫困地区和发展中国家在经济和技术上处于弱势地位，可持续发展要求优先解决这些地区的贫困问题，缩小发展差距。一个国家或地区的发展不应以牺牲其他国家或地区的利益为代价。

案例：可持续发展目标（SDGs）中，“消除贫困”和“消除饥饿”被列为首要目标，正是对代内公平的体现。

2）代际公平

代际公平是公平性原则的重要组成部分，强调在满足当代人需求的同时，不应损害后代满足自身需求的能力。自然资源如森林、淡水和矿产等属于全人类的共有财富，当前的过度开发可能导致资源枯竭，进而危及未来世代的生存和发展。

案例：森林保护政策。为了实现代际公平，许多国家通过立法限制森林砍伐，倡导植树造林，以保护生态系统，为后代留存自然资本。

公平性原则不仅是可持续发展的伦理基础，也是一种发展的长期责任，强调当前行动对全球范围内和未来世代的深远影响。

2. 共同性原则

共同性原则强调全球合作的重要性，特别是在人类面临全球性问题时，各国应联合行动，以共同利益为导向，协同解决这些问题。地球是人类共同的家园，许多问题的影响超越国界，必须通过多边合作才能有效应对。

1）地球的整体性

共同性原则首先关注地球的整体性。气候变化、海洋污染、生物多样性减少等全球性环境问题，已经超越了单一国家或地区的控制能力。例如，温室气体排放是导致全球变暖的主要原因，而其影响波及全世界。因此，解决这类问题需要国际社会共同努力。

案例：巴黎协定（2015）。2015年的巴黎协定是全球范围内应对气候变化的合作典范，各国通过承诺减排目标，共同努力限制全球温度上升。

2）超越文化与历史障碍

不同国家和地区由于历史、文化和经济背景的差异，在发展模式和资源利用方式上存在不同。但共同性原则要求超越这些障碍，找到适合各国特点的合作模式。例如，发达国家和发展中国家可以在技术和资金上互补合作，共同推动绿色经济发展。

3）协调局部与整体利益

共同性原则还强调，局部发展的利益不能以牺牲全球环境为代价。例如，砍伐热带雨林虽然短期内可以增加木材出口和经济收益，但却会对全球生态系统造成严重威胁。因此，各国在政策制定时，必须以全球利益为优先。

共同性原则提醒人类，无论经济发展水平如何，地球的命运是所有国家的命运，唯有共同努力，才能实现全球的可持续发展目标。

3. 持续性原则

持续性原则强调发展的长期性，要求将短期发展目标与长期利益结合起来，从长远的视角规划发展路径。这一原则认为，经济、社会和环境目标的实现不能仅局限于当代，而应为后代的发展留足空间。

1）长远目标

持续性原则的核心在于长远目标。发展不仅要满足当前的需求，还要考虑后代的生存条件。例如，工业活动中产生的污染可能在短期内带来经济效益，但长期来看却可能导致土壤退化和生物多样性减少。因此，持续性原则要求决策者从生态系统的长期健康出发，制定科学合理的政策。

2）全球合作视角

持续性原则也强调全球合作的重要性。在可持续发展中，发展中国家与发达国家需要承担不同的责任。例如，发达国家在减少碳排放方面应发挥带头作用，而发展中国家则需要更多技术和资金支持，以实现低碳发展目标。

案例：联合国的“可持续发展目标”（SDGs）将17个目标分为短期、中期和长期计划，体现了持续性原则的整体规划思路。

3）平衡当前与未来

持续性原则提醒我们，任何短视行为都可能给未来带来沉重代价。例如，大规模工业污染虽然为经济发展提供了动力，但给后代留下了巨大的环境治理成本。因此，必须在短期收益与长期利益之间找到平衡点。

1.5.4 可持续发展时代的中国环境保护及成果

中国深入贯彻习近平生态文明思想，在至关重要的大规模国土绿化行动、生态保护修复工程建设、生物多样性保护等重大工程建设方面，均在全面推进。

（1）大规模国土绿化行动：中国实施了“三北”防护林体系建设，计划在北方沙漠化、荒漠化地区植树造林，以抵御沙尘暴和水土流失等问题。此外，中国还启动了长江经济带生态修复工程，旨在恢复长江流域的生态环境。

（2）生态保护修复工程：中国设立了一系列自然保护区，如三江源、大熊猫栖息地等，以保护珍稀濒危物种的栖息地。此外，中国也在湿地保护、荒漠化治理等方面进行了积极努力。

（3）生物多样性保护：中国的大熊猫保护和繁育计划被广泛关注。中国还在野生动植物保护法律法规方面进行了更新，以保护和管理本土的生物多样性。

（4）空气质量改善：根据中国环境保护部公布的数据，多个城市的空气质量指数（*AQI*）在过去几年中有所改善。政府采取了一系列措施，如限制工业排放、提倡清洁能源使用等，以改善空气质量。

（5）碳排放减少：根据中国政府发布的数据，中国在推动清洁能源和能效改进方面取得了进展，单位国内生产总值的二氧化碳排放有所下降。

（6）再生资源回收：中国推动再生资源的回收和再利用，如废纸、塑料等。据中国国家发展和改革委员会数据，中国的再生资源回收总量逐年增加。

（7）清洁能源领导地位：中国在太阳能和风能领域取得了显著进展，成为全球最大的可再生能源市场之一。中国发展了大量的太阳能和风能项目，以减少对传统化石能源的依赖。

(8) 可再生能源投资和发展：中国连续多年成为全球可再生能源投资的领导者，包括太阳能、风能、水能等。中国的可再生能源装机和发电量在全球范围内稳居领先地位。

知识拓展

寂静的春天

1962 年，美国海洋生物学家蕾切尔·卡逊出版了《寂静的春天》，里面详细论证了以 DDT 为代表的杀虫剂被广泛使用后，给自然、人类生物的生存与繁衍所带来的无法逆转的危害。

那 DDT 究竟是什么呢？它是二氯二苯三氯乙烷的简称，其研发源头甚至涉及第二次世界大战时德军对犹太人实施的大屠杀。人们开始以驱虫为目的使用 DDT，之后开始对鸟类、深处游鱼甚至自己开始了屠杀。其中 DDT 家族有三种农药，本身就是剧毒，对肝脏、神经都会造成不可逆的伤害。更可怕的是，这三种农药的成分极不稳定，在自然环境之中可以继续发生反应，毒性更强，致死率更高。在卡逊的研究中，DDT 的可怕之处还在于长时间的储存，几年甚至十几年都不会从土地、河流中降级。

不仅如此，它还能在动物脂肪内蓄积。自然界遵循大鱼吃小鱼、走兽吃昆虫的食物链，毒素不断被提炼浓缩到人类这一环时已是致命。随着河流与海洋被污染，远在南极的企鹅血液中也检测出了 DDT。

这是一个没有声息的春天，这个清晨曾经荡漾着乌鸦、冬鸟、鸽子的合唱。而现在，一切声音都没有了，只有一片寂静覆盖着田野、树林和沼泽。这是卡逊在书中写下的明天的预言。而现实之中，这样的寂静与毁灭正发生在每一个地方。肯尼迪总统在读完《寂静的春天》之后，立即要求科学顾问团进行审查，卡逊本人也在参议院调查委员会上作证。在 1972 年，美国全面禁止 DDT 的生产和使用。

世界环境日

20 世纪 60 年代以来，世界范围内的环境污染与生态破坏日益严重，环境问题和环境保护逐渐为国际社会所关注。

1972 年 6 月 5 日—16 日，联合国在瑞典首都斯德哥尔摩召开了人类环境会议。这是人类历史上第一次在全世界范围内研究保护人类环境的会议，标志着人类环境意识的觉醒。出席会议的国家有 113 个，代表共 1300 多名。除了政府代表团外，还有民间的科学家、学者参加。会议讨论了当代世界的环境问题，制定了对策和措施。会前，联合国人类环境会议秘书长莫里斯·夫·斯特朗委托 58 个国家的 152 位科学界和知识界的知名人士组成了一个大型委员会，由雷内·杜博斯博士任专家顾问小组的组长，为大会起草了一份非正式报告——《只有一个地球》。这次会议提出了响遍世界的环境保护口号：“只有一个地球!”会议经过 12 天的讨论交流后，形成并公布了著名的《联合国人类环境会议宣言》（Declarationof United Nations Conferenceon Human Environment，简称《人类环境宣言》）和具有 109 条建议的保护全球环境的“行动计划”，呼吁各国政府和人民为维护和改善人类环境，造福全体人民，造福子孙后代共同努力。中国代表团积极参与了上述宣言的起草工作，并在会上提出了经周恩来总理审定的中国政府关于环境保护的32字方针："全面规划，合理布局，综合利用，化害为利，依靠群众，大家动手，保护环境，造福人民"。

《人类环境宣言》提出7个共同观点和26项共同原则，引导和鼓励全世界人民保护和改善人类环境。《人类环境宣言》规定了人类对环境的权利和义务；呼吁"为了这一代和将来的世世代代而保护和改善环境，已经成为人类一个紧迫的目标"；"这个目标将同争取和平和全世界的经济与社会发展这两个既定的基本目标共同和协调地实现"；"各国政府和人民为维护和改善人类环境，造福全体人民和后代而努力"。会议提出建议将这次大会的开幕日这一天作为"世界环境日"。

1972年10月，第27届联合国大会通过了联合国人类环境会议的建议，规定每年的6月5日为"世界环境日"。它反映了世界各国人民对环境问题的认识和态度，表达了人类对美好环境的向往和追求，是联合国鼓励全世界对环境的认识和行动的主要工具，也是联合国促进全球环境意识、提高对环境问题的注意并采取行动的主要媒介之一。世界环境日自1973年以来每年举办一次，该日也成为促进可持续发展目标环境方面进展的重要平台。在联合国环境规划署（UNEP）的领导下，每年有150多个国家参加。来自世界各地的大公司、非政府组织、社区、政府和名人采用世界环境日品牌来倡导环境事业。

2014年4月24日中国第十二届全国人民代表大会常务委员会第八次会议修订通过的、自2015年1月1日起施行的《中华人民共和国环境保护法》规定，每年6月5日为环境日。

巩固与提高

一、单选题

1. 下列选项中，（　　）不属于可持续发展理念的原则。

A. 公平性原则　　B. 协调性原则

C. 发展性原则　　D. 持续性原则

2. 世界环境日是每年的（　　）。

A. 6月1日　　B. 3月22日　　C. 6月5日　　D. 4月22日

3. 第一次提出了20世纪人类生活中的一个重要问题——环境污染的是（　　）。

A.《寂静的春天》

B.《增长的极限》

C.《人类环境宣言》

D.《我们共同的未来》

二、判断题

1. 解决环境问题的根本方法是调节人类社会活动与环境的关系，走可持续发展之路。（　　）

2.《增长的极限》是美国德内拉·梅多斯、乔根·兰德斯等人合著的经典之作。（　　）

任务 1.6　认知环境质量标准

学习目标

视频 6　认知环境质量标准

1. 知识目标

（1）掌握环境标准的等级；

（2）了解环大气环境质量和水环境质量的标准。

2. 技能目标

掌握环境质量的标准，并能运用到实际工作分析当中。

3. 素质目标

（1）培养学生对本专业的职业认同感；

（2）增强学生的动手能力，培养学生的团队合作精神。

思政情境

为保障人体健康和维护生态平衡，环境质量标准的设定必须综合考虑经济成本、生态效益和地区差异。国家层面由国务院环境保护主管部门制定统一的环境质量标准，而地方政府则可在国家标准的基础上，根据本地的生态功能、经济水平和技术条件，制定更严格的地方标准，以更好地保护环境。

相关知识

1.6.1　环境标准的等级

为保障人体健康和维护生态平衡，并考虑实现标准的经济代价和所取得的环境效益之间的关系，以及不同区域功能、生态结构和技术经济水平等的差异性，制订了不同水平等级的国家标准和地方标准。

国务院环境保护主管部门制定国家环境质量标准。省、自治区、直辖市人民政府对国家环境质量标准中未做规定的项目，可以制定地方环境质量标准；对国家环境质量标准中已作规定的项目，可以制定严于国家环境质量标准的地方环境质量标准。地方环境质量标准应当报国务院环境保护主管部门备案。

1.6.2　大气环境质量标准

空气质量指数（AQI）是评估空气质量状况的指数，空气质量指数关注的是吸入受到污染的空气以后几小时或几天内人体健康可能受到的影响。空气质量指数划分为 0～50、51～100、101～150、151～200、201～300 和大于 300 六档，对应于空气质量的六个级别，指数越大、级别越高，说明污染越严重，对人体健康的影响也越明显。

1.6.3 水环境质量标准

《地面水环境质量标准》（GB 3838—2002）中，依据使用目的和保护目标划分为五类：

（1）Ⅰ类——主要适用于源头水、国家自然保护区；

（2）Ⅱ类——主要适用于集中式生活饮用水水源地一级保护区、珍贵鱼类保护区、鱼虾产卵场；

（3）Ⅲ类——主要适用于集中式生活饮用水水源地二级保护区、一般鱼类保护区及游泳区；

（4）Ⅳ类——主要适用于一般工业用水区及人体非直接接触的娱乐用水区；

（5）Ⅴ类——主要适用于农业用水区及一般景观要求水域。

巩固与提高

一、单选题

1. 各级环境监测站和有关环境监测机构应按照（　　）和与之相关的其他环境标准规定的采样方法、频率和分析方法进行环境质量监测。

A. 污染物排放标准

B. 环境质量标准

C. 监测方法标准

D. 环境标准样品标准

2. 集中式生活饮用水水源地的水质标准应参照（　　）进行。

A. 地表水环境质量标准

B. 国家卫生标准

C. 地下水质量标准

D. 环境保护总局标准

3. 国家环境质量标准由（　　）负责解释。

A. 国家技术监督局

B. 国家有关工商部门

C. 国务院环境保护主管部门

D. 相应的工业部门

二、判断题

1. 企业事业单位和其他生产经营者应当防止、减少环境污染和生态破坏，对所造成的损害依法承担责任。（　　）

2. 环保宣传部门应当开展环境保护法律法规和环境保护知识的宣传，对环境违法行为进行舆论监督。（　　）

3. 公民应当增强环境保护意识，采取低碳、节俭的生活方式，自觉履行环境保护义务。（　　）

4. 地方各级人民政府应当对本行政区域的环境质量负责。（　　）

任务 1.7　认知污水排放标准

学习目标

视频 7　认知污水排放标准

1. 知识目标

了解污水综合排放标准和城镇污水排放标准。

2. 技能目标

掌握不同地区污水的排放标准，并能运用到实际工作分析当中。

3. 素质目标

（1）培养学生对本专业的职业认同感；

（2）增强学生的动手能力，培养学生的团队合作精神。

思政情境

为贯彻《中华人民共和国环境保护法》、《中华人民共和国水污染防治法》和《中华人民共和国海洋环境保护法》，控制水污染，保护江河、湖泊、运河、渠道、水库和海洋等地面水以及地下水水质的良好状态，保障人体健康，维护生态平衡，促进国民经济和城乡建设的发展，特制定《污水综合排放标准》。本标准是根据自然界对于污染物自净能力而定的，以保障我们赖以生存的生态环境不受人为因素的破坏。

相关知识

1.7.1　污水综合排放标准

国家标准《污水综合排放标准》（GB 8978—1996）是对《污水综合排放标准》（GB 8978—1988）的修订。修订的主要内容是：提出年限制标准，用年限制代替原标准，以现有企业和新扩改企业分类。以该标准实施之日为界限划分为两个时间段：1997 年 12 月 31 日前建设的单位，执行第一时间段规定的标准值；1998 年 1 月 1 日起建设的单位，执行第二时间段规定的标准值。

国家标准《污水综合排放标准》（GB 8978—1996）与《污水综合排放标准》（GB 8978—1988）相比，第一时间段的标准值基本维持原标准的新扩改水平，为控制纳入本次修订的 17 个行业水污染物排放标准中的特征污染物及其他有毒有害污染物，增加控制项目 10 项；第二时间段，比原标准增加控制项目 40 项，COD、BOD_5 等项目的最高允许排放浓度适当从严。1999 年 12 月 15 日国家环境保护总局发布通知：1997 年 12 月 31 日之前建设（包括改、扩）的石化企业，COD 一级标准值由 100mg/L 调整为 120mg/L，有单独外排口的特殊石化装置的 COD 标准值按照一级为 160mg/L、二级为 250mg/L 执行，特殊石化装置指丙烯腈—腈纶、己内酰胺、环氧氯丙烷、环氧丙烷、间甲酚、BHT、PTA、萘系列和催化剂生产装置。

1.7.2 城镇污水处理厂污染物排放标准

《城镇污水处理厂污染物排放标准》（GB 18918—2002）是2003年7月1日实施的中国国家标准。该标准规定了城镇污水处理厂出水、废气排放和污泥处置（控制）的污染物限值，适用于城镇污水处理厂出水、废气排放和污泥处置（控制）的管理。居民小区和工业企业内独立的生活污水处理设施污染物的排放管理，也按该标准执行。

知识拓展

电子工业水污染物排放标准

《电子工业水污染物排放标准》（GB 39731—2020）是2021年7月1日实施的一项中华人民共和国国家标准。该标准规定了电子工业的水污染物排放控制要求、监测要求和监督管理要求，适用于现有的电子工业企业、生产设施或研制线的水污染物排放管理，以及电子工业建设项目的环境影响评价、环境保护设施设计、竣工环境保护验收、排污许可证核发及其投产后的水污染物排放管理。

巩固与提高

一、单选题

1. 我国《污水综合排放标准》（GB 8978—1996）将排放的污染物按性质及控制方式分为（　　）。

A. 二类　　B. 三类　　C. 四类　　D. 五类

2.《污水综合排放标准》（GB 8978—1996）中的第一类污染物，不分行业和污水排放方式，也不分受纳水体的功能类别，一律在（　　）采样，其最高允许排放浓度必须达到本标准要求。

A. 排污单位排放口　　B. 排污单位污水处理站排放口

C. 车间或车间处理设施排放口　　D. 根据具体情况而定

3. 如果排放单位在同一个排污口排放两种或两种以上工业污水，且每种工业污水中同一污染物的排放标准又不同时，则混合排放时该污染物的最高允许排放浓度（　　）。

A. 取其中限值最严的标准　　B. 取其中限值最宽的标准

C. 通过一定的方法计算所得　　D. 无法得到

二、判断题

1. “中华人民共和国固体废物污染环境防治法”中指出的固体废物的“三化”原则是：减量化、资源化、无害化。（　　）

2. 对国家污染物排放标准中已作规定的项目，可以制定低于国家污染物排放标准的地方污染物排放标准。（　　）

3. 地方污染物排放标准应当报国务院环境保护主管部门备案。（　　）

4. 污染物排放标准具有强制性，相关单位必须严格执行。（　　）

项目二　安全操作

任务 2.1　了解污水处理厂安全隐患与危险

学习目标

视频 8　安全操作

1. 知识目标

（1）了解污水处理厂危险源；

（2）掌握安全色与安全标志；

（3）掌握导致事故的危险因素。

2. 技能目标

掌握污水处理厂危险属性，能应用到实践工作当中。

3. 素质目标

（1）培养学生对本专业的职业认同感；

（2）增强学生的动手能力，培养学生的团队合作精神。

思政情境

2021 年 6 月 10 日通过了《全国人民代表大会常务委员会关于修改 〈中华人民共和国安全生产法〉 的决定》，说明我党始终把保障人民群众生命财产安全放在第一位，树牢安全发展理念，坚持安全第一、预防为主、综合治理的方针，从源头上防范化解重大安全风险。

相关知识

2.1.1　污水处理厂危险源

据统计，2020 年 1—10 月全国水务行业共发生 24 起造成人员伤亡的安全事故，其中 56.25%是中毒窒息，其次是爆炸和水污染事故。因此在保证生产工作进行的同时，安全工作同样是需要重视的问题。且事故绝大多数发生在污水处理厂中，造成了非常恶劣的影响。同时也显示了修订《中华人民共和国安全生产法》是非常有必要的。污水处理厂的主要危险源有：

（1）污水处理厂自身的环境风险。比如污水处理厂由于停电、设备损坏、污水处理设施运行不正常、停车检修等，致使大量污水外溢或未经处理直接排入河流，造成地表水、地下水污染事故的水环境风险；进水异常、雨季流量大或者一些其他原因造成的超出污水处理厂设计规模的非正常运行状况下原污水非正常排放，造成地表水、地下水事故污染的水环境风险或者恶臭气体吸收处理装置运行不正常，发生故障超标排放的环境风险、消毒用液氯（风险源为加氯车间、液氯储罐）泄漏的环境风险等。

（2）职业中毒危险。污水厂的源水来自城市生活污水和工业废水，在市政管网输送时已经处于缺氧状态，在处理过程中污水中的硫化氢、沼气等有毒有害气体将产生、溶解、沉积或溢出，因此工作人员进入以下区域时会发生中毒事件：进水格栅、潜水泵间、沉砂池、配水井、工艺闸井和箱涵、贮泥池、硝化池、沼气柜、脱水机房、雨污水管道和检查井。生产过程使用的液氯、硫酸、化学絮凝剂和化验室使用的分析试剂被人体接触或吸入也将发生中毒事件。

（3）触电危险。源污水处理厂是用电大户，设计有高低压变配电系统，设备的控制箱 300 台套左右，操作人员在维修和操作过程中，由于操作不当、设备故障及接地防雷保护系统不在安全状态时容易发生触电伤亡事故。

（4）火灾危险。污水处理厂除工艺构筑物外还配套建设附属构筑物，构筑物中不仅存放易燃物品，而且建设材料也具有可燃性，当构筑物电源老化、雷击、电器使用不当、使用明火作业及其他不安全行为时会发生火灾危险。

（5）爆炸、机械伤害危险。硝化处理过程中产生的沼气不仅是有毒有害气体，而且是易燃易爆气体，因此，工作人员进入硝化池、沼气柜、污泥控制室区域内工作时必须在采取有效措施防止爆炸。同时污水处理是机械化、自动化生产流程，每座污水处理厂有上千套机械设备（粗格栅和压榨机、细格栅和压榨机、初沉池刮泥机、鼓风机、二沉池刮泥机、加药泵、消化池投泥泵、脱水机进泥泵、高密度泵、行车、电动阀门），其转动部件会对人员造成机械伤害。

（6）溺水、坠落危险。污水处理的过程需要一定的停留时间，处理构筑物的有效水深一般有 3~6m，人落入后由于水中含有有毒有害气体和污泥，可能造成溺水伤亡事故。操作人员不慎坠落地上，可能造成摔伤事故。

2.1.2 安全色与安全标志

污水处理厂会使用各种各样的警示标志来提醒我们注意自身安全，标志分为颜色标志和图形标志，我们需要牢记这些安全色和安全标志从而有效的保证自身安全，主要的安全色有红、蓝、黄、绿。红色表示禁止、停止的意思，比如禁止吸烟；黄色表示注意、警告的意思，比如当心火灾；蓝色表示指令、必须遵守的意思，比如必须穿防护服；绿色表示通行、安全和提供信息的意思，比如安全出口。常见安全色标识见图 2.1。

图 2.1　常见安全色标识

禁止标志的含义是禁止人们的不安全行为。其基本形式为带斜杠的圆形框。圆环和斜杠为红色，图形符号为黑色，衬底为白色。

警告标志的含义是提醒人们注意周围环境，以避免可能发生的危险。其基本形式是正三角形边框。三角形边框及图形为黑色，衬底为黄色。

指令标志的含义是强制人们必须做出某种动作或采用防范措施。其基本形式是圆形边框。图形符号为白色，衬底为蓝色。

提示标志的含义是向人们提供某种信息。其基本形式是正方形边框。图形符号为白色，衬底为绿色。

2.1.3　导致事故的危险因素

只有掌握了导致事故的危险因素，才能有效地避免可能发生的安全事故。

事故的发生不是一个孤立的事件，尽管伤害可能在某瞬间突然发生，却是一连串事件按一定顺序互为因果依次发生的结果，就像多米诺骨牌一样。只有移去因果连锁中的任一块骨牌，连锁被破坏，事故过程即被中止，才能达到控制事故的目的。

安全工作的中心就是要移去中间的骨牌，即防止人的不安全行为和物的不安全状态，从而中断事故的进程，避免伤害的发生。

1. 人的不安全行为

（1）麻痹侥幸心理，工作蛮干，意识不到位；

（2）不正确佩戴或使用安全防护用品；

（3）机器在运转时进行检修、调整、清扫等作业；

（4）在有可能发生坠落物、吊装物的地方下冒险通过、停留；

（5）在作业和危险场所随意走、攀、坐、靠的不规范行为；

（6）操作和作业，违反安全规章制度和安全操作规程、未制定相应的安全防护措施，如动用明火、进入有限空间、上锁挂牌、使用化学品等。

2. 物的不安全状态

（1）机械、电气设备带“病”作业；

（2）机械、电气等设备在设计上不科学，形成安全隐患；
（3）防护、保险、警示等装置缺乏或有缺陷；
（4）物体的固有性质和建造设计使其存在不安全状态；
（5）设备安装不规范、维修保养不标准。

知识拓展

1. 山西污水处理中毒窒息事故

事故概况：2020 年 6 月 16 日上午 10 时许，山西省某职工总院，3 名男子进行作业时被困于医院内地下封闭污水处理池中。接到报警后，太原市消防救援支队南社站和特勤一站指战员迅速赶往现场，将 3 人救出。不幸的是，3 人均没有了生命体征。

事故反思：夏季是污水处理厂有毒气体产生的高峰季节，也是污水处理厂事故高发的季节。在进行污水处理作业时，下池人员必须佩戴相应的防护用品，作业时必须有现场安全员在场全程监督安全。

2. 内蒙古污水泵房检修中毒窒息事故

事故概况：2020 年 7 月 4 日上午 10 时许，内蒙古某公司位于科尔沁区哲南农场的养殖基地在污水泵房维修过程中发生一起有限空间中毒和窒息较大事故，造成 3 人死亡、5 人受伤。

事故反思：该起事故的发生，充分暴露出部分企业安全生产主体责任不落实，企业安全生产红线意识树立不牢固，未能吸取同类事故教训，未落实有限空间作业审批制度；安全风险辨识和现场管理不到位；现场应急救援处置不当；安全培训和教育不到位，违规违章现象较多的问题。

3. 北京污水处理站中毒窒息事故

事故概况：2020 年 8 月 26 日上午 10 时许，北京市某楼附近污水处理站沉淀池在进行疏通作业过程中，发生有限空间作业安全生产事故。事故造成物业公司 2 名员工死亡，另外施救 3 人受伤。

事故反思：调查发现，该小区内部有限空间场所根本没有相应的安全管理。有关部门应强化对有限空间作业的督查考核，及时发现安全隐患，督促行业属地强化监管。

4. 安徽污水管网中毒窒息事故

事故概况：2020 年 3 月 12 日下午 3 时许，安徽省某项目污水管道施工工地发生坍塌事故，3 名工人被困。1 人经抢救无效死亡，2 人受伤。

事故反思：在进行污水管道工程时，要严格按照技术要求开挖管沟；为预防坍塌风险需及时采取消减措施；作业时要留有监护人随时观察周围安全情况，避免出现救援不及时的情况。

5. 安徽污水处理设备检修中毒窒息事故

事故概况：2020 年 8 月 22 日下午 5 时许，安徽省宿州市埇桥区某公司下属秦圩种猪场污水处理站因污水提升井设备损坏，公司合作供应商在维修过程中 2 人中毒窒息，送医后经抢救无效死亡。

事故反思：污水处理中毒窒息事故频频发生，主要的问题还是安全意识薄弱、安全措施不到位，一定要从内到外进行安全教育及加强安全措施。

巩固与提高

一、单选题

1. 硫化氢是刺激性的神经毒物，对（　　）有强烈刺激作用。

A. 黏膜　　B. 呼吸　　C. 心脏　　D. 肢体

2. 黄色安全隐患警示标志的意思是（　　）。

A. 禁止、停止　　B. 注意、警告

C. 指令、必须遵守　　D. 安全、提供信息

二、多选题

1. 人的不安全行为有（　　）。

A. 存在侥幸心理　　B. 不正确佩戴防护用品

C. 装置设计缺陷　　D. 设备维护保养不规范

2. “高空作业”坚持哪几项原则？（　　）

A. 梯子不牢不上　　B. 安全用具不可靠不上

C. 没有监护不上　　D. 线路识别不明不上

三、判断题

安全工作的中心是防止人的不安全行为和物的不安全状态，从而中断事故的进程，避免伤害的发生。（　　）

任务 2.2　熟悉污水处理厂设施安全操作

学习目标

视频 9　熟悉污水处理厂设施安全操作

1. 知识目标

（1）掌握提升泵站、生化岗位的安全操作；

（2）掌握压滤、鼓风机、刮泥机岗位的安全操作。

2. 技能目标

熟悉污水处理厂各个构筑物的安全操作，能应用到实践工作当中。

3. 素质目标

（1）培养学生对本专业的职业认同感；

（2）增强学生的动手能力，培养学生的团队合作精神。

思政情境

在某污水处理厂扩建工程的消毒池防水防腐施工过程中，由于使用了未标识的危险化学品，一名工人发生中毒窒息事故。其他作业人员在未佩戴防护装备的情况下盲目入池施救，导致多人中毒窒息。事故发生后，消防救援人员佩戴空气呼吸器及时施救，最终救出4人，但其中3人昏迷。事故处理完毕后，污水处理厂组织全体员工进行了安全教育和反思，强调安全生产、法律法规和规章制度的重要性，提醒员工切勿盲目施救，树立安全意识和责任担当。这一事件表明，尽管不同行业有各自的操作规范和风险管理特点，但在追求安全生产和遵守规范的基本理念上，具有高度的共通性。这种共通性提醒我们，在实际工作中，不应仅关注任务的完成，更应认识到规范操作和风险防范的重要性，时刻保持警惕，承担起维护安全的责任。

相关知识

“车”是一种机械设备的专业化习惯术语，“车”本身的意思不局限于带轮子的交通工具，凡是通过转轴旋转的工具、工业工程机械等都叫车，比如风车、水车、纺车，运用在工程机械上的车床。

2.2.1 提升泵站岗位安全操作

污水提升泵站是一种专业的污水处理设备，主要用于将低位污水提升到高位进行处理。这种设备广泛应用于城市排水系统、工业废水排放、生活污水处理以及园林景观水循环系统等领域。污水提升泵站的作用非常重要，它能够有效地避免废水对环境造成的影响，保护水质，确保水资源的可持续利用。

污水提升泵站还可以提高污水处理的效率和水质的安全性，减少污水处理过程中的能耗和运营成本。它可以将分布在低地区的污水集中起来，降低了污水处理设备的数量和排放口的数量。这样一来，不仅可以减少安装和维护费用，而且还可以避免废水对地下水的污染。

此外，在一些特殊情况下，污水提升泵站也可以用于输送高浓度、高温度、高黏度的污水。这种污水通常比较难以处理，但是通过提升泵站进行输送，可以有效地避免管道堵塞和设备损坏。

提升泵站岗位应注意以下安全操作：

（1）开车前准备工作应检查水泵配电、润滑、安装等；

（2）开车操作时应观察轴承温度、轴封是否渗漏；

（3）运行应注意观察水位线高低、进水口是否堵塞等；

（4）停车时应按照出口阀门、电源、进口阀门的顺序进行关闭。

2.2.2 生化岗位安全操作

污水生化处理属于二级处理，以去除不可沉悬浮物和溶解性可生物降解有机物为主要目的，其工艺构成多种多样，可分成生物膜法、活性污泥法（CASS 法、A/O 法、A^2/O 法、SBR 法、氧化沟法）、稳定塘法、土地处理法等多种处理方法。大多数城市污水处理厂都采用活性污泥法，另外在工业废水方面还有一些其他的方法。生物处理的原理是通过生物作用，尤其是微生物的作用，完成有机物的分解和生物体的合成，将有机污染物转变成无害的气体产物（CO_2）、液体产物（水）以及富含有机物的固体产物（微生物群体或称生物污泥）；多余的生物污泥在沉淀池中经沉淀池固液分离，从净化后的污水中除去。

生化岗位应注意以下安全操作：

（1）熟练掌握工艺原理，熟悉工艺参数；

（2）经常观察活性污泥生物相、上清液透明度、污泥颜色、气味等；

（3）污泥管路停止运行时，应开启冲洗阀门，防止管路堵塞；

（4）实时监控进水水质如果超出设计范围应启动应急预案。

2.2.3 压滤岗位安全操作

污泥压滤机主要利用污泥压力过滤污泥中含有的污泥、缓蚀剂、杂质、硫醚等悬浮物，去除污水中的杂质颗粒，避免污泥在整个系统中堆积，影响处理后的污水水质。电气控制部分是整个系统的控制中心，它主要由变频器、PLC 程序控制器、热控开关、空气开关、中间继电器、按钮开关和电源指示器组成。通过 PLC、压力继电器、电接点压力表、控制按钮等的定时器、计数器、中间继电器和外部限位开关的转换完成自动压滤机工作过程的转换。

污泥压滤机的工作原理：含水污泥经污泥泵输送至污泥搅拌罐，同时投加凝聚剂进行充分混合反应，而后流入带式污泥压布泥器，污泥均匀分布到重力脱水区上，并在泥耙的双向疏导和重力作用下，污泥随着脱水滤带的移动，迅速脱去污泥的游离水。

压滤岗位应注意以下安全操作：

（1）开车前应检查设备、管路、阀门等在灵活状态；

（2）开车操作时应先泥水分离后启动压滤机最后启动污泥泵；

（3）停车时先关闭初沉池进水阀门排空污泥，后关闭排泥阀，再关闭污泥泵，最后关闭压滤机，关闭后应对管路进行冲洗。

2.2.4 鼓风机岗位安全操作

鼓风机的主要目的是污水曝气，它是一种常见的生物处理方法，其原理是通过对污水进行曝气，加速水中的溶解氧含量，促进微生物的代谢分解，加速污水中物的分解和氨氮等污染物的氧化，从而达到净化水质的目的。

在生物处理过程中，曝气的主要作用是给微生物提供氧气，促进微生物的代谢分解，并保证微生物的正常生长和活动，加快物质的分解速度。而曝气还可以增加水中氧气的溶解，提高溶解氧含量，使得微生物在分解物质时，有足够的氧气呼吸，除供氧外，还在曝气池区产生足够的搅拌混合作用，促进水的循环流动，使得活性污泥与废水充分接触混合，从而提高处理效率。

鼓风机岗位应注意以下安全操作：

（1）开车前应检查消音、过滤等是否安装正确；

（2）开车时注意启动后检查振动、声响、轴承温度等；

（3）运行注意检查润滑油脂性能、叶片磨损等；

（4）停车时应按动停车按钮后迅速关闭阀门，关注关闭电源到完全停止转动的时间。

2.2.5　刮泥机岗位安全操作

刮泥机，是一种将淤泥从河道里清理出来的机器，用于城市污水处理厂、自来水厂以及工业废水处理中直径较大的圆形沉淀池中，排出沉降在池底的污泥和撇除池面的浮渣。翰克环保公司生产的刮泥机主要有周边传动刮泥机、中心传动刮泥机、中心传动浓缩刮泥机、中心传动悬挂式刮泥机、桁架刮泥撇渣机、行车式提耙刮泥机、链板式刮泥机、螺旋输送刮泥机、垂架式中心传动刮泥机、平流行车刮泥机等不同种类的产品。

中心传动浓缩刮泥机主要由溢流装置、大梁及栏杆、进口管、传动装置、电器箱、稳流筒、主轴、浮渣耙板、刮集装置、水下轴承、小刮刀、渣斗、浮渣耙板等组成。中心传动浓缩刮泥机能进一步分离浓缩池污泥中的自由水分，以减少污泥的体积，提高污泥浓度，将浓缩后污泥排出池外。

刮泥机岗位应注意以下安全操作：

（1）开车时应注意形成虹吸后刮泥机再启动，根据进水水量、水质变化进行流量调节；

（2）运行时应注意检查各部位润滑、紧固情况，检查转动部位升温情况；

（3）停车时应排空污泥后关闭刮泥机，长时间关闭应将虹吸破坏。

知识拓展

1. 河南污水泵站检修窒息中毒事故

事故概况：2020 年 6 月 27 日下午 3 时许，河南省某公司 3 名维修工人在某路口修理污水泵时晕倒。事故发生后，当地公安、消防等部门紧急救援，但 3 人最终不幸死亡。

事故反思：施工人员不仅需要在施工前对作业环境的氧含量、可燃气体含量、有毒气体含量进行分析；在施工时佩戴防护用具；在出现中毒前兆时，及时采取正确安全的自救措施。

2. 海南污泥储蓄罐爆炸事故

事故概况：2020 年 9 月 24 日上午 9 时许，在海南省某公司内的高效湿式氧化污泥处理技术示范基地，由上海某公司牵头实施的污泥处理实验项目在设备安装过程中发生事故，造成现场 5 名施工人员中 3 人死亡、2 人轻微伤。

事故反思：发展决不能以牺牲人的生命为代价。人的生命最为宝贵，要采取更坚决措施，全方位强化安全生产。我们应该一刻也不放松警惕地、严格地、全过程、全方位落实企业主体责任和部门监管责任，才能有序推进依法治安，才能在经济发展新常态下实现安全生产形势的持续稳定好转。

3. 宁夏污水处理提标改造工程安全事故

事故概况：2020 年 9 月 10 日下午 6 时许，宁夏回族自治区某污水处理站在实施提标改造工程中，发生一起安全事故，事故造成 6 人死亡，1 人受伤。

事故反思：事故发生后，该县在全县范围内立即开展了安全生产大检查行动，确保各类风险隐患得到有效管控，彻底解决隐患问题反复发生、长期得不到根治的重点问题。

4. 浙江自来水污染事故

事故概况：2020 年 7 月 26 日下午 1 时许，浙江省某村发生一起自来水异常事故，影响到 446 户（表）用水安全。直接经济损失约 241. 3 万元。

事故反思：此起事故是由设备总包方施工安装过程中存在缺陷以及设备运营单位当日不按规范操作引起的。在滤罐反冲洗过程中反冲洗水输送管的瞬时压力大于自来水管水压，使得反冲洗水通过处置点内备用给水管进入市政自来水管，导致此次事故发生。

5. 湖北污水清淤中毒窒息事故

事故概况：2020 年 4 月 23 日下午 3 时许，湖北省随州市某公司在组织对污水沟进行清淤作业时发生事故，导致 3 人死亡。

事故反思：该起事故暴露出企业安全生产主体责任意识不强、有限空间作业等安全管理规定不落实、安全教育培训不到位、事故应急救援处置不力等典型问题。

巩固与提高

一、单选题

1. 压滤岗位开车前应注意（　　）。

A. 设备、管路、阀门是否灵活　　B. 关闭初沉池进水阀门

C. 尽快打开压滤机　　D. 对管路进行冲洗

2. 刮泥机运行时应注意（　　）。

A. 形成虹吸后再启动　　B. 检查转动部位升温情况

C. 观察水质变化　　D. 排空污泥后关闭刮泥机

二、多选题

1. 提升泵开车时应注意（　　）。

A. 检查配电装置　　B. 观察轴承温度

C. 观察轴封是否渗漏　　D. 观察进水口是否堵塞

2. 生化岗位操作注意事项有（　　）。

A. 观察活性污泥生物相　　B. 实时监控进水水质

C. 熟练掌握工艺原理　　D. 实时调整溶解氧

三、判断题

鼓风机运行时应注意消音装置是否正常、过滤装置是否正常。（　　）

任务 2.3　了解化学实验室安全隐患与控制

学习目标

视频 10　了解化学实验室安全隐患与控制

1. 知识目标

（1）了解实验室安全隐患与实验室相关国家安全标准；

（2）掌握实验室主要事故类型和实验室建设基本原则；

（3）掌握化学实验室安全隐患控制。

2. 技能目标

掌握化学实验室主要安全隐患和控制方法，能应用到实践工作当中。

3. 素质目标

（1）培养学生对本专业的职业认同感；

（2）增强学生的动手能力，培养学生的团队合作精神。

思政情境

在一次化学实验中，由于实验室安全管理制度执行不严，一名学生操作高压容器时出现失误，导致化学品泄漏并产生有害烟雾。学生们在教师指导下迅速、有序地采取应急措施，关闭设备、佩戴防护装备，并分工协作控制泄漏，成功避免更大事故。在事后反思中，学生们不仅汲取了教训，加强了安全意识，更通过团队合作与责任担当的实践，树立了正确的价值观。这个案例展示了实验室安全中的责任与担当精神。通过紧急应对、团队协作和责任担当，学生们成功地将一次潜在的安全事故化解于无形。同时，通过思政教育的融入，学生们不仅增强了安全意识，还树立了正确的价值观和道德观。这个案例为其他学生提供了宝贵的经验和教训，也为高校实验室安全教育提供了新的思路和启示。

相关知识

2.3.1　实验室安全隐患

1. 实验室的规划、设计、建设和配套设施

1）规划阶段的安全隐患

环境因素：未充分考虑实验室所在地的地质条件、气候条件以及自然灾害风险，如地震带、洪水易发区等，可能导致实验室在未来运行中面临自然灾害的威胁。

周边环境：未评估周边工业、交通等因素对实验室安全的影响，如化工厂、加油站等可能带来的火灾、爆炸风险，以及交通噪声、振动等对实验室精密仪器的影响。

功能区划分：未合理划分实验区、办公区、休息区等功能区域，可能导致人流、物流

混乱，增加事故发生的可能性。

安全通道：未规划足够的安全出口和疏散通道，或通道被堵塞，一旦发生事故，人员难以迅速疏散。

2）设计阶段的安全隐患

安全规范：设计未遵循国家及行业相关的安全规范和标准，如 GB 50016—2014《建筑设计防火规范》、GB 19489—2008《实验室生物安全通用要求》等，导致实验室在防火、防爆、防毒等方面存在缺陷。

环境控制：未充分考虑实验室内部环境控制的需求，如温湿度、洁净度、通风等，可能影响实验结果的准确性和人员健康。

化学品存储区域：化学品和危险物品的存储区域设计不合理，如未设置防爆柜、泄漏收集装置等，可能导致化学品泄漏、爆炸等事故。

废液处理：未规划废液处理系统或处理系统不完善，可能导致废液随意排放，造成环境污染。

3）建设阶段的安全隐患

施工材料质量：使用不符合安全要求的建筑材料和设备，如易燃材料、劣质电器等，可能增加火灾、触电等事故的概率。

施工工艺：施工过程中存在偷工减料、施工不规范等问题，如电气线路铺设不符合规范、消防设施安装不到位等，可能导致安全隐患。

现场安全管理：施工现场安全管理不到位，如未设置安全警示标志、未进行安全教育培训等，可能导致施工人员安全意识淡薄，增加事故发生的可能性。

交叉作业：多工种交叉作业时未进行有效协调和管理，可能导致相互干扰、碰撞等事故。

4）配套设施中的安全隐患

消防设备配备：实验室未配备足够的消防设施或设备陈旧、损坏，如灭火器、消防栓、自动喷水灭火系统等，可能无法及时扑救初期火灾。

维护保养：消防设施未定期进行检查和维护保养，可能导致在紧急情况下无法正常使用。

个人防护用品种类与数量：实验室未为实验人员提供足够的个人防护用品或种类不全，如护目镜、防护服、手套等，可能导致实验人员在操作过程中受到伤害。

使用管理：未对个人防护用品的使用进行规范和管理，如未要求实验人员正确佩戴、定期更换等，可能降低防护效果。

通风系统：实验室通风系统设计不合理或运行不良，可能导致有毒有害气体无法及时排出，影响人员健康。

供电系统：供电系统不稳定或存在隐患，如线路老化、超负荷运行等，可能导致停电或电气火灾等事故。

5）其他安全隐患

实验室卫生管理：未定期清理和消毒实验室环境，可能导致细菌和病毒的滋生，增加实验室感染的概率。

安全管理制度：安全管理制度不健全或执行不严格，如未制订应急预案、未进行安全教育培训等，可能导致安全隐患未能及时发现和整改。

综上所述，实验室的规划、设计、建设和配套设施中可能存在的安全隐患涉及多个方面和环节。为了确保实验室的安全运行和人员的健康安全，必须全面考虑和防范这些隐患。

2. 实验室人员

实验室人员可能存在的安全隐患主要涉及他们在日常工作中可能因疏忽、不当操作或环境因素而面临的危险。

1）个人防护不足

未佩戴防护装备：实验人员在进行实验时，如未佩戴护目镜、防护服、手套等必要的个人防护装备，可能导致眼睛、皮肤或呼吸系统受到伤害。

忽视个人防护：即使配备了防护装备，如果实验人员未正确使用或忽视其重要性，同样会面临安全隐患。

2）实验操作不规范

违规操作：实验人员未按照实验规程进行操作，如随意更改实验步骤、试剂用量等，可能引发意外反应或事故。

操作失误：由于疏忽、疲劳或注意力不集中等原因，实验人员可能在进行操作时发生失误，导致设备损坏、化学品泄漏等严重后果。

3）对化学品了解不足

化学品知识缺乏：实验人员若对所使用的化学品性质、危害及应急处理措施不了解，可能在处理、存储和使用过程中发生意外。

错误使用化学品：由于知识不足或疏忽，实验人员可能错误地使用化学品，导致化学反应失控、火灾或爆炸等事故。

4）设备使用不当

设备操作不当：实验人员在使用实验设备时，如未按照操作规程进行，可能损坏设备并引发安全事故。

设备维护不足：实验设备未得到定期维护和检修，可能因故障或老化而引发安全事故。

5）环境因素

通风不良：实验室通风系统不畅或未开启，导致有毒有害气体积聚，对实验人员健康造成威胁。

温湿度不适宜：实验室温湿度未控制在安全范围内，可能影响实验结果的准确性，并增加实验人员的不适感。

6）其他个人因素

疏忽大意：实验人员在工作中若疏忽大意，可能因未及时发现和处理安全隐患而引发事故。

疲劳操作：长时间连续工作可能导致实验人员疲劳，从而降低警觉性和操作准确性，增加安全隐患。

实验室人员应时刻保持警惕，严格遵守实验室安全规定和操作规程，加强个人防护和环境管理，确保自身安全和实验顺利进行。同时，实验室管理者也应加强安全教育和培训，提高实验人员的安全意识和操作技能。

3. 实验材料及废弃物

1）化学品的危险性

易燃易爆：许多实验材料如乙醚、二硫化碳、氢气等都具有易燃易爆性，一旦遇到明火、高温或静电火花，就可能引发火灾或爆炸。此外，一些强氧化剂如氯酸盐、高氯酸盐等，在与其他物质混合时也可能发生剧烈反应，释放大量热量和气体，导致爆炸。

腐蚀性：强酸（如浓硫酸、浓硝酸）、强碱（如氢氧化钠）以及某些盐类（如氯化锌）具有强烈的腐蚀性，能够破坏与之接触的物质，包括皮肤、眼睛等生物组织。

毒性：实验材料中常含有有毒物质，如氯气、氰化氢、重金属盐等。这些物质若被人体吸入、摄入或皮肤接触，可能导致中毒，严重时甚至危及生命。

反应性：不同化学品之间可能发生化学反应，生成新的有毒或易爆物质。例如，强氧化剂与可燃物混合可能引发爆炸，酸和碱混合会产生大量的热和腐蚀性液体。

2）生物材料的危险性

感染性：生物实验常涉及微生物、病毒、细菌等生物材料。这些材料可能具有感染性，如果处理不当，可能导致实验室感染或疾病传播。

致敏性：某些生物材料可能引起过敏反应，对实验人员的健康造成威胁。

3）放射性材料的危险性

辐射性：放射性材料释放的射线对人体具有穿透性，长期接触或暴露在高剂量辐射下，可能导致放射性损伤，包括皮肤灼伤、造血功能障碍、癌症等。

4）废弃物可能存在的安全隐患

毒性：废弃物中可能含有有毒化学物质，如重金属、有机溶剂等。这些物质若未经妥善处理，可能通过吸入、摄入或皮肤接触等途径对人体造成伤害。

腐蚀性：腐蚀性废弃物可能腐蚀皮肤、眼睛等组织，导致化学灼伤。

环境污染：废弃物若未经处理直接排放到环境中，可能污染土壤、水体和空气，对生态环境造成长期影响。例如，重金属污染可能导致土壤和水体中的生物受到毒害，影响生态平衡。

生态破坏：某些废弃物可能对植物、动物等生物造成危害，破坏生态平衡。例如，有机溶剂的排放可能破坏水生生态系统，影响鱼类的生存。

火灾和爆炸：易燃易爆废弃物若处理不当，可能引发火灾或爆炸事故。例如，将易燃废弃物与氧化剂混合储存，可能引发剧烈反应导致爆炸。

传播疾病：生物废弃物若处理不当，可能导致疾病传播。例如，医疗废弃物中的血液、体液等可能含有病原体，若未经消毒处理直接排放到环境中，可能引发疾病传播。

4. 实验方法或工艺流程

由于实验本身具有探索性，在实验方法和工艺流程方面，可能存在一些安全隐患。

1）化学反应失控

在合成、分解、氧化还原等化学反应中，如果反应条件（如温度、压力、浓度、催化剂用量等）控制不当，可能导致反应速率过快、温度过高，进而引发爆炸、火灾或产生有毒气体。

2）操作步骤不合理

实验方法或工艺流程中操作步骤的顺序、时间间隔、物质添加方式等设计不合理，可能导致反应不完全、产物不纯或产生副产物，甚至引发安全事故。

3）危险物质处理不当

在实验过程中，对于易燃、易爆、有毒、腐蚀性等危险物质处理不当，如储存方式错误、转移过程中泄漏、废弃物处理不规范等，都可能引发安全事故。

4）设备故障与误操作

实验设备故障或实验人员误操作可能导致实验失败、设备损坏甚至安全事故，如加热设备过热、搅拌器失控、反应釜压力异常等。

5）忽略实验条件变化

在实验过程中，外部环境或实验条件的变化（如温度、湿度、电源波动等）可能影响实验结果或引发安全事故。

实验方法和工艺流程本身存在的安全隐患主要涉及化学反应控制、操作步骤合理性、危险物质处理、设备故障与误操作以及实验条件变化等方面。为了确保实验过程的安全顺利进行，需要实验人员和管理者共同努力，采取有效措施加以防范和控制。

2.3.2 实验室主要事故类型

通过对近年来实验室发生的安全环保事故的情况分析，可将事故大致分为火灾事故、爆炸事故、化学事故、电气事故、生物安全事故、机械事故、辐射事故等。

1. 火灾事故

实验室发生火灾事故的主要原因多种多样，这些原因往往与实验室的特殊环境和实验操作的复杂性密切相关。

1）电气设备故障

过载与短路：实验室中大量使用各类电气设备，如电烘箱、电炉、电烙铁等，这些设备在长时间工作或负载过大时，容易发生过载和短路，导致电气设备发热并可能引发火灾。

线路老化：供电线路老化、接触不良、绝缘下降等问题也是引起火灾的重要原因。老化的线路容易发热，甚至产生电火花，从而引燃周围的可燃物。

设备故障：实验室中的加热设备、搅拌设备等若出现故障，如控温设备失灵、搅拌器失控等，也可能导致火灾事故的发生。

2）实验操作不当

火源管理不当：在实验室中，明火（如酒精灯、煤气灯等）的使用必须严格遵守操作规程。若操作不当，如离开实验台未熄灭火源，或火源靠近易燃物质等，都极易引发火灾。

易燃易爆物质使用不当：实验室中常使用各种易燃易爆的化学品，如乙醚、丙酮、氢气等。若这些物质在使用、储存或处理过程中稍有不慎，就可能引发火灾或爆炸。

反应失控：在进行化学反应时，若反应条件控制不当或反应物投料比例失调，可能导致反应失控并产生大量热量和气体，从而引发火灾或爆炸。

3）安全意识淡薄

忽视安全规定：部分实验人员可能忽视实验室的安全规定和操作规程，如未佩戴防护装备、随意堆放易燃物质等，这些行为都可能增加火灾事故的风险。

缺乏应急知识：部分实验人员在面对火灾等紧急情况时，可能缺乏必要的应急知识和技能，无法及时采取有效的应对措施，从而导致火势蔓延和损失扩大。

4）其他因素

环境因素：实验室的通风条件、温湿度等环境因素也可能对火灾事故的发生产生影响。例如，通风不良可能导致易燃气体积聚并增加爆炸风险；高温环境则可能加速化学品的分解和挥发并增加火灾风险。

管理不善：实验室的管理不善也可能成为火灾事故的诱因。例如，未定期对实验设备进行维护和检查、未建立完善的消防安全制度等都可能增加火灾事故的风险。

实验室发生火灾事故的原因是多方面的，需要实验人员、管理人员以及相关部门共同努力，加强安全意识、完善管理制度、提高应急能力并定期进行安全检查和维护以预防火灾事故的发生。

2. 爆炸事故

实验室发生爆炸事故的主要原因可以归纳为以下几点：

1）化学药品的不当混合

氧化剂与还原剂混合：氧化剂和还原剂的混合物在受热、摩擦或撞击时会发生爆炸。例如，乙醇和浓硝酸混合时会发生猛烈的爆炸反应。

本身易爆炸的化合物：一些化合物如硝酸盐类、硝酸酯类、三碘化氮、芳香族多硝基化合物、乙炔及其重金属盐、重氮盐、叠氮化物、有机过氧化物（如过氧乙醚和过氧酸）等，受热或被敲击时会爆炸。

2）实验操作的失误

密闭体系加热：在密闭体系中进行蒸馏、回流等加热操作，可能导致体系内压力升高，如果仪器不耐压或操作不当，可能引发爆炸。

反应失控：反应过于激烈而失去控制，如未及时调整反应条件或未采取有效的冷却措施，可能导致反应体系温度急剧升高，进而引发爆炸。

易燃易爆气体泄漏：易燃易爆气体如氢气、乙炔等烃类气体、煤气和有机蒸气等逸入大量空气，形成爆炸性混合物，一旦遇到火源就可能引发爆燃。

3）仪器设备的故障

耐压设备使用不当：在加压或减压实验中使用不耐压的玻璃仪器，或气体钢瓶减压阀失灵，都可能导致设备破裂或爆炸。

搬运和存储不当：搬运钢瓶时不使用钢瓶车，让气体钢瓶在地上滚动或撞击钢瓶表头，随意调换表头等都可能引发爆炸。此外，氧气钢瓶和氢气钢瓶等易燃易爆气瓶的存放和使用也必须严格遵守规定，避免混放或接近火源。

4）其他因素

配制溶液操作不当：如错将水往浓硫酸里倒，或者配制浓的氢氧化钠时未等冷却就将瓶塞塞住摇动等，都可能引发爆炸。

减压蒸馏问题：减压蒸馏时若使用平底烧瓶或锥瓶做蒸馏瓶或接收瓶，因其平底处不能承受较大的负压而发生爆炸。

蒸馏前未处理过氧化物：对四氢呋喃、乙醚等试剂蒸馏前未检验并除掉过氧化物，过氧化物被浓缩达到一定程度或蒸干时易发生爆炸。

实验环境与管理问题：实验室的通风条件不佳、温湿度控制不当、管理不善等都可能增加爆炸事故的概率。

实验室发生爆炸事故的原因复杂多样，涉及化学药品、实验操作、仪器设备和实验环境等多个方面。因此，在实验室工作中必须严格遵守操作规程和安全制度，加强安全意识教育和应急演练，确保实验室的安全运行。

3. 化学事故

实验室发生化学事故的主要原因可以从多个方面进行分析，主要包括物的不安全因素和人的不安全因素两大类。

1）物的不安全因素

化学试剂的危险性：实验室中使用的许多化学试剂具有易燃、易爆、有毒、腐蚀等特性。易燃液体如甲醇、乙醇、乙醚、丙酮等，易燃气体如氢气、氧气、乙烯气等，以及易燃固体如硫黄、五硫化二磷等。这些物质的燃点低，在加热、撞击或遇到明火时容易迅速燃烧甚至爆炸。剧毒品如氰化物、砷化物、农药等，以及剧毒的实验中间体，若保管或使用不当，将引起人体机能改变，严重的甚至会造成人中毒死亡。

危险化学品泄漏：有些化学实验需要在一定的温度和压力条件下进行，甚至需要高温高压环境。长时间的使用和溶剂的腐蚀会加速仪器设备的老化。如果对仪器设备的维护和管理不到位，设备带故障运行，极易发生危险化学品泄漏事故。泄漏的化学品可能引发火灾、爆炸、中毒等危险，不仅危及生命，还可能对环境造成破坏。

放射源的不规范使用：在某些实验中，可能会使用到含有放射性物质的仪器或试剂。如果不规范使用或没有采取适当的防护措施，放射性物质或射线辐射到人体上，会导致人的机体病变，影响人的健康，伤害人体。

“三废”处理不当：有害有毒的废气、废液、废渣如果收集处理不当，会污染环境及地下水。随意乱排化学废气、乱倒化学废液、乱扔化学废物不仅污染环境，还可能对周围居民和生态环境造成危害。

2）人的不安全因素

安全意识淡薄：部分实验人员可能缺乏必要的安全意识，对潜在的危险认识不足，思想上麻痹大意。这种情况下容易因操作不当或疏忽大意而引发化学事故。

安全知识缺乏：实验人员可能缺乏必要的安全知识和技能，无法正确识别和处理实验过程中出现的危险情况。这可能导致在紧急情况下无法采取有效的应对措施，从而加剧事故的后果。

管理制度不健全：实验室的安全管理制度可能不健全或执行不力。例如，安全管理制度不完善、管理体制不顺、责任没有落实到人等都可能导致管理盲区和死角，潜伏巨大的安全隐患。

设备操作不当：实验人员在使用仪器设备时可能因操作不当或违反操作规程而引发化学事故。例如，在加压或减压实验中使用不耐压的玻璃仪器、气体钢瓶减压阀失灵等都可能导致设备破裂或爆炸。

实验室发生化学事故的主要原因包括物的不安全因素和人的不安全因素两大方面。为了预防和减少化学事故的发生，实验室应加强安全管理、提高实验人员的安全意识和技能、完善安全管理制度并严格执行、加强仪器设备的维护和保养等。

4. 电气事故

实验室发生电气事故的主要原因可以归纳为以下几点：

设备老化或损坏：实验室中使用的电气设备经常暴露在高温、高湿、腐蚀性气体等恶劣环境中，长时间的使用会导致设备的老化和损坏。这些老化和损坏的设备在运行时容易发生故障，如短路、漏电等，从而引发电气事故。

设备安装不合格：电气设备的安装需要符合相关的标准和规范，包括正确的接线、接地和保护措施等。如果设备安装不合格，如接线错误、接地不良或缺乏必要的保护措施，都可能导致电气事故的发生。

电气线路问题：（1）电气线路漏电。实验室中存在大量的电气设备，长期使用容易造成电线老化或者破损，导致电气线路漏电。如果漏电保护措施不到位，就会增加火灾和触电的风险。（2）电线过负荷使用。实验室电气设备的负荷需根据设备耗电功率选择合适的线径。如果将过大的负荷接到细小的电线上，会导致电线过热和短路，从而引发火灾。

电气设备不当操作：在实验室使用电气设备时，如果不按照正确的操作程序或规范进行使用，可能会导致设备发生故障或短路，进而引发电气事故。例如，错误地插拔电源插头、在设备运行时进行不当的维护操作等都可能引发事故。电气设备实验室中有时需要使用大功率电气设备，如果这些设备的负荷过高，往往会导致电气设备过载。过载的电气设备容易发热、损坏，甚至引发火灾。

电气设备的设计与选择问题：实验室中有些电气设备可能存在设计或选择方面的问题，如设备本身存在缺陷、与实验室环境不匹配等。这些问题在使用过程中容易引发故障或短路，增加电气事故的风险。

人为失误：实验室中的电气设备需要人员负责操作和维护。如果操作人员缺乏必要的电气安全知识或技能，或者在工作中疏忽大意、违反操作规程，都可能引发电气事故。

缺乏必要的电气安全设施：实验室应配备必要的电气安全设施，如漏电保护器、过载保护器、烟雾报警器等。如果缺乏这些设施或设施损坏未及时修复，将无法及时发现和应对电气事故隐患，增加事故发生的可能性。

实验室发生电气事故的原因是多方面的，需要从设备、线路、操作、管理等多个方面入手，加强电气安全管理，确保实验室的安全运行。

5. 生物安全事故

实验室发生的典型生物安全事故：

（1）实验室购买、使用不合格的实验山羊，实验过程中也未能遵守操作规程，致使多人感染布鲁氏菌病；

（2）实验人员擅自多次带出未经严格验证效果的灭活 SARS 病毒在普通实验室进行实验，导致该实验室多名人员感染非典。

6. 机械事故

实验室发生机械事故的主要原因：

（1）做加工实验的女学生未按要求将长发束起并戴上工作帽，致使头发被木材加工机器绞住；

（2）没有严格按照操作规程进行车削加工操作，盲目地启动机床进行试探性操作，发生机床损坏事故；

（3）未按照指导教师要求进行铣床操作，用戴着手套的手拨抹切屑，导致手套连带手掌一同被绞入机器；

（4）实验室违规改造实验设备，未按要求进行备案及安全测评，导致事故发生。

7. 辐射事故

（1）实验室无放射源存放场所却自行购入，致使放射源因管理不当丢失；

（2）实验室存放的数字式水分测定仪被盗；

（3）操作人员违反操作规程，安全装置失灵，辐射源未降回井内，没有携带个人剂量报警仪和便携式剂量检测仪进入辐照室，导致操作人员误遭受照射。

2.3.3 实验室建设的基本原则

实验室建设的基本原则为以人为本、安全第一、有章可循、节约资源、可持续发展、环境保护。

1. 以人为本

人员安全：实验室设计应确保实验人员在操作过程中的安全。例如，实验室应设置紧急淋浴装置和洗眼器，以便在化学物质溅到眼睛或皮肤上时迅速处理。同时，实验室应配备足够的个人防护装备，如实验服、安全眼镜、防毒面具和手套等。

工作环境：实验室应提供舒适安全的工作环境，包括良好的通风系统、适宜的温度和湿度控制，以及合理的照明和噪声控制。此外，实验室的布局应考虑到人员的流动和实验操作的便捷性，以减少不必要的移动和潜在的伤害风险。

培训与教育：实验室应定期组织安全教育和培训活动，使实验人员了解实验室的安全规定、操作规程和紧急应对措施。培训内容包括但不限于化学品的安全使用、设备的正确操作、火灾和紧急疏散等。

2. 安全第一

安全制度：实验室应建立健全的安全管理制度，包括制定详细的安全操作规程、安全责任制和事故应急预案等。这些制度应明确实验人员的安全职责和操作流程，确保实验活动的安全可控。

风险评估：在实验项目开始前，应进行全面的安全风险评估，识别潜在的危险因素和事故隐患，并制定相应的预防措施和控制措施。对于高风险实验项目，应特别加强安全管理和监控。

安全设施：实验室应配备完善的安全设施，如消防设施、防爆设施、紧急疏散通道和标志等。这些设施应定期检查和维护，确保其处于良好状态并能在紧急情况下发挥作用。

3. 有章可循

规章制度：实验室应制定详细的规章制度和操作规程，明确实验人员的职责和任务，规范实验活动的流程和标准。这些规章制度应基于国家法律法规和行业标准制定，具有可操作性和针对性。

执行与监督：实验室应加强对规章制度的执行与监督力度，确保实验人员严格遵守规定并按照规定进行操作。对于违反规定的行为，应及时进行纠正和处理。

持续改进：实验室应建立持续改进机制，定期对规章制度进行修订和完善，以适应实验室发展的需要和科技进步的要求。同时，鼓励实验人员提出改进意见和建议，促进实验室管理的不断完善和优化。

4. 节约资源

资源规划：实验室应根据实验需求和资源状况制定合理的资源规划方案，包括试剂和材料的采购、设备的配置和使用等。在采购过程中应优先考虑环保、节能和高效的产品。

节能减排：实验室应采取节能减排措施，如使用节能灯具、优化设备使用效率、减少不必要的待机时间等。同时，加强实验废弃物的分类回收和处理工作，降低废弃物对环境的污染。

资源共享：实验室应建立资源共享机制，鼓励实验人员共享试剂、材料和设备等资源。通过资源共享可以减少浪费和重复采购现象，提高资源的利用效率。

5. 可持续发展

科技创新：实验室应关注科技发展趋势和前沿技术动态，积极引进和应用新技术、新材料和新工艺。通过科技创新提高实验活动的效率和准确性同时降低对环境和资源的影响。

人才培养：实验室应注重人才培养工作，加强实验人员的专业技能和综合素质培养。通过培养高素质的实验人员队伍为实验室的可持续发展提供有力的人才保障。

合作交流：实验室应积极开展国内外合作与交流活动，引进先进的管理理念和技术手段。通过合作交流可以拓宽视野、提高水平并促进实验室的可持续发展。

6. 环境保护

污染控制：实验室应加强对实验过程中产生的废气、废液和固体废弃物的控制和管理。采取有效的措施减少污染物的产生和排放，如使用环保型试剂和材料、优化实验方案等。

环保设施：实验室应配备完善的环保设施，如废气处理装置、废液收集池和固废处理设施等。这些设施应定期检查和维护确保其正常运行并达到环保标准。

环保意识：实验室应加强环保意识的宣传和教育工作，提高实验人员的环保意识和责任感。通过宣传教育使实验人员了解环保的重要性，并积极参与环保活动，为保护环境贡献自己的力量。

2.3.4 实验室安全管理

实验室安全可以分为六个部分，主要包括组织建设、制度建设、培训机制、督查机制、安全防护设施建设、信息化管理等。建立职责明确的组织机构，是确保相关管理工作顺利推进的必要条件之一。

1. 组织建设

组织建设是实验室安全管理的基石，它涉及构建一个高效、有序的安全管理体系。

建立安全管理机构：实验室应设立专门的安全管理机构，如安全管理委员会或安全小组，由实验室负责人、安全专家、技术人员等关键成员组成。这些机构负责制定、监督和执行安全政策，确保实验室的安全运行。

明确职责分工：安全管理机构中的每个成员都应明确其职责和权限，确保安全管理工作的有序进行。例如，实验室负责人负责整体安全规划，安全专家负责安全培训和风险评估，技术人员则负责具体的安全操作和日常维护。

建立沟通机制：有效的沟通机制是确保安全管理工作顺利推进的关键。实验室应建立定期的安全会议制度，及时传达安全信息，讨论安全问题，并共同制定解决方案。

2. 制度建设

制度建设是实验室安全管理的核心，它涉及制定和完善各项安全规章制度。

制定安全操作规程：针对实验室的具体操作，制定详细的安全操作规程，明确操作步骤、注意事项和应急处置方法。这些规程应易于理解、易于执行，并经常进行更新和完善。

建立危险化学品管理制度：对于实验室中使用的危险化学品，应建立严格的管理制度，包括采购、储存、使用和废弃等环节。制度应明确责任分工、审批流程和安全措施，确保危险化学品的合规使用。

制定废弃物处理规定：实验室废弃物的处理应严格按照相关法规进行。制定详细的废弃物处理规定，明确废弃物的分类、收集、储存和处置方法，确保废弃物得到安全、合规的处理。

3. 培训机制

培训机制是提高实验室人员安全意识和操作技能的重要手段。

新员工入职培训：新员工进入实验室前，应接受全面的安全培训，了解实验室的基本安全知识、操作规程和应急处置方法。培训结束后，应进行考核，确保新员工具备必要的安全意识和操作技能。

定期安全培训：实验室应定期组织安全培训活动，包括安全知识讲座、实操演练等。这些活动旨在提高实验室人员的安全意识和操作技能，帮助他们掌握最新的安全知识和技能。

专项技能培训：针对实验室中的特定操作或设备，应开展专项技能培训。这些培训应涵盖设备的操作、维护、故障处理等方面，确保实验室人员能够熟练掌握相关技能。

4. 督查机制

督查机制是确保实验室安全措施得到有效执行的关键环节。

日常巡查：实验室应建立日常巡查制度，对实验室的安全状况进行定期或不定期的巡查。巡查内容包括设备运行状态、安全防护设施的有效性、安全操作规程的执行情况等。

专项检查：针对实验室中的特定领域或问题，应开展专项检查。这些检查旨在深入剖析问题根源，制定针对性的解决方案，并跟踪整改情况。

隐患排查治理：实验室应建立隐患排查治理机制，及时发现和消除安全隐患。对于发现的问题，应制定详细的整改措施和时间表，并跟踪整改情况，确保问题得到彻底解决。

5. 安全防护设施建设

安全防护设施建设是实验室安全管理的物质保障。

通风系统：实验室应配备有效的通风系统，确保空气流通、有害气体及时排出。通风系统应定期进行维护和保养，确保其正常运行。

消防设施：实验室应配备足够的消防设施，如灭火器、消防栓等。这些设施应定期进行检查和测试，确保其有效性。

紧急淋浴洗眼器：对于使用有害化学品的实验室，应配备紧急淋浴洗眼器。这些设备应放置在易于到达的位置，并定期进行维护和保养。

其他安全防护设施：根据实验室的具体需求，还可以配备其他安全防护设施，如防护手套、防护眼镜、防护服等。这些设施应定期进行检查和更换，确保其有效性。

6. 信息化管理

信息化管理是提升实验室安全管理水平的重要手段。

建立安全管理信息系统：实验室应建立安全管理信息系统，实现安全信息的数字化、网络化和智能化管理。系统应包括安全数据的采集、存储、分析和利用等功能。

数据分析与利用：通过安全管理信息系统收集的数据，可以进行深入分析，发现安全问题的趋势和规律。这些数据可以为制定针对性的安全管理措施提供依据，提高安全管理的效率和准确性。

信息共享与协同：安全管理信息系统还可以实现信息共享和协同工作。实验室人员可以通过系统实时了解安全状况，共同制定解决方案，提高安全管理的协同性和效率。

综上所述，实验室安全管理体系的六个部分相互关联、相互支持，共同构成了实验室安全管理的完整框架。通过加强这六个方面的建设和管理，可以显著提升实验室的安全水平，保障科研活动的顺利进行。

知识拓展

1. 广州某大学实验室烧瓶炸裂事故

2021 年 7 月 27 日，广州某大学药学院 505 实验室在清理通风柜时发现之前毕业生遗留在烧瓶内的未知白色固体，一博士研究生用水冲洗时发生炸裂，炸裂产生的玻璃碎片刺破该生手臂动脉血管，在场同学和老师及时施救，120 救护车将受伤学生送至广东省中医院大学城医院进行处理后，经医院协调转至广州和平骨科医院（原广州和平手外科医院），经治疗后该生伤情得到控制，无生命危险。

事故解析：经与505实验室负责老师沟通，导致炸裂的未知白色固体中可能含有氢化钠或氢化钙，遇水发生剧烈反应而炸裂。

2. 北京某大学实验室12.26爆炸事故

2018年12月26日9时34分，119指挥中心接到北京某大学东校区2号楼起火的报警。经核实，现场为2号楼实验室内学生进行垃圾渗滤液污水处理科研实验时，实验现场发生爆炸，事故造成3名参与实验的学生死亡。该校党委书记等12人被问责，研究生导师和实验室管理人员2人被依法追究刑事责任。

事故解析：在使用搅拌机对镁粉和磷酸搅拌、反应过程中，料斗内产生的氢气被搅拌机转轴处金属摩擦、碰撞产生的火花点燃爆炸，继而引发镁粉粉尘云爆炸，爆炸引起周边镁粉和其他可燃物燃烧，导致现场3名学生烧死。事故调查组同时认定，该校有关人员违规开展实验、冒险作业；违规购买、违法储存危险化学品；对实验室和科研项目安全管理不到位。经事故调查组认定，这起事故是一起责任事故。

3. 上海某高校实验室爆炸事故

2016年9月21日（星期三）上午10点30分左右，三名研究生（其中一名学生为研究生二年级学生、两名学生为研究生一年级学生）在该校的化学化工与生物工程学院4114合成实验室内进行氧化石墨烯制备实验。二年级研究生做教学示范，首先在一锥形瓶中加入750mL浓硫酸，与石墨混合，随后将1药匙的高锰酸钾放入。在放入之前，二年级研究生告诉两名低年级同学：可能会有爆炸的危险。结果在药品加入后，即刻发生爆炸。师生立即拨打“110”和“120”，并进行了现场处置。事故共造成一名研究生轻伤，两名研究生重伤，主要因实验爆燃致化学试剂高锰酸钾等灼伤头、面部和眼睛，其中，研二学生双目失明，研一学生有失明的可能性。

事故解析：氧化法制备石墨烯是最常见一种化学制备方法，需要用到浓硫酸和高锰酸钾等强氧化剂，是一个反应剧烈且自放热反应，所以应根据相关规程操作进行。但在实验过程中，三名同学却犯了本不该犯的错误：一是没有做好安全有效的个人防护措施（如果当时戴上护目镜，就会把对眼睛的伤害降到最低程度）；二是对主要反应物料高锰酸钾进行调整，却在无化学计量的情况下进行；三是锥形瓶作为容器，不能用于后续反应的加热操作；四是没有做实验前的风险评估，根据规程本实验需要在冰水浴中进行操作。

巩固与提高

一、单选题

实验室安全管理应坚持（　　）方针。

A. 安全第一，实验第二　　B. 安全第一，预防为主

C. 安全为了实验，实验必须安全　　D. 为了实验，不顾安全

二、多选题

1. 实验室主要存在的安全隐患有（　　）。

A. 设计不合理　　B. 实验人员安全意识淡薄

C. 仪器超期服役　　D. 新实验、新工艺未经安全评估

2. 实验室可能发生的安全事故有（　　）。

A. 火灾爆炸　　B. 化学事故　　C. 电气事故　　D. 辐射事故

3. 实验室的建设原则有（　　）。

A. 以人为本，安全第一　　B. 有章可循，节约资源

C. 可持续发展　　D. 保护环境

三、判断题

通过科学合理的安全教育和培训减少事故发生的概率。（　　）

任务 2.4　熟悉化学药品与仪器安全操作

学习目标

视频 11　熟悉化学药品与仪器安全操作

1. 知识目标

（1）掌握化学药品的分类；

（2）了解化学药品的危害；

（3）掌握实验室常用的实验设施。

2. 技能目标

掌握化学药品的基本属性和仪器设备的安全操作，能应用到实践工作当中。

3. 素质目标

（1）培养学生脚踏实地、遵守纪律的学习态度；

（2）增强学生爱祖国，爱自己，爱社会主义的公德。

思政情境

在一所大学的化学实验室中，一名大学生因操作不当未严格遵守实验规程，导致实验失败并造成一定损失，污染了实验室环境，影响了科研和教学进度。实验室教师随后组织会议，大学生在会上反思并分析了失误原因，深刻认识到疏忽带来的严重后果。在教师指导下，该学生重新严格按照操作规程完成实验，取得成功。实验室也加强了安全培训和规程普及，确保学生严格遵守操作规范。

在实验室工作中，我们必须时刻保持警惕，严格遵守操作规程，增强自己的责任感和安全意识。同时，当遇到错误和失败时，我们也应该勇于面对，从错误中吸取教训，不断提升自己的能力和水平。通过这个案例，学生们能够深刻认识到实验室安全的重要性，并在未来的学习和科研工作中更加注重细节和规范。

相关知识

2.4.1　化学药品的分类

根据《危险货物分类和品名编号》（GB 6944—2012）化学危险品按照其主要危险特

性分为 9 类，见图 2.2：

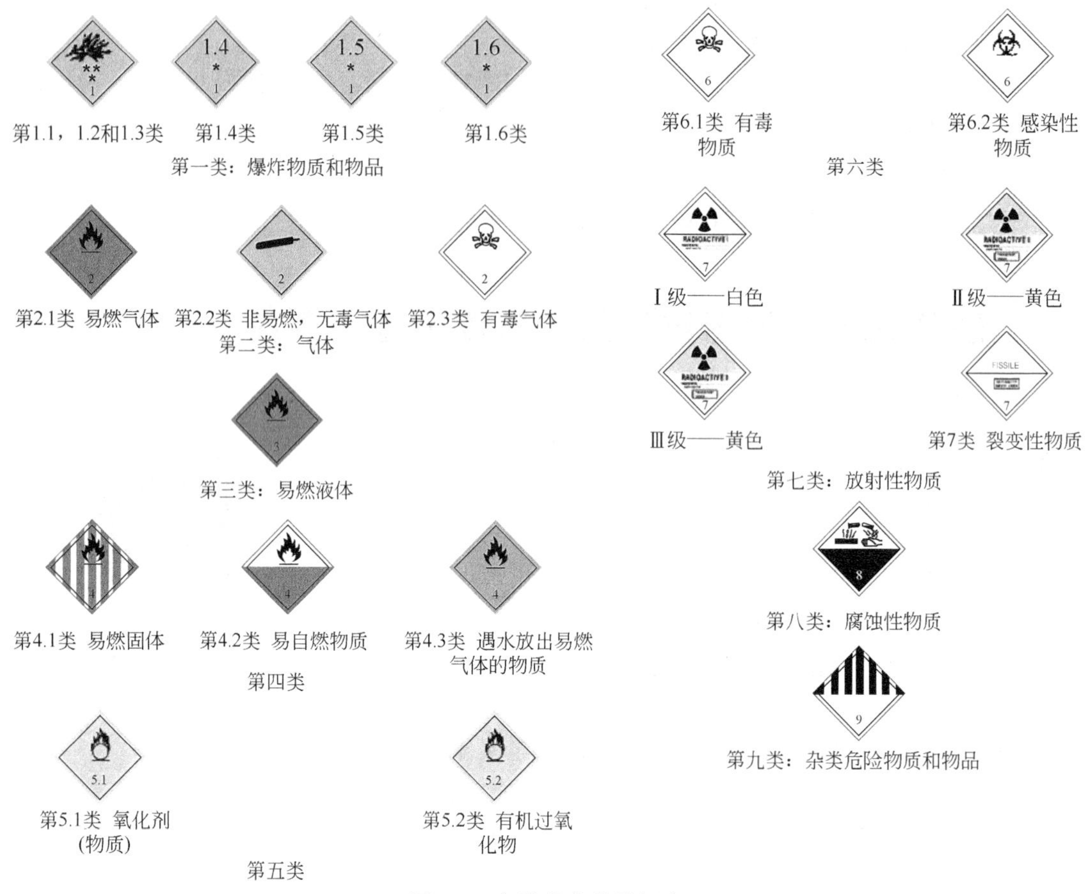

图 2.2 危险品分类及标志

1. 爆炸物质

爆炸物质是在外界作用下（如受热、受压、撞击）能发生剧烈的化学反应，瞬时产生大量气体和热量发生爆炸的物品。主要分为以下 6 类：

（1）具有整体爆炸危险的物质或物品。

（2）只有迸射危险，但无整体爆炸危险的物质和物品。

（3）具有燃烧危险和局部爆炸危险，或局部迸射危险，或这两种危险都有，但无整体爆炸危险的物质和物品。

（4）不呈现重大危险的爆炸物质和物品。

（5）有整体爆炸危险的非常不敏感物质。

（6）无整体爆炸危险的极端不敏感物品。

2. 气体

此处的气体主要是指存储于耐压容器中的压缩气体、液化气体和低温液化气体。在受热、撞击或者剧烈震动的条件下，容器的内压力容易膨胀引起容器形变、介质泄露，甚至使容器破裂爆炸，从而导致燃烧、爆炸、中毒、窒息等事故。根据气体在运输中的主要危险分为以下 3 种：

（1）易燃气体。在20℃和常压条件下，与空气的混合物按体积分数不高于13%时可点燃的气体；或不论易燃下限如何，与空气混合可燃烧的体积分数至少为12%的气体。

（2）非易燃无毒气体。在20℃、压力不低于280kPa条件下运输或以冷冻液体状态运输的气体，并且是窒息性气体（会稀释或取代空气中的氧气的气体），或氧化性气体（通过提供氧气比空气更易引起或促进其他材料燃烧的气体），或不属于其他项别的气体。

（3）有毒气体。对人类具有的毒性或腐蚀性强到对健康造成危害的气体；或半数致死浓度LC_{50}值不大于5000mL/m^3，因而推定对人类具有毒性或腐蚀性的气体。

3. 易燃液体

（1）易燃液体。在其闪点温度时放出易燃蒸气的液体或液体混合物。

（2）液态退敏爆炸品。

4. 易燃固体及自燃物品和遇湿易燃物品

此类危险品当受到热、摩擦、冲击等外界影响或与氧化剂（如空气）、水相接触时，可能发生剧烈作用，能引起燃烧、爆炸。此类危险品分为以下3类：

（1）易燃固体。容易燃烧或摩擦可能引燃或助燃的固体，可能发生强烈放热反应的自反应物质，不充分稀释可能发生爆炸的固态退敏爆炸品。

（2）易于自燃的物质，包括发火物质和自热物质。

（3）遇水放出易燃气体的物质。与水相互作用易变成自燃物质或能放出危险数量的易燃气体的物质。

5. 氧化剂和有机过氧化物

（1）氧化性物质。本身不一定可燃，但通常因放出氧或引发氧化反应可能引起或促使其他物质燃烧的物质。

（2）有机过氧化物。分子组成中含有过氧基的有机物质，为热不稳定物质，可能发生放热的自加速分解。该类物质还可能具有以下一种或数种性质：发生爆炸性分解，迅速燃烧，对碰撞或摩擦敏感，与其他物质起危险反应，损害眼睛。

6. 有毒品

（1）毒性物质。经吞食、吸入或皮肤接触后可能造成死亡或严重受伤或损害健康的物质。毒性物质的毒性分为急性口服毒性、皮肤接触毒性和吸入毒性，其毒性大小分级见表2.1。

表2.1　毒性分级表

分级	经口半数致死量 LD_{50}(mg/kg)		吸入半数致死浓度 LD_{50}(mg/kg)		皮肤接触24h半数致死量 LD_{50}(mg/kg)
	固体	液体	蒸气	粉尘烟雾	
一级（剧毒品）	≤50	≤200	≤200	≤2	≤200
二级（有毒品）	50~500	200~2000	200~1000	2~10	200~1000

（2）感染性物质。含有病原体的物质，包括生物制品、诊断样品、基因突变的微生物（生物体和其他媒介，如病毒蛋白等）。

7. 放射性物质

自然界是由各种各样的物质组成的，其中某些物质包含不稳定原子核，能发生衰变，不受外界温度、压力影响地放出肉眼无法观察也无法感觉的射线，自身变为较为稳定的更轻的原子，这些物质称为放射性物质。它们释放出的射线通常有三种，即 α 射线（氦核粒子束）、β 射线（高速电子束）和 γ 射线（波长小于 0.02nm 的高能光子束）。这些射线的穿透性很强，而人的感觉器官无法察觉。但经过该类射线照射后细胞会直接死亡，细胞分裂被延缓或阻碍，人体某些重要器官内细胞群严重减少，导致人体生理机能受阻；因超剂量照射引起人体器官内细胞增生；因生殖细胞受损而导致的遗传基因突变，对人体产生极大危害，可致病、致畸、致癌，甚至致死。

8. 腐蚀性物质

腐蚀性物质是指通过化学作用使生物组织接触时造成严重损伤，在渗漏时会严重损害甚至毁坏其他货物或运载工具的物质。腐蚀性物质包括与完好皮肤组织接触不超过 4h、在 14 天的观察期中发现引起皮肤全厚度损毁的物质，或在温度 55℃时，对 S235JR+CR 型或类似型号钢或无覆盖层铝的表面平均年腐蚀率超过 6.25mm 的物质。

9. 杂类危险物质和物品

其他类别未包括的危险性物质和物品，如危害环境物质、高温物质、经过基因修正的微生物或组织。

2.4.2 化学药品的危害

目前，用途广泛的化学品有数千万种。在这些常用的化学品中，许多化学品往往同时具有多种危险性，而其相互组合更可以表现出特有的风险或危害。因此，在对化学品危害进行预防时，应根据其可能对人体、环境等造成的主要影响来进行有针对性的防护。

危险化学品的危害主要包括燃爆危害、健康危害和环境危害。燃爆危害是指化学品能引起燃烧、爆炸的危险程度；健康危害是指接触后能对人体产生危害的大小；环境危害是指化学品对环境的危害程度，可进一步分为大气污染、土壤污染和水体污染。

1. 大气污染

（1）破坏臭氧层。研究结果表明，含氯化学物质，特别是氯氟烃进入大气会破坏同温层的臭氧。另外，N_2O、CH_4 等对臭氧也有破坏作用。臭氧可以减少太阳紫外线对地表的辐射。臭氧减少导致地面接收的紫外线辐射量增加，从而导致皮肤癌和白内障的发病率大量增加。

（2）导致温室效应。大气层中的某些微量组分能使太阳的短波辐射透过从而加热地面，而地面增温后所放出的热辐射，都被这些组分吸收，使大气增温，这种现象称为温室效应。这些能使地球大气增温的微量组分称为温室气体。主要的温室气体有 CO_2、CH_4、N_2O、氟氯烷烃等，其中 CO_2 是造成全球变暖的主要因素。

（3）引起酸雨。由于硫氧化物（主要为 SO_2）和氮氧化物的大量排放，在空气中遇水蒸气形成酸雨，对动物、植物和人类均会造成严重影响。

（4）形成光化学烟雾。

2. 土壤污染

据统计，我国每年向陆地排放有害化学废物 2.242×10^7t。大量化学废物进入土壤，可导致土壤酸化、土壤碱化和土壤板结。

3. 水体污染

(1) 植物营养物污染的危害。含氮、磷及其他有机物的生活污水、工业废水排入水体，使水中的养分过多，藻类大量繁殖，海水变红，称为“赤潮”，造成水中溶解氧的急剧减少，严重影响鱼类生存。

(2) 重金属、农药、挥发酚类、氧化物、砷化合物。该类污染物可在水中生物体内富集，造成其损害、死亡，破坏生态环境。

(3) 石油类污染。石油类污染可导致鱼类、水生生物死亡，还可引起水上火灾。

2.4.3　掌握实验室常用的实验设施

实验装置的使用能量越高，危险性就越大。使用玻璃装置和高温、高压、高能、高速度、高负荷之类的装置时，必须做好充分的预防措施并谨慎地操作。对其性能不了解的装置，要认真阅读使用说明书，不能轻易操作。

1. 压力装置设施

一个容积为10m^3、工作压力为1.1MPa（绝对压力）的容器，如果介质是空气，它爆破时所释放的能量（气体绝热膨胀所做的功）约为1.36×10^7J；如果介质是水，则其爆炸时所释放的能量仅为2.16×10^3J。前者约为后者的6200倍。

压力容器是按预定的使用压力设计的，它的壁厚只能允许承受一定的压力，即所谓最高使用压力，在这个范围内容器可安全运行，超过这个压力，容器就可能遭到破坏。由于种种原因，压力容器在运行过程中常常出现超压。图2.3为某种型号的高压反应釜，即压力装置示意图。

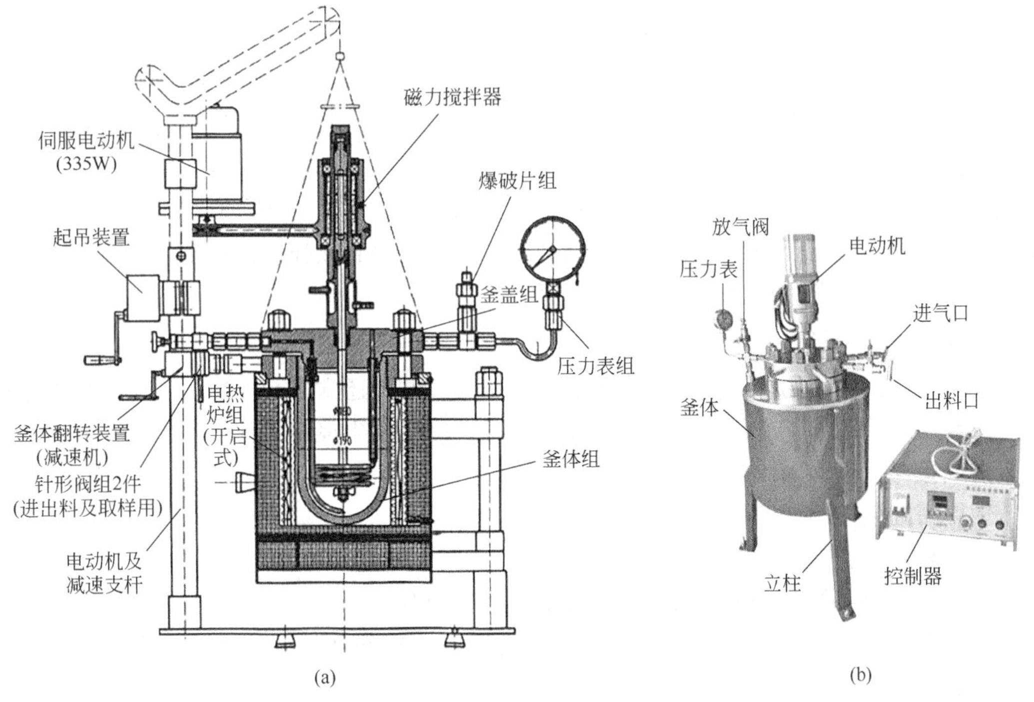

图2.3　压力装置示意图

（1）安全阀。安全阀是防止超压，保证压力容器安全运行的一种保险装置。当容器在正常压力工作时，它保持密闭不漏；而当容器压力超过规定压力时，就能把容器内的气体迅速排出，使容器内的压力始终保持在最高许可压力范围以内。安全阀不仅有这一主要功能，还有报警功能。在开放排气时，气体流速较高，安全阀发出较大的声响，成为超压的报警信号。

（2）压力表。压力表是用来测量容器内介质压力的仪表。在压力容器中，大部分使用弹簧管压力表。在高压气瓶（如氧气瓶和乙炔瓶）上应采用专用的压力表，而在一些工作介质具有腐蚀性的容器中，也有使用薄膜压力表的。压力表的量程应与设备工作压力相适应，通常为工作压力的 1.5~3 倍，最好为 2 倍。压力表刻度盘上应该画红线，指出最高允许工作压力。压力表的连接管不应有漏水、漏气现象，否则会降低压力表指示值。

（3）爆破片。对于固定式压力容器，爆破片的设计爆破压力不得大于压力容器的设计压力，且爆破片的最小设计爆破压力不应小于压力容器最高工作压力的 1.05 倍。

（4）测温仪表。需要控制壁温的压力容器上，必须装设测试壁温的测温仪表（或温度计），严防超温。

（5）液位计。根据压力容器的介质、最高允许工作压力（或设计压力）和设计温度选用；在安装使用前，设计压力小于 10MPa 压力容器用液位计进行 1.5 倍液位计公称压力的液压试验，设计压力大于或者等于 10MPa 压力容器用液位计进行 1.25 倍液位计公称压力的液压试验；储存 0℃以下介质的压力容器，选用防霜液位计；寒冷地区室外使用的液位计，选用夹套型或者保温型结构的液位计；用于易爆、毒性程度为极度、高度危害介质的液化气体压力容器上，需有防止泄漏的保护装置；要求液面指示平稳的，不允许采用浮子（标）式液位计。

（6）紧急切断装置。其作用是当管道及附件发生破裂及误操作或罐车附近发生火灾事故时，可紧急关闭阀门，迅速切断气源，防止事故蔓延扩大。

（7）快开门式压力容器的安全联锁装置。《压力容器安全技术监察规程》第 49 条规定，快开门式压力容器的快开门必须设置安全联锁装置，并且安全联锁装置应具备以下功能：①快开门达到预定关闭部位，方能升压运行的联锁控制功能；②当压力容器内部压力完全释放，安全联锁脱开后，方能打开快开门的联锁联动功能；③具有与上述动作同步的报警功能。按引起安全联锁装置动作的动力来源，可分为直接作用式安全联锁装置、间接作用式安全联锁装置和组合式安全联锁装置。

2. 温度装置设施

在科学实验中使用高温或低温装置的机会很多，并且还常常与高压、低压等操作条件组合。在这样的条件下进行实验，如果操作错误，除了发生烧伤、冻伤等事故外，还会引起火灾或爆炸危险。因此，操作时必须十分谨慎。

使用高温装置的注意事项如下：

（1）注意防护高温对人体的辐射。

（2）熟悉高温装置的使用方法，并小心地进行操作。

（3）使用高温装置的实验，要求在防火建筑内或配备有防火设施的室内进行，并保持室内通风良好。

（4）按照实验性质，配备最合适的灭火设备，如粉末、泡沫或二氧化碳灭火器等。

（5）类似高温炉的高温装置，置于耐热性差的实验台上进行实验时，装置与台面之间要保留 1cm 以上的间隙，以防台面着火。

（6）按照操作温度的不同，选用合适的容器材料和耐火材料。但是，选定时要考虑所要求的操作温度及接触的物质性质。

（7）高温实验禁止接触水。如果在高温物体中混入水，则水急剧汽化，发生蒸汽爆炸。高温物质落入水中时，也同样产生大量爆炸性的水蒸气而四处飞溅。

（8）实验室中常见的加热装置包括密封电炉、电磁炉和加热套等，实验室中禁止使用明火电炉。油浴是化学反应中最常用的加热方法，一般采用硅油。油浴加热时切忌有水滴入，以免热油飞溅伤害人体，放置时间较长的油浴应及时更换。

（9）低沸点有机物（如乙醚等）的加热常使用水浴代替油浴。使用水浴时，要注意水浴中的水量，避免水被蒸发干，从而达不到加热的目的。

（10）加热套常用于回流反应，加热套和烧瓶的尺寸要匹配，尽可能避免加热套被化学药品污染，以免化学品受热分解，释放有毒气体。使用时应避免冷却水进入加热套内，否则易引起短路，损坏加热套，引发火灾。

（11）电炉用于加热水和烘干层析板时，必须有人照看，不能用手触摸加热板。

3. 其他装置设施

1）玻璃仪器的安全注意事项

使用前检查：仔细检查玻璃仪器是否有裂痕、破损、磨损或老化现象。特别关注仪器的底部、颈部和连接部位，因为这些地方更容易出现应力集中导致破裂。确保仪器的刻度、标记等清晰可见，以便于准确测量和操作。对于新购买的玻璃仪器，应按照说明书进行初次检查和清洗。

操作规范：在加热玻璃仪器时，应使用合适的热源，如电热套、油浴或水浴等，避免直接接触火焰。加热过程中要均匀加热，避免局部过热。插入玻璃管或温度计到橡皮塞或软木塞时，应先在玻璃管上涂抹适量的润滑剂（如水、甘油等），并缓慢旋转插入，以防折断或造成损伤。使用玻璃仪器进行减压、加压或蒸馏等操作时，应严格遵守操作规程，确保操作平稳、安全。

清洗与存放：使用后的玻璃仪器应及时清洗干净，避免残留物对下次实验造成影响。清洗时可使用适当的清洁剂，但应注意不要使用对玻璃有腐蚀性的物质。清洗过程中要轻拿轻放，避免碰撞或摔落导致仪器破损。存放玻璃仪器时，应将其放置在干燥、通风、无腐蚀性气体的环境中，避免阳光直射和高温烘烤。同时，要确保仪器摆放平稳，避免相互挤压或倾倒。

2）真空泵的安全注意事项

电气安全：确保真空泵的电气连接正确无误，接地良好，避免触电风险。在修理电动泵之前，必须切断相关电路，并由专业电工进行操作。非专业人员不得擅自拆卸或修理设备。

通风与散热：真空泵在运行过程中会产生热量和废气，应确保周围有足够的通风空间，避免过热和有害气体积聚。对于部分需要冷却的真空泵（如分子泵），应按照说明书要求及时投入氮气或液氮进行冷却，以防止设备过热损坏。

操作规范：操作人员应佩戴合适的防护装备（如手套、护目镜等），避免直接接触真空泵或吸入有害气体。定期检查真空泵的油位、油质和密封性能等关键指标，确保设备正常运行。如发现异常应及时停机检查并处理。废气排放应连接到通风橱或其他安全区域，避免有毒气体泄漏对人员和环境造成危害。

3）离心机的安全注意事项

平衡放置：离心管必须对称平衡地放入套管中，确保离心机在运行时不会产生过大的振动和噪声。若只有一支样品管，另一支应用等质量的水或其他惰性物质代替，以保持平衡。

启动与停止：启动离心机前，应盖好离心机盖并检查所有部件是否已固定好。同时，确保离心机处于水平稳定状态。离心结束后，应等待离心机完全停止后再打开盖子取出样品。切勿在离心机未完全停止时强行打开盖子或取出样品。

检查与维护：定期检查离心机的各个部件是否完好，如转头、离心管、轴承等。如发现磨损或损坏应及时更换。注意离心机的转速和温度范围是否符合实验要求，避免超速或超温运行导致设备损坏或安全事故发生。使用过程中注意离心机的稳定性，避免从实验台上掉落或倾倒造成人员伤亡和设备损坏。

4）通风橱的安全注意事项

存放与管理：通风橱内及其下方的柜子不能存放化学品和其他易燃易爆物品。橱内应保持整洁有序，避免堆放过多杂物影响通风效果。定期检查通风橱的抽风能力和密封性能等关键指标，确保其正常运行并满足实验要求。

操作规范：在进行有害或有毒实验时，必须打开通风橱的抽风系统，并保持其持续运行以确保有害气体及时排出。操作人员应站在通风橱的侧面或后方进行操作，避免头部和上半身伸进橱内。同时，要注意减少在通风橱内的大幅度动作和频繁开关橱门，以减少有害气体外泄的风险。实验过程中要密切关注通风橱的运行情况，如发现异常（如抽风不足、噪声过大等）应及时停机检查并处理。

补风与清洁：通风橱在使用过程中应定期进行补风（开窗通风）以保持室内空气的流通性。同时要注意控制补风量和补风时间以避免影响实验结果的准确性。使用完毕后应及时清理台面、擦拭遗撒试剂并填写使用记录。

知识拓展

1. 某大学氢气钢瓶爆炸事故

2015 年 12 月 18 日上午 10 点 10 分左右，某大学化学系实验楼 231 室发生火灾爆炸事故，共 3 个房间起火，过火面积 $80m^2$。火灾发生后，楼内师生及周边人员及时组织撤离。有校内学生称，爆炸声音如雷声一般大，随后冒出明火和浓烟。事故造成一名实验人员死亡。

事故解析：警方称，事故系实验所用氢气钢瓶意外爆炸、起火，导致博士后孟某腿伤身亡。据了解，孟某当天所进行的实验是催化加氢实验，爆炸的是一个氢气钢瓶，爆炸点距离孟博士后的操作台两三米处，钢瓶底部爆炸。钢瓶原长度大概 1m，爆炸后只剩上半部大概 40cm。钢瓶厚度为 10mm，可见当时爆炸威力巨大。事故发生后一周，该校化学系将 12 月 18 日设为安全教育日，警醒世人，永远把安全放在第一位。

2. 美国某大学实验室机械伤害事故

2011 年 4 月 12 日晚间，该校天文和物理学专业大四女生 M，在该校实验大楼地下间操作机床设备，可能由于不熟悉操作规程且疏忽大意，导致其头发被绞进正在运转的车床内，最终因“颈部受压迫窒息死亡”。次日凌晨 2 点 30 分，在同一栋楼的同学发现其尸体，随即电话报警。

事故解析：这是一个惨痛的实验室机械伤害事故，根据一些公开报道，可以推测，M 有满头的棕色长发，应该是没有做好长发防护导致事故发生；当时她应该是独自在做机械操作实验，对于危险性的实验，绝对不允许一个人单独操作，尤其是晚上；M 应该没有经过相关培训或者不熟悉机器的操作规程。

巩固与提高

一、单选题

1. 化学品的毒性可以通过皮肤吸收、消化道吸收及呼吸道吸收等三种方式对人体健康产生危害，下列预防措施不正确的是（　　）。

A. 实验过程中使用三氯甲烷时戴防毒面具

B. 实验过程中移取强酸、强碱溶液应戴防酸碱手套

C. 实验场所严禁携带食物；禁止用饮料瓶装化学药品，防止误食

D. 称取粉末状的有毒药品时，要戴口罩防止吸入

2. 下列不可以放入 105℃ 干燥箱干燥的是（　　）。

A. 烧杯　　B. 锥形瓶　　C. 量筒　　D. 培养皿

二、多选题

大量集中使用气瓶，应注意（　　）。

A. 不必要设置符合要求的集中存放室

B. 根据气瓶介质情况，采取必要的防火、防爆、防电打火（包括静电）、防毒、防辐射等措施

C. 通风要良好，要有必要的报警装置

D. 不需要固定

三、判断题

1. 实验室安全工作的中心任务是防止发生人员伤亡和财产损失。（　　）

2. 实验结束，要关闭设备，断开电源，并将有关实验用品整理好。（　　）

任务 2.5 探究化学实验室安全管理与应急处置

学习目标

视频 12 探究化学实验室安全管理与应急处置

1. 知识目标

（1）学习化学实验室管理要求；

（2）掌握事故防护与应急处置。

2. 技能目标

学会化学实验室安全管理基本能力，能应用到实践工作当中。

3. 素质目标

（1）培养学生脚踏实地、遵守纪律的学习伦理；

（2）增强学生爱祖国、爱自己、爱社会主义的公德。

思政情境

某大学化学实验室在进行常规实验时，因实验人员操作不当导致小型火灾，虽火势迅速被控制，但引起学校高度重视。火灾源于实验人员未严格遵守安全规程，导致易燃试剂溅出起火。在发现火情后，实验人员立即启动应急预案，使用灭火器扑灭火源，同时实验室管理人员迅速疏散其他人员并通知学校相关部门。事后，学校组织了安全教育活动，强调实验室安全的重要性，并进一步完善了安全管理制度和操作规程，加强了管理人员的培训。

这个关于实验室应急处理的思政案例不仅强调了安全意识、责任担当和团队协作的重要性，还启示我们在实验室工作中要不断加强安全教育、完善应急预案、强化责任担当和注重团队协作。

相关知识

2.5.1 化学实验室管理要求

1. 危险化学品管理要求

1）危险化学品存放要求

化学药品存储室必须具备防火、防盗、防水、防潮、防晒、通风、防静电、避雷、安全坚固等功能，还应具有消防栓、灭火器、灭火沙及报警装置等。存储室中所有电气设备必须使用防爆电源和开关，防止电气设备使用时产生电火花，所用灯具必须是防爆灯。

2）易制毒化学品管理

国务院于 2005 年 8 月 26 日公布了《易制毒化学品管理条例》，根据该条例规定，对易制毒化学品的生产、经营、购买、运输和进口、出口实行分类管理和许可制度。

该条例将易制毒化学品分为三类：申请经营第一类中的药品类易制毒化学品的，由国务院食品药品监督管理部门审批；申请经营第一类中的非药品类易制毒化学品的，由省、自治区、直辖市人民政府安全生产监督管理部门审批。申请经营第二类易制毒化学品的，应当自经营之日起 30 日内，将经营的品种、数量、主要流向等情况，向所在地区的市级人民政府安全生产监督管理部门备案。申请经营第三类易制毒化学品的，应当自经营之日起 30 日内，将经营的品种、数量、主要流向等情况，向所在地的县级人民政府安全生产监督管理部门备案。

2. 危险化学品实验操作规范

1）化学品安全技术说明书（MSDS）

MSDS（Material Safety Data Sheet，化学品安全技术说明书）提供了化学品（物质或混合物）在安全、健康和环境保护等方面的信息，推荐了防护措施和紧急情况下的应对措施。在一些国家化学品安全技术说明书又被称为物质安全技术说明书（SDS）。

MSDS 是化学品的供应商向下游用户传递化学品基本危害信息（包括运输、操作处置、储存和应急行动信息）的一种载体。同时化学品安全技术说明书还可以向公共机构、服务机构和其他涉及该化学品的相关方传递这些信息。

主要包含 16 项信息：

（1）化学品和公司标识；（2）产品成分；（3）危害标识；（4）急救措施；（5）消防措施；（6）意外溢漏处理措施；（7）处理和储存；（8）接触控制/个人防护；（9）物理和化学性质；（10）稳定性和反应性；（11）毒性资料；（12）生态资料；（13）废弃须知；（14）运输资料；（15）法规资料；（16）其他信息。

2）物料转移和“三废”处理

根据危险废物储存污染控制的总体要求、储存设施选址和污染控制要求、容器和包装物污染控制要求、储存过程污染控制要求，以及污染物排放、环境监测、环境应急、实施与监督等环境管理要求，我国相关部门组织制订了《危险废物储存污染控制标准》（GB 18597—2023）和《危险废物识别标示设置技术规范》（HJ 1276—2022），对实验室三废进行了严格的规定。

（1）危险废物识别标志的设置应具有足够的警示性，以提醒相关人员在从事收集、储存、利用、处置危险废物经营活动时注意防范危险废物的环境风险。

（2）危险废物识别标志应设置在醒目的位置，避免被其他固定物体遮挡，并与周边的环境特点相协调。

（3）危险废物识别标志与其他标志宜保持视觉上的分离。危险废物识别标志与其他标志相近设置时，应确保危险废物识别标志在视觉上的识别和信息的读取不受其他标志的影响。

（4）同一场所内，同一种类危险废物识别标志的尺寸、设置位置、设置方式和设置高度等宜保持一致。

（5）危险废物识别标志的设置除应满足本标准的要求外，还应执行国家安全生产、消防等有关法律、法规和标准的要求。

玻璃废弃物可能割伤或刺伤人体，故应以较大型的容器集中盛装。一般实验室的废液可以区分为有机废液与无机废液两大类，因此处理的重点首要在分类储存。回收废液时应避免废液混合后化学物之间不相容而发生爆炸或起火燃烧等化学性的危害。如果化学药品会产生高浓度有害废气时，则注意应该在抽气柜中取用或操作。

2.5.2　掌握事故应急处置

1. 燃烧的应急处置

一旦发生火灾，化验人员应冷静沉着，临危不惧，根据火灾性质进行灭火处理，根据燃烧物的性质火灾可分为：A、B、C、D、E、F 六类，下面介绍前 4 类。

A 类火灾：指木材、纸张、棉布等固体物质着火。最有效的灭火方式是水。

B 类火灾：指可燃性液体（石油化工产品、食用油、涂料稀释液）着火。最有效的灭火方式是二氧化碳灭火器，着火范围较小时，实验室内也可用砂土阻燃。

C 类火灾：指可燃性气体（天然气、煤气、液化石油气）着火。最有效的灭火器为 1211 和干粉灭火器。

D 类火灾：指可燃性金属（钾、钙、钠、镁、铝等）着火。最有效的灭火方式是砂土阻燃，切记不要用水、酸碱灭火器。

2. 触电发生时的应急处置

为防止触电，应在使用新电气设备之前，首先了解使用方法及注意事项，不要盲目接电。在没有电工在场时，不可以私自接线。使用长时间不用的设备应预先检查其绝缘情况，发现有损坏的地方，应及时修理，不能勉强使用。湿手不可触电，擦拭电气设备时应先断电，严禁用湿抹布擦电门或插座，也不允许把电器导线置于潮湿的地方，否则容易触电。一切仪器应按说明书装接适当的电源，需要接地的一定要接地。

3. 化学中毒、灼伤的应急处置

应迅速清理皮肤上的化学药品，并用大量的水洗净，再用特殊溶剂进行处理。碱类物质烫伤应先用抹布擦掉碱液再用大量的水冲洗，然后用 20g/L 醋酸溶液或可用 3%～5%硼酸洗清洗或直接扑以硼酸粉。酸液烧伤，先擦去大量的酸液，再用水冲洗，然后用饱和碳酸氢钠溶液进行冲洗。眼睛受到化学灼伤时，最好用洗涤器的水流进行洗涤，但要避免水流直射眼球，更不要揉眼睛，至少冲洗 15min。

知识拓展

1. 浙江某高校实验室毒害事故

2009 年 7 月 3 日中午 12 时 30 分许，该校理学院化学系博士研究生袁某某，发现 27 岁的在读女博士研究生于某昏厥倒在休息室 211 室的地上，袁某某便呼喊老师寻求帮助，并于 12 时 45 分拨打“120”急救电话。袁某某本人在随后也晕倒在地。12 时 58 分，“120”急救车抵达现场，将于某和袁某某送往浙江省省立同德医院。13 时 50 分，省立同德医院急救中心宣布于某经抢救无效死亡。袁某某留院观察治疗，并于 7 月 4 日出院。

事故解析：事件罪魁祸首是杀人于无形的一氧化碳。事后查明，原来 211 室是由实验室改造而来的休息室，而原有的输气管道并没有完全拆除或者封堵。当天非常巧合，教师莫某某、徐某某做实验时，需将一氧化碳从一楼气瓶室输送到 307 实验室，但却误将气体接至 211 输气管，而 211 室的反应室和通风橱又已经拆除，一氧化碳直接扩散开来，不幸就这样发生了。

2. 长沙某大学化工实验楼火灾事故

2011 年 10 月 10 日中午 12 时 59 分，长沙某大学化工学院实验楼四楼发生火灾。此次火灾过火面积约 500m^2，所幸无人员伤亡。但许多宝贵的资料被烧毁，十余年的科研数据付之一炬，给学校的教学、科研工作带来了无法弥补的损失。这栋四层的楼房建于 1960

年，由于楼房屋顶为纯木质结构，加上四楼实验室有很多有机易燃试剂，火势蔓延十分迅速，顶层基本被烧毁，殃及几个重点实验室。

事故解析：经查明，事故是由于实验台上水龙头漏水，导致实验台下存放的金属钠等危险化学品遇水燃烧而引发火灾。

巩固与提高

一、多选题

1. 从化学试剂瓶中向烧杯等容器中倒液体时，下列陈述正确的是（　　）。

A. 为了防止液体滴落到桌面，要用瓶子嘴压住烧杯边缘

B. 倾倒液体时，眼睛远离瓶子

C. 必须使用滤纸、超净专用绵纸等擦干瓶子外流下的液滴，但是不能盖紧瓶盖后在龙头下冲洗

D. 通常情况下，禁止使用吸管从试剂瓶中向外取液体，这会导致整瓶液体被污染。先将适量的液体倒入烧杯，再使用吸管

2. 以下几种气体中，有毒的气体为（　　）。

A. 氯气　　　　B. 氧气

C. 二氧化硫　　D. 三氧化硫

二、判断题

1. 在实验室进行有潜在危险的工作时，必须有第二者陪伴。（　　）

2. 在清洁、维修仪器时，应先断电并确保无人能开启仪器。（　　）

3. 遇潮容易燃烧、爆炸或产生有毒气体的化学危险品，不得在露天、潮湿、漏雨或低洼容易积水的地点存放。（　　）

任务 2.6　认知有限空间作业安全与防护

学习目标

视频 13　认知有限空间作业安全与防护

1. 知识目标

（1）了解有限空间作业特点与危险因素；

（2）掌握有限空间作业前的危险源辨识；

（3）掌握有限空间作业的安全防护与应急救援。

2. 技能目标

掌握有限空间作业安全基本知识，能应用到实践工作当中。

3. 素质目标

（1）培养学生脚踏实地、遵守纪律的学习伦理；

（2）增强学生爱祖国、爱自己、爱社会主义的公德。

思政情境

在工厂污水处理站维修过程中，一名工人因未经充分准备进入未通风和检测的污水池，吸入有毒气体后中毒窒息，随后未佩戴防护装备的工人盲目施救，导致事故伤亡扩大。工厂随即启动应急预案，救援人员佩戴防护装备进入污水池，将中毒工人救出并送医救治，同时封锁事故现场展开调查。调查显示工厂在有限空间作业方面存在严重违规行为，工厂被责令停业整顿，对相关责任人进行了处罚，并强化了有限空间作业的安全管理制度和操作规程的执行。

这个关于有限空间作业安全的思政案例不仅强调了安全意识、责任担当和团队协作的重要性，还启示我们在有限空间作业中要不断加强安全管理、完善操作规程、提高应急救援能力和持续改进安全管理水平。

相关知识

2.6.1 有限空间作业特点与危险因素

有限空间，作为一种与通常作业环境不同的场所，目前普遍存在于各种类型的工业生产企业的生产现场或辅助设施区域。在进入有限空间实施作业活动时，人员需要进入到一个相对受限的区域进行一些检查、维护、保养、作业等活动。在这个意义上，有限空间进入作业与其他的生产活动一样，都是企业的正常生产活动。在企业进行安全管理全过程的活动中，最基础的部分是要对所有的生产、工艺与活动进行危害辨识与风险评估，从而根据评估的结果对不同的危害采取相应的安全防护措施，控制风险水平，防止意外发生对人员造成伤害或造成财产损失。因此，进入有限空间的活动同样必须被纳入这样的安全管理过程中。有限空间在整个生产工艺的流程中往往并不引人注意，原因是在绝大多数情况下，有限空间并非一般生产线的生产工位或岗位，在正常的生产运转过程中，不需要人员进入有限空间或守候在其中。因此在进行危害识别的过程中很容易被遗漏，未能识别出这个危险源，最终导致作业人员在没有采取有效的防护措施的情况下，直接进入有限空间，发生严重的意外。实际上，有限空间是一种特殊的场所，由于自身的结构特点和用途，可能存在很多通常作业场所不同的危害，如果不能进行准确的识别与有效的控制，将可能造成非常严重的后果。即使轻微的伤害，如果在有限空间内发生则可能变得很严重，原因在于应急救援困难，进行医疗救治的时间也更长。主要危险因素有人的因素、物的因素、环境因素、管理因素。

1. 人的因素

（1）作业人员的因素。作业人员不了解在进入期间可能面临的危害；不了解未隔离危害；未查证已隔离的程序；不了解危害出现的形式、征兆和后果；不了解防护装备的使用和限制，如测试、监督、通风、通信、照明、坠落、障碍物，以及进入方法和救援装备；不清楚监护人用来提醒撤离时的沟通方法；不清楚当发现危险的征兆或现象时，提醒监护人的方法；不清楚何时撤离有限空间，以致事故发生。

（2）监护人员的因素。监护人不了解作业人员进入期间可能面临的危害；不了解作业人员受到危害影响时的行为表现；不清楚召唤救援和急救部门帮助进入者撤离的方法，以致不能起到监督空间内外活动和保护进入者安全的作用。

2. 物的因素

（1）有毒气体。有限空间内可能存在很多的有毒气体，既可能是有限空间内已经存在的，也可能是在工作过程中产生的。聚积于有限空间的常见有害气体有硫化氢、一氧化碳等，这些都对作业人员构成中毒威胁。

（2）氧气不足。有限空间内的氧气不足是经常遇到的情况。氧气不足的原因有很多，如被密度大的气体（如二氧化碳）挤占、燃烧、氧化（如生锈）、微生物行为、吸收和吸附（如潮湿的活性炭）、工作行为（如使用溶剂、涂料、清洁剂或者是加热工作）等都可能影响氧气含量。当作业人员进入后，可能由于缺氧而窒息。

（3）可燃气体。在有限空间中常见的可燃气体包括甲烷、天然气、氢气、挥发性有机化合物等。这些可燃气体和蒸气来自地下管道间的泄漏（电缆管道和城市煤气管道间）、容器内部的残存、细菌分解、工作产物（在其内进行涂漆、喷漆、使用易燃易爆溶剂）等，如遇引火源，就可能导致火灾甚至爆炸。在有限空间中的引火源包括产生热量的工作活动，如焊接、切割等作业，打火工具，光源，电动工具、仪器，甚至静电。

3. 环境因素

过冷、过热、潮湿的有限空间有可能对作业人员造成危害；在有限空间工作的时间过长，会由于受冻、受热、受潮致使体力不支。在具有湿滑表面的有限空间作业，有导致作业人员摔伤、磕碰等的危险。在进行人工挖孔桩作业的现场，有坍塌、坠落造成击伤、埋压的危险。在清洗大型水池、储水箱、输水管（渠）的作业现场，有导致作业人员淹溺的危险。在作业现场若电气防护装置失效或错误操作、电气线路短路、超负荷运行、雷击等都有可能发生电流对人体的伤害，从而造成伤亡事故的危险。

4. 管理因素

安全管理制度的缺失、有关施工（管理）部门没有编制专项施工（作业）方案、没有应急救援预案或未制定相应的安全措施、缺乏岗前培训及进入有限空间作业人员的防护装备与设施得不到维护和维修，是造成该类事故发生的重要原因。另外，因未制定有限空间作业的操作规程，操作人员无章可循而盲目作业，操作人员在未明了作业情况下贸然进入有限空间作业场所、误操作生产设备，作业人员未配备必要的安全防护与救护装备等，都有可能导致事故的发生。典型有限空间作业危害因素见表 2. 2。

表 2. 2　典型有限空间作业危害因素举例

种类	有限空间名称	主要危险有害因素
密闭设备	船舱、储罐、车载槽罐、反应塔（釜）、压力容器	缺氧，一氧化碳中毒，挥发性有机溶剂中毒，爆炸
	冷藏箱、管道	缺氧
	烟道、锅炉	缺氧，一氧化碳中毒

续表

种类	有限空间名称	主要危险有害因素
地下有限空间	地下室、地下仓库、隧道、地窖	缺氧
	地下工程、地下管道、暗沟、涵洞、地坑、废井、污水池（井）、沼气池、化粪池、下水道	缺氧、硫化氢中毒，可燃性气体爆炸
	矿井	缺氧，一氧化碳中毒，易燃易爆物质（可燃性气体、爆炸性粉尘）爆炸
地上有限空间	储藏室、温室、冷库	缺氧
	酒糟池、发酵池	缺氧，硫化氢中毒，可燃性气体爆炸
	垃圾站	缺氧，硫化氢中毒，可燃性气体爆炸
	粮仓	缺氧，磷化氢中毒，粉尘爆炸
	料仓	缺氧，粉尘爆炸

2.6.2 有限空间作业前危险源的辨识

有限空间作业危险有害因素的辨识是确保作业安全的重要环节。

1. 物理因素

（1）坠落与滑倒危险。坠落：有限空间内，如储罐、管道、地坑等，可能因未安装护栏、平台不牢固或存在开口、孔洞等，导致作业人员在工作时失去平衡而坠落。特别是当作业人员需要登高作业或跨越障碍物时，坠落风险尤为突出。滑倒：由于地面湿滑、油渍、水渍或杂物堆积，作业人员行走时容易滑倒，特别是在光线不足或视线受阻的情况下，滑倒风险更高。滑倒可能导致骨折、擦伤或其他伤害。

（2）极端温度。高温：有限空间内可能由于设备散热、化学反应或外部热源的影响，导致温度升高。长时间暴露在高温环境中，作业人员可能出现中暑、热射病等症状，表现为头痛、恶心、呕吐、皮肤潮红、体温升高等。严重时可能导致意识丧失、休克甚至死亡。低温：在寒冷环境下，有限空间内可能因保温不良或通风不畅而导致温度过低。作业人员长时间暴露在低温环境中，可能出现冻伤、体温过低等症状，表现为手脚麻木、皮肤苍白、寒战等。严重时可能导致器官损伤、休克甚至死亡。

（3）噪声与震动。噪声：有限空间内可能存在机械设备运行产生的噪声，如泵、压缩机、搅拌器等。长期暴露在噪声环境中，作业人员可能出现听力损失、耳鸣、头痛、失眠等症状。严重时可能导致永久性听力损伤。震动：机械设备运行产生的震动可能通过空气或固体介质传递到作业人员身上。长期暴露在震动环境中，作业人员可能出现手部麻木、疼痛、肌肉萎缩等症状。严重时可能导致神经系统损伤、骨骼疾病等。

2. 化学因素

（1）气体危害。缺氧：有限空间内，由于空气流通不畅、气体消耗或外部气体泄漏等原因，可能导致氧气浓度降低。当氧气浓度低于一定水平时，作业人员会出现呼吸困难、心跳加速、意识模糊等症状。严重时可能导致窒息死亡。富氧：在某些情况下，如氧气泄漏或富氧气体注入有限空间内，氧气浓度可能过高。富氧环境下，易燃易爆物质更容易点燃和爆炸，同时作业人员也可能出现氧中毒症状，如咳嗽、胸痛、呼吸困难等。易燃易爆气体：如甲烷、氢气、乙烷等，这些气体在有限空间内积聚并与空气混合达到爆炸极限时，遇到点火源即可引发爆炸。爆炸产生的冲击波和高温火焰可能对作业人员造成严重伤害甚至死亡。有毒气体：如硫化氢、一氧化碳、氨气等，这些气体无色无味但毒性极强。作业人员吸入有毒气体后，可能出现中毒症状，如头痛、头晕、恶心、呕吐、呼吸困难等。严重时可能导致昏迷、死亡或留下永久性后遗症。

（2）腐蚀性物质。有限空间内可能存在酸、碱等腐蚀性物质。这些物质可能通过皮肤接触、吸入或误食对作业人员造成伤害。皮肤接触腐蚀性物质可能导致烧伤、溃疡或坏死；吸入腐蚀性气体可能导致呼吸道损伤；误食腐蚀性物质则可能导致消化系统损伤甚至死亡。

（3）粉尘与颗粒物。有限空间内可能存在固体颗粒物的悬浮，如金属粉尘、纤维粉尘等。长期吸入这些颗粒物可能导致呼吸系统疾病，如尘肺病、慢性阻塞性肺疾病等。同时，颗粒物还可能刺激眼睛和皮肤，导致眼部不适和皮肤过敏等症状。

3. 人为因素

（1）安全意识不足。作业人员可能因缺乏安全培训或对有限空间作业的风险认识不足而忽视安全操作规程。他们可能不了解有限空间作业的特点和潜在危险，从而未采取必要的防护措施或未遵循正确的操作步骤。这种安全意识不足可能导致事故发生的风险增加。

（2）操作失误。在有限空间内作业时，作业人员可能因操作不当、误操作或疲劳等原因导致事故。例如，误开启或关闭阀门、误操作设备开关、未正确佩戴个人防护装备等都可能导致事故发生。此外，长时间在有限空间内作业可能导致作业人员疲劳和注意力不集中，从而增加事故风险。

（3）沟通不畅。有限空间内可能因通信设备故障或信号干扰导致沟通不畅。当作业人员需要与其他人员协调工作时，如果无法及时有效地沟通，可能会导致工作失误或事故风险增加。同时，在紧急情况下，如果无法及时传递求救信号或救援指令，将严重影响救援效率和人员安全。

4. 应急救援能力不足

（1）救援设备缺乏。有限空间作业现场可能缺乏必要的救援设备，如呼吸器、救生绳、急救箱等。这些设备的缺乏将严重影响救援效率和人员安全。在事故发生时，如果无法及时提供有效的救援设备，将可能导致事故后果扩大。

（2）救援技能不足。作业人员可能缺乏应急救援技能和知识。他们可能不了解如何正确使用救援设备、如何实施紧急救援措施以及如何在紧急情况下保护自己和他人。这种救援技能不足将严重影响救援效率和人员安全。因此，在有限空间作业前，必须对作业人员进行必要的应急救援培训。

5. 其他危害

（1）淹溺危险。有限空间内可能存在积水或突然涌入的水流。当作业人员需要进入这些区域时，如果未采取必要的防护措施或未遵循正确的操作步骤，可能导致淹溺事故发生。淹溺事故可能导致作业人员窒息死亡或留下永久性后遗症。

（2）机械伤害。有限空间内可能存在旋转、移动或振动的机械设备。这些设备可能因故障或误操作导致作业人员受伤。例如，被旋转的轴、移动的部件或振动的设备夹住、撞击或划伤等。机械伤害可能导致骨折、软组织损伤或残疾等严重后果。

（3）生物危害。有限空间内可能存在细菌、病毒、寄生虫等生物危害。这些生物危害可能通过空气传播、接触传播或食物传播等方式对作业人员造成感染。感染后可能出现发热、皮疹、咳嗽、呼吸困难等症状。严重时可能导致器官损伤、休克甚至死亡。因此，在有限空间作业前，必须对作业环境进行生物安全评估并采取必要的防护措施。

2.6.3 有限空间作业安全防护

1. 有限空间作业的安全要点

（1）确保有限空间危险作业现场的空气质量。氧气含量应在18%以上、23.5%以下。其他有害有毒气体、可燃气体、粉尘容许浓度必须符合国家标准的安全要求。

（2）确保在有限空间危险作业进行过程中有毒气体报警器检测系统正常工作，应加强通风换气，在氧气浓度、有害气体、可燃性气体、粉尘的浓度可能发生变化的危险作业中应保持必要的测定次数或连续检测。

（3）确保作业时所用的一切电气设备，必须符合有关用电安全技术操作规程。照明应使用安全矿灯或36V以下的安全灯，使用超过安全电压的手持电动工具，必须按规定配备漏电保护器。

（4）确保发现可能存在有害气体、可燃气体时，检测人员应同时使用有害气体检测仪表、可燃气体测试仪等设备进行检测。

（5）确保检测人员应佩戴隔离式呼吸器，严禁使用氧气呼吸器。

（6）确保有可燃气体或可燃性粉尘存在的作业现场，所有的检测仪器、电动工具、照明灯具等，必须使用符合《爆炸危险环境电力装置设计规范》（GB/T 50058—2014）要求的防爆型产品。

（7）对由于防爆、防氧化不能采用通风换气措施或受作业环境限制不易充分通风换气的场所，作业人员必须配备并使用空气呼吸器或软管面具等隔离式呼吸保护器具。

2. 安全用具的选择

根据作业环境和有害物质的情况，应按《个体防护装备配备规范　第1部分：总则》（GB 39800.1—2020）规定，分别采用头部、眼睛、皮肤及呼吸系统的有效防护用具。

2.6.4 有限空间应急救援

应急救援分为自救、无须进入的救援和进入救援。

由于有限空间作业的情况复杂、危险性大，必须指派经过培训合格的专门人员担任监护工作。监护人员应熟悉作业区域的环境和工艺情况，有判断和处理异常情况的能力，掌握急救知识。作业期间，监护人员应防止无关人员进入作业区域，掌握作业的进行情况，与作业者保持有效沟通，在发生紧急情况时向作业者发出撤离警告，必要时立即呼叫应急救援服务，并在有限空间外实施紧急救援工作。监护人员对作业全过程进行监护，工作期间严禁擅离职守。

由前面有关有限空间的定义可以知道，有限空间只有受限的入口，可能导致救援困难。拥有一个良好的应急救援队伍是进入有限空间的必要保障。另外还要有书面的有限空间救援程序。但应急救援队伍与应急救援程序不是最重要的措施，首要的是预防，尽量避免发生紧急意外，而救援行动属于事后补救。意外已经发生，即使进行应急救援，可能仍无法避免伤害的发生。统计显示，60%以上因进入有限空间而致死的事故发生在施救人员身上。因此，在进入有限空间前，必须完成应急救援计划和适当的培训。这样可以有效防止不必要的伤害。营救人员发生致命意外的原因有：

（1）由于事发紧急，容易导致营救人员情绪紧张以致失误；

（2）冒不必要的险；

（3）不了解该有限空间的危害；

（4）事先未制订有针对性的反应计划；

（5）缺少有限空间营救培训。

需要承担应急救援职责的人员，必须接受相应的指导与培训，以确保其能够有效地承担职责。培训的要求将因其工作职责的复杂程序与技巧性的不同而不同。可以通过经常的培训与演习来熟悉相关程序与相关的设备器材。

应急救援人员需要清楚地了解可能导致紧急状况的原因。他们需要熟悉针对可能遇到的各种有限空间的救援计划与程序，迅速确定紧急状况的规模，评估是否有能力实施安全的救援。培训时需要考虑这些因素，以获得相应的能力。救援人员必须完全掌握救援设备、通信器材或医疗器具的使用与操作。必须在使用前检查确认所有的设备器材是否完全处于正常的工作状态。如果需要使用呼吸防护器具，还需接受相关的培训。必须正确培训每一个承担救援职责的人员。相关的培训及演练记录必须保存。可由公司内部已受训人员或外部机构提供相关培训。

知识拓展

1. 广东东莞市某公司“2·15”较大中毒事故

2019 年 2 月 15 日，广东省东莞市某公司环保部主任安排 2 名车间主任组织 7 名工人对污水调节池（事故应急池）进行清理作业。当晚 23 时许，3 名作业人员在池内吸入硫化氢后中毒晕倒，池外人员见状立刻呼喊救人，先后有 6 人下池施救，其中 5 人中毒晕倒在池中，1 人感觉不适自行爬出。事故最终造成 7 人死亡、2 人受伤，直接经济损失约 1200 万元。

主要教训：一是企业未履行有限空间作业审批手续，作业前未检测、未通风，作业人员未佩戴个体防护用品，违规进入有限空间作业。二是事故发生后，现场人员盲目施救导致伤亡扩大。三是企业应急演练缺失，作业人员未经培训，缺乏有限空间安全作业和应急处置能力。

追责情况：双洲纸业公司法定代表人、生产部负责人、人事行政部经理、安全管理人员、环保部主任和污水处理班班长等 6 人被移送司法机关处理；对该公司予以行政处罚。

2. 湖北武汉市江夏区郑店街“9·23”较大中毒和窒息事故

武汉 A 总公司负责江夏区郑店街凤杨大道地下污水管网清淤作业，将清淤作业委托给 B 公司。2019 年 9 月 23 日 11 时 30 分左右，B 公司在凤杨大道一排污检查井进行清淤作业，1 名现场人员入井作业时晕倒，现场另 3 人发现后未采取任何防护措施下井救人，发生中毒和窒息事故，最终造成 3 人死亡，1 人受伤，直接经济损失约 391.06 万元。

主要教训：一是武汉 A 总公司作为发包单位，未与分包单位签订安全生产管理协议，放任分包单位违规作业。二是 B 公司作为劳务分包单位，安全生产责任不落实，不具备从事相关作业的安全生产条件，临时招聘人员未经安全教育培训就组织人员开展有限空间作业；现场作业时未采取任何安全防护措施，且在事故发生后，盲目施救导致伤亡扩大。

追责情况：B 公司法定代表人和武汉 A 总公司项目现场负责人等 2 人被移送司法机关处理；其他 13 人给予党纪政务处分；对 2 家事故责任单位实施行政处罚。

3. 安徽芜湖市污水管网修复工程“5 · 1”较大事故

上海某公司将污水管网修复工程项目中部分辅助工程安排给黄山分公司施工，黄山分公司又口头安排给宁波某公司施工。2020 年 5 月 1 日 11 时左右，宁波某公司在污水管网非开挖修复二期工程维修施工过程中，因水枪枪头位置不当需要下井调整，1 名施工人员仅穿戴防水衣和安全帽下井作业，随后晕倒。现场另外 2 人发现后下井施救并晕倒，发生中毒窒息事故，最终造成 3 人死亡，直接经济损失 400 万元。

主要教训：一是上海某公司作为项目发包单位，对发包项目安全管理缺失，未能及时发现、制止和纠正现场施工人员违章操作。二是宁波某公司作为分包单位，组织不具备有限空间作业安全基本知识的工人进行污水管网维修施工作业，未给工人配备必要的劳动防护设备。

追责情况：对宁波某公司法定代表人等 6 人给予行政处罚；对宁波某公司等 2 家单位给予行政处罚。

巩固与提高

一、单选题

1. 以下场所不属于地下有限空间的是（　　）。

A. 地下管道　　B. 污水井　　C. 锅炉房　　D. 提升泵房

2. 受限空间检测按照“先（　　），后作业”的原则。

A. 打扫　　B. 监测　　C. 清理　　D. 关闭

3. 化粪池、污水井容易发生（　　）中毒事故。

A. 硫化氢　　B. 一氧化氮　　C. 二氧化碳　　D. 甲烷

4. 进入有限空间作业必须采取通风措施，下列说法错误的是（　　）。

A. 打开人孔、手孔、料孔、风门、烟门等与大气相通的设施进行自然通风

B. 必要时，可采取强制通风

C. 氧含量不足时，可以向有限空间充纯氧气或富氧空气

D. 在条件允许的情况下，尽可能采取正向通风即送风方向可使作业人员优先接触新鲜空气

二、判断题

在同一有限空间作业时，只要进行了检测和安全评估，符合作业安全要求，第二天进行同样作业时不需要进行检测和安全评估。（　　）

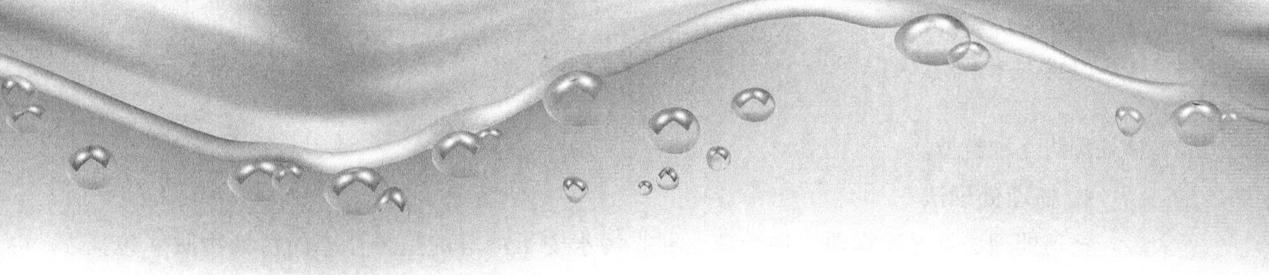

项目三　污水处理

任务 3.1　了解污水处理的常用技术

学习目标

1. 知识目标

（1）使学生掌握水污染控制的基本原则；

（2）使学生熟悉常用的污水处理技术。

2. 技能目标

通过生活污水和工业废水典型处理技术的对比，介绍常见的污水处理技术。

3. 素质目标

（1）通过学习，培养学生热爱思考、勇于探索的良好习惯和严谨的科学态度；

（2）增强学生的动手能力，培养学生的团队合作精神；

（3）培养学生热爱环境工程专业的思想及投身水环境保护事业的精神。

视频 14　了解污水处理的常用技术

思政情境

良好生态环境是最普惠的民生福祉，坚持生态惠民、生态利民、生态为民，重点解决损害群众健康的突出环境问题，不断满足人民日益增长的优美生态环境需要。那么，要想保护良好的生态环境，就需要了解污水处理的常用技术。

相关知识

3.1.1　污水处理技术的概念

污水处理的基本技术是采用各种技术措施将污水中含有的处于各种形态的污染物质分离出来加以回收利用，或将其分解、转化为无害的稳定的物质，从而使污水得到净化。

3.1.2　污水处理技术的分类

污水处理技术，按其作用原理可分为物理处理法、化学处理法、物理化学处理法和生物处理法 4 种类型。

1. 物理处理法

物理处理法是通过物理作用分离、回收污水中不溶解的呈悬浮态的污染物质（包括油膜和油珠）的污水处理法。根据物理作用的不同，物理处理法又可分为重力分离法、离心分离法和筛滤法等。

2. 化学处理法

化学处理法是通过化学反应来分离、去除废水中呈溶解态、胶体态的污染物质或将其转化为无害物质的污水处理方法。常用的化学处理法有混凝沉淀法、中和法、氧化还原法和化学沉淀法等。

3. 物理化学处理法

物理化学处理法是利用物理化学作用去除污水中的污染物质的污水处理方法。主要有吸附法、离子交换法、膜分离法、萃取法、气提法和吹脱法等。

4. 生物处理法

生物处理法是通过微生物的代谢作用，使废水中呈溶解态、胶体态，以及微细悬浮状态的有机污染物质转化为稳定物质的污水处理方法。

根据起作用的微生物不同，生物处理法又可分为好氧生物处理法和厌氧生物处理法。前者广泛用于处理城市污水及有机性生产污水，后者多用于处理高浓度有机污水与污水处理过程中产生的污泥，现在也开始用于处理城市污水与低浓度有机污水。

根据微生物的生长方式不同，生物处理法又可以分为悬浮生长法（即活性污泥法）和固着生长法（即生物膜法）。前者微生物以悬浮状态生长在废水中，形成絮状或颗粒状的活性污泥，微生物与废水充分混合，通过曝气提供氧气；后者微生物附着在固定载体（如填料、滤料、塑料介质等）表面，形成生物膜，废水通过生物膜时，微生物降解污染物。

3.1.3 污水处理技术的分级

现代污水处理技术，按照处理程度划分，可分为一级处理、二级处理和三级处理。

1. 一级处理（primary treatment）

一级处理又称预处理，指的是去除污水中的漂浮物和悬浮物的净化过程，同时调节废水的 pH 值，减轻废水的腐化程度和后续处理工艺负荷。

污水经一级处理后，一般达不到排放标准。所以一般以一级处理为预处理，以二级处理为主体，必要时再进行三级处理，使污水达到排放标准或补充工业用水和城市供水。

一级处理采用物理方法，常用的有筛滤法、沉淀法、上浮法和预曝气法。通过沉淀、浮选、过滤等物理方法去除污水中的悬浮状固体物质，或通过凝聚、氧化、中和等化学方法，使污水中的强酸、强碱和过浓的有毒物质得到初步净化，为二级处理提供适宜的水质条件。

2. 二级处理（secondary treatment）

二级处理是指在一级处理的基础上，利用生物化学作用，对污水进行进一步的处理。

继续除去污水中胶体和溶解性有机物的净化过程，主要去除其中的 BOD、COD，去除率可达 90%以上，使有机污染物达到排放标准。

目前大多数城市污水处理厂都采用活性污泥法。生物处理的原理是通过生物作用，尤其是微生物的作用，完成有机物的分解和生物体的合成，将有机污染物转变成无害的气体产物（CO_2）、液体产物（水）以及富含有机物的固体产物（微生物群体或称生物污泥）；多余的生物污泥在沉淀池中经沉淀池固液分离，从净化后的污水中除去。

3. 三级处理（tertiary treatment）

三级处理即污水高级处理（又称深度处理），是污水处理三个级别中最后一级。污水经过二级处理后，仍含有极细微的悬浮物、磷、氮和难以生物降解的有机物、矿物质、病原体等需进一步净化处理。

在污水二级生化处理之后一般采用的三级处理方法有凝聚沉淀法、砂滤法、活性炭、硅藻土过滤法、臭氧化法、离子交换、蒸发、冷冻、反渗透、电渗析等方法。污水经三级处理后可以回收重复利用于生活或生产，一般将处理水作为冲洗厕所、喷洒街道、浇灌绿化带、工业用水、防火等水源。

巩固与提高

一、单选题

1. 下列哪种方法不属于物理处理法？（　　）

A. 混凝　　B. 筛滤　　C. 沉淀　　D. 离心分离

2. 下列哪种方法不属于化学处理法？（　　）

A. 氧化　　B. 膜分离　　C. 还原　　D. 中和

3. 一级处理主要采用哪种处理方法？（　　）

A. 生物法　　B. 化学法　　C. 物理化学法　　D. 物理法

4. 下列哪个不是一级处理的构筑物？（　　）

A. 格栅　　B. 沉砂池　　C. 曝气池　　D. 初沉池

二、判断题

二级处理一般采用物理化学法。（　　）

任务 3.2　认知污水的物理处理方法

学习目标

视频 15　认知污水的物理处理方法

1. 知识目标

（1）掌握污水物理处理设备的作用和类型；

（2）掌握沉淀的基本原理和类型。

2. 技能目标

理解并掌握沉淀效果的影响因素。

3. 素质目标

（1）培养学生对本专业的职业认同感；

（2）培养学生热爱思考、勇于探索的良好习惯和严谨的科学态度。

思政情境

物理处理法是污水处理厂一级处理常用的方法，包括格栅、筛网、沉淀、气浮等，主要用于去除污水中的漂浮物、悬浮物和部分有机物等，有助于减轻后续生物处理的压力，提高处理效率。虽然物理处理法较为简单，但是它们在污水处理流程中扮演着至关重要的角色，是后续处理步骤的基础和保障。污水处理工艺涉及多个环节，每一个环节都至关重要。运行管理人员要发扬工匠精神，一丝不苟地对待每一个环节、每一台设备，确保污水处理工作高效、稳定、可持续运行。

相关知识

3.2.1 污水的物理处理方法

物理处理方法通过物理方面的重力或机械力作用使城镇污水水质发生变化。

物理处理可以单独使用，也可以与生物处理或者化学处理联合使用，与生物处理或者化学处理联合使用时又可称一级处理或初级处理。污水的物理处理法去除对象是污水中的漂浮物和悬浮物，采取的主要方法有：

（1）筛滤截留法——筛网、格栅、过滤等；

（2）重力分离法——沉砂池、沉淀池、隔油池、气浮池等；

（3）离心分离法——旋流分离器、离心机等。

3.2.2 了解污水的物理处理设备

1. 格栅和筛网

格栅由一组或数组平行的金属栅条、塑料齿钩或金属筛网、框架及相关装置组成，倾斜安装在污水渠道、泵房集水井的进口处或污水处理厂的前端，用来截留污水中较粗大漂浮物和悬浮物。

格栅按清渣方式分为以下两种：

（1）机械格栅：自动化程度高、清渣量大、卫生条件好、劳动强度小，但投资大、运行费用高，主要适用于大中型处理厂；

（2）人工清渣格栅：操作维护简单、运行费用低，但卫生条件差、劳动强度大，适于小型处理厂，应用较少。

筛网可相当于初次沉淀池。现很多污水处理厂存在碳源不足问题，采用细筛网或格网代替初次沉淀池可以节省占地，又可以有效地保留碳源。

2. 沉砂池

原理：以重力分离为基础，控制进入沉砂池的污水流速，从而使密度大的无机颗粒下沉，而有机悬浮颗粒则随水流带走。

作用：去除污水中泥沙、煤渣等相对密度较大的无机颗粒，以免这些杂质影响后续处理构筑物的正常运行。

常用沉砂池的形式有平流沉砂池、曝气沉砂池和旋流沉砂池等。

1）*平流沉砂池*

优点：截留无机颗粒效果较好、构造简单，沉砂效果较好且稳定，运行费用低，重力排砂方便。

缺点：流速不易控制、沉砂中有机颗粒含量较高、常需要洗砂处理等，沉砂中含有机物高，不易脱水，施工相对困难。

适用条件：适用于中小型污水厂。

2）*曝气沉砂池*

优点：沉砂中含有机物的量低于5%；由于池中设有曝气设备，它还具有预曝气、脱臭、除泡作用以及加速污水中油类和浮渣分离等作用。这些优点为后续的沉淀池、曝气池、污泥消化池的正常运行以及对沉砂的干燥脱水提供了有利条件。构造简单，沉砂效果较好，沉砂易于脱水，机械排砂。

缺点：曝气作用要消耗能量，对生物脱氮除磷系统的厌氧段或缺氧段的运行存在不利影响。并且占地面积大，投资大，运行费用较高。

适用条件：主要用于大中型污水厂。

3）*旋流沉砂池*

旋流沉砂池主要分为钟氏沉砂池和比式沉砂池。

优点：除砂效率高、操作环境好、设备运行可靠，适应流量变化能力强，沉砂效果较好（重力+离心力沉砂）且可以调节，适应性强，占地少，投资省（有定型系列产品）。水头损失小，典型的损失值仅6mm；细砂粒去除率高，140目的细砂也可达73%。动能效率高。

缺点：关键设备为国外公司的专有产品和设计技术，价格较高，结构复杂，运行费用高。搅拌桨上会缠绕纤维状物体；砂斗内砂子因被压实而抽排困难，往往需高压水泵或空气去搅动，空气提升泵往往不能有效抽排砂；池子本身虽占地小，但由于要求切线方向进水和进水渠直线较长，在池子数多于两个时，配水困难，占地也大。对水量的变化有较严格的适用范围，对细格栅的运行效果要求较高。

适用条件：适用于大、中、小型污水厂。

3. 沉淀池

原理：利用水中悬浮颗粒的可沉降性能，在重力作用下产生下沉作用，以达到固液分离的一种过程。

在典型的污水厂中，有下列四种用法：

（1）污水处理系统的预处理：常作为一种预处理手段去除污水中易沉降的无机性颗粒物。

（2）污水的初级处理（初次沉淀池）：用初次沉淀池可较经济地去除污水中悬浮固体，同时去除一部分呈悬浮状态的有机物，以减轻后续生物处理构筑物的有机负荷。

（3）生物处理后的固液分离（二次沉淀池）：二次沉淀池主要用来分离生物处理工艺中产生的生物膜、活性污泥等，使处理后的水得以澄清。

（4）污泥处理阶段的污泥浓缩（污泥浓缩池）：污泥浓缩池是将来自初沉池及二沉池的污泥进一步浓缩，以减小体积，降低后续构筑物的尺寸及运行成本等。

沉淀池常按池内水流方向不同分为平流式、竖流式和辐流式，另外还有斜管沉淀池。

1）平流式沉淀池

平流式沉淀池呈长方形，由进水装置、出水装置、沉淀区、缓冲层、污泥区及排泥装置等组成。污水在池内按水平方向流动，从池一端流入，从另一端流出。污水中悬浮物在重力作用下沉淀，在进水处的底部设贮泥斗。

优点：处理水量大小不限，沉淀效果好。对水量和温度变化的适应能力强，耐冲击负荷。平面布置紧凑，施工方便，单灰斗造价低。

缺点：配水不易均匀，多斗式构造复杂，造价高，排泥操作麻烦。

适用条件：主要适于地下水位高的大、中、小型污水厂。

2）竖流式沉淀池

竖流式沉淀池呈圆形或正方形。为了池内水流分布均匀，池径不大于10m，一般池径4~7m。沉淀区呈柱形，污泥斗为截头倒锥体。池体平面为圆形或方形，水由设在池中心的进水管自上而下进入池内，管下设伞形挡板使废水在池中均匀分布后沿整个过水断面缓慢上升，悬浮物沉降进入池底锥形沉泥斗中，澄清水从池四周沿周边溢流堰流出。竖流式沉淀池中，水流方向与颗粒沉淀方向相反，上升速度等于沉降速度的颗粒将悬浮在混合液中形成一层悬浮层，对上升的颗粒进行拦截和过滤。因而竖流式沉淀池的效率比平流式沉淀池要高。

优点：竖流式沉淀池效果较好，排泥系统简单，排泥方便，占地面积小。

缺点：池高径比大，施工较困难，抗冲击负荷能力差，池径大时布水不均匀。

适用条件：适于地下水位低的小型污水厂。

3）辐流式沉淀池

辐流式沉淀池是一种圆形的、直径较大而有效水深相对较浅的池子，直径一般在20~30m以上，池周水深1.5~3.0m，池中心处为2.5~5.0m，采用机械排泥，池底坡度不小于0.05。辐流式沉淀池的优点是容量大，采用机械排泥，运行较好，管理较简单。其缺点是池中水流速度不稳定，机械排泥设备复杂，造价高。辐流式沉淀池适用于处理水量大的场合。辐流式沉淀池是一种大型沉淀池，池径可达100m，池周水深1.5~3.0m，径深不小于6m；有中心进水、周边进水等形式；沉淀与池底的污泥一般采用刮泥机刮除，对辐流式沉淀池而言，目前常用的刮泥机械有中心传动式刮泥机和吸泥机以及周边传动式的刮泥机与吸泥机等。

优点：辐流式沉淀池的优点是多用机械排泥，沉淀效果较好，周边配水时容积利用率高，排泥设备成套性能好，管理方便，排泥设备已经趋于定型。

缺点：中心进水时不易均匀，机械排泥系统复杂，安装要求高，进出配水设施施工困难，对施工质量要求高。

适用条件：适于地下水位高的大中型污水厂。

4）斜管沉淀池

斜管（板）沉淀池是指在沉淀区内设有斜管的沉淀池。组装形式有斜管和支管两种。在平流式或竖流式沉淀池的沉淀区内利用倾斜的平行管或平行管道（有时可利用蜂窝填料）分割成一系列浅层沉淀层，被处理的和沉降的沉泥在各沉淀浅层中相互运动并分离。

优点：增加了沉淀池的沉淀面积，从而提高了处理效率；用了层流原理，提高了沉淀池的处理能力，沉淀效率高，产水量大；沉停留时间短，占地面积小，维护方便。

缺点：由于停留时间短，其缓冲能力差；对混凝要求高，结构较复杂，造价较高；维护管理较难，使用一段时间后需更换斜板（管）。

适用条件：原有污水处理厂的挖潜或扩大处理能力改造时采用；当污水处理厂占地受到限制时，可考虑作为初沉池使用。但斜板（管）沉淀池不宜作为二沉池使用。适于地下水位低的小型污水厂。

4. 隔油池

原理：利用废水中悬浮物和水的密度不同而达到分离的目的。

作用：用油与水的密度差异，分离去除污水中颗粒较大的悬浮油。石油工业和石油化学工业在生产过程中排出含大量油品的废水；煤的焦化和气化工业排出含高浓度焦油的废水；毛纺工业和肉品工业等排出含有较多油脂的废水。这些含油废水如排入水体会造成污染，灌溉农田会堵塞土壤孔隙，有害作物生长。如对废水中的油品加以回收利用，则不仅可避免对环境的污染，又能获得可观的经济收益。

常用的隔油池有平流式与斜板式两种形式。

1）平流式隔油池

优点：构造简单，便于运行和管理，油水分离效果稳定。

缺点：池的容积较大，排泥困难，能取出的粒径最小为100~150nm。

2）斜板式隔油池

优点：油水分离迅速，占地面积小（只有平流式隔油池的1/2）。

缺点：结构复杂，维护清理较困难。

5. 气浮池

原理：采用一定的方法或措施使水中产生大量的微气泡，以形成水、气及被去除固相物质的三相混合体，在界面张力、气泡上升浮力和静水压力差等多种力的共同作用下，促进微细气泡黏附在被去除的微小颗粒上后，因黏合体密度小于水而上浮到水面，从而使水中细小颗粒被分离去除。

作用：通常作为含油污水隔油后的补充处理，常用于那些颗粒密度接近或小于水的细小颗粒的分离。

目前较为广泛使用的有平流式和竖流式两种。

1）平流式气浮池

优点：池深浅（有效水深一般2~2.5m），造价低，构造简单，管理方便。

缺点：分离部分的容积利用率不高。

2）竖流式气浮池

优点：接触室在池的中心部位，水流向四周扩散，水力条件较好。

缺点：该气浮池与反应池较难衔接，容积利用率较低。

有经验表明，当处理水量大于150~200m^3/h，废水中的悬浮固体浓度较高时，宜采用竖流式气浮池。

3.2.3 掌握沉淀的基本类型

根据水中悬浮颗粒的浓度、性质及其凝聚特性的不同，沉淀现象通常可分为以下4种基本类型。

1. 自由沉淀

单个颗粒在无边际水体中沉淀，下沉过程中颗粒互不干扰，也不受器皿壁的干扰，并且颗粒的大小、形状、密度保持不变，经过一段时间后，沉速也不变（沉砂池）。

2. 絮凝沉淀

在沉淀的过程，悬浮物浓度不高，但是颗粒由于相互接触絮聚而改变大小、形状、密度，并且随着沉淀深度和时间的增长，沉速也越来越快，絮凝沉淀由凝聚性颗粒产生（化学絮凝池）。

3. 拥挤沉淀（成层沉淀）

当水中悬浮物浓度比较高时，在沉淀过程中，发生颗粒间的相互干扰，悬浮物颗粒互相牵扯着形成网状“絮毯”整体下沉，在颗粒群与澄清水之间存在明显的交界面，并逐渐向下移动，因此又称为成层沉淀（二沉池，污泥浓缩池）。

4. 压缩沉淀（层层沉淀）

当悬浮固体浓度很高时，颗粒互相接触、互相支撑，在上层颗粒的重力作用下，下层颗粒间隙中的水被挤出，颗粒相对位置不断靠近，颗粒群体被压缩。污泥浓缩池中污泥的浓缩过程属此沉淀类型（污泥浓缩池）。

巩固与提高

一、单选题

1. 初沉池一般设在下列哪个构筑物的后面？（　　）

A. 格栅　　B. 沉砂池　　C. 曝气池　　D. 二沉池

2. 下列哪个不是平流式沉淀池的构造？（　　）

A. 流入装置　　B. 沉淀区　　C. 污泥区　　D. 稳流区

3. 下列哪个不是辐流式沉淀池的特点？（　　）

A. 池径大　　B. 池深浅　　C. 处理水量大　　D. 排泥方便

二、判断题

1. 初沉池的作用是进行泥水分离。(　　)
2. 竖流式沉淀池适用于处理水量较小的场所。(　　)

任务 3.3　了解污水生物处理的基础知识

学习目标

视频 16　了解污水生物处理的基础知识

1. 知识目标

（1）了解污水生物处理技术的基本理论知识，熟悉微生物的生长规律及生长条件，理解生物化学反应动力学理论，掌握污水可生化性评价方法；

（2）熟悉微生物的特点；

（3）了解微生物的生长环境。

2. 技能目标

（1）掌握微生物的生长规律及生长曲线；

（2）掌握微生物的生长环境。

3. 素质目标

（1）培养学生对本专业的职业认同感；

（2）增强学生的动手能力，培养学生的团队合作精神。

思政情境

污水生物处理主要借助微生物的分解作用，将污水中的有机物转化为简单的无机物，使污水得到净化。微生物虽然个体十分微小，但是它们通过协同合作，却能拥有净化江河的力量。正如环境保护一样，虽然我们个人的力量微不足道，但是团结一致，就能够汇聚成一股强大的力量，守护好祖国的绿水青山。

相关知识

3.3.1　污水生物处理的基本原理

污水的生物处理是利用自然界广泛分布的个体微小、代谢营养类型多样、适应能力强的微生物的新陈代谢作用，对污水进行净化的处理方法。污水生物处理是建立在环境自净作用基础上的人工强化技术，其意义在于创造出有利于微生物生长繁殖的良好环境，增强微生物的代谢功能，促进微生物的增殖，加速有机物的无机化，增进污水的净化过程。其中包括好氧处理和厌氧处理的全过程。

好氧生物处理是在有游离氧（分子氧）存在的条件下，好氧微生物降解有机物，使其稳定、无害化的处理方法。微生物利用废水中存在的有机污染物（以溶解状与胶体状的为主）作为营养源进行好氧代谢。

厌氧生物处理是在无氧的条件下，利用厌氧微生物的降解作用使污水中有机物质净化得方法。污水中的厌氧细菌可将碳水化合物、蛋白质、脂肪等有机物分解生成有机酸；然后在甲烷菌的作用下，将有机酸分解为甲烷、二氧化碳和氢等，从而使污水得到净化。

3.3.2 微生物的生长规律及生长曲线

按微生物生长速度，整个生长规律可划分为四个时期：

1. 适应期

适应期又称调整期，微生物培养的最初阶段，微生物刚接入新鲜培养液，细胞内各种酶系有一个适应过程。开始时菌体不裂殖，菌数不增加。经过一定时期，到了停滞期的后期时，酶系有了一定适应性，菌体生长发育到了一定程度，便开始进行细胞分裂，微生物的生长速度开始提升。

这一时期发生在活性污泥的培养驯化时，或者处理水质忽然发生变化时，微生物则优胜劣汰。

2. 对数增长期

对数增长期又称生长旺盛期。细胞经过停滞期调整适应后，以最快的速度进行裂殖，细胞生长进入旺盛期，细菌以几何级数增加。

细菌数的对数和培养时间成直线关系。细菌生长速度 $\mathrm{d}(\lg B)/\mathrm{d}t=k$ 为一个常数，故对数增长期也称等速生长期。在该期间内，营养物质丰富，生物体的生长、繁殖不受底物限制，生长速度最大，死菌数相对较小（实际工程中可略去不计）。

3. 稳定期

稳定期又称减速生长期。对数期细菌大量繁殖后，营养物质逐渐被消耗，繁殖速度渐慢。

此间，细胞繁殖速度几乎和细胞死亡速度相等，活菌数趋于稳定。这主要是由于环境中的养料减少，代谢产物积累过多所致。如果在此期间，继续增加营养物质，并排出代谢产物，菌体细胞又可恢复对数期的生长速度。

4. 内源呼吸期

内源呼吸期在静止期后，营养物质近乎耗尽，细菌只能利用菌体内贮存物质或以死菌体作为养料，进行内源呼吸，维持生命。

此间，活细胞数目急剧下降，只有少数细胞能继续分裂，大多数细胞出现自溶现象并死亡。死亡速度超过分裂速度，生长曲线显著下降。在细菌形态方面，此时呈退化型较多，有些细菌在这个时期往往产生芽孢。

3.3.3 掌握微生物的生长环境

影响微生物生长的环境因素有以下五方面：

1. 微生物的营养

碳源：含碳量低的污水应另加碳源（如生活污水、米泔水、淀料浆料等）以满足微生物需要（活性污泥和生物膜中的微生物主要是细菌，需要碳源量较大，BOD_5 不低于 100mg/L 左右）。缺少碳源会出现污泥松散，絮凝性不足等现象。

氮源：一般细菌较易利用氨态氮，生活污水中含有粪便，氨态氮较多。如污水含氮量低，需另加氮营养（尿素、硫酸铵、粪水等）。氮源不足易引起丝状菌繁殖而产生污泥膨胀。

磷源：磷是微生物所需的最主要矿物元素，细胞组成元素中约占全部矿物元素的 50%。生活污水中含磷较高，不必另加营养。污水缺磷应另加磷营养（如磷酸钾、磷酸钠、生活污水等）。磷源不足将影响酶的活性。

其余矿物元素：如硫、钾、钙、镁等需要量较少，营养配比主要考虑碳、氮、磷比，一般 $BOD_5:N:P=100:5:1$。

2. 温度

微生物生长温度范围 5~80℃，该范围内包括最低生长温度、最高生长温度和最适生长温度。根据微生物适应的温度范围，分为中温性（20~45℃）、好热性（高温性）（45℃以上）和好冷性（低温性）（20℃以下）微生物。

好氧生物处理最适温度 30~35℃，以中温性细菌为主。温度过高会使微生物蛋白质变性、酶系统遭到破坏而失去活性，甚至使微生物死亡。低温对微生物往往不会致死，只会降低其代谢活力而处于生长繁殖停止状态。厌氧处理中，甲烷菌有中温性（30~35℃）和高温性（50~55℃）两种处理条件。

3. pH 值

细菌、放线菌、藻类和原生动物 pH 值范围在 4~10，氧化硫杆菌最适 pH 值为 3，也可在 pH 值=1.5 环境中生活。酵母菌和霉菌在酸性或偏酸性环境中生活，最适 pH 值为 3.0~6.0，适应范围为 1.5~10。

污水生物处理中应保持微生物的最适 pH 值。活性污泥法曝气池 pH 值一般为 6.5~8.5，活性污泥中主体菌胶团细菌在此 pH 值下会产生较多黏性物质，形成结构较好的絮状物。

4. 溶解氧

好氧生物处理中环境中应有足够的溶解氧。溶解氧不足，轻则活性、新陈代谢能力降低，同时对溶氧要求较低的微生物应运而生，有机物氧化不彻底，处理效果下降；重则厌氧微生物大量繁殖，好氧微生物受到抑制而死亡，导致活性污泥或生物膜恶化变质，出水水质下降。活性污泥法一般要求溶解氧维持在 2~3mg/L。

氧供应过多造成浪费，因代谢活动增强，营养供应不上使污泥（或生物膜）自身氧化，促使污泥老化。

运行过程中，测定溶解氧，使之处在正常水平，保证好氧微生物的正常生长，取得较好的处理效果。

5. 有毒物质

工业污水中对微生物具有抑制和毒害作用的化学物质，称为有毒物质（重金属离子、酚、氰等）。对微生物的毒害作用表现为细胞正常结构遭到破坏以及菌体内的酶变质，并失去活性。如重金属离子（砷、铅、镉、铬、铁、铜、锌等）能与细胞内的蛋白质结合，使它变质，致酶失去活性。

在污水生物处理中应对有毒物质严加控制。不过它们对微生物的毒害和抑制作用，有一个量的概念。

巩固与提高

一、单选题

1. 下列哪一个是活性污泥法的最佳运行时期？（　　）

A. 适应期　　B. 对数增长期

C. 稳定期　　D. 内源呼吸期

2. 下列哪个时期活性污泥法的出水水质最好？（　　）

A. 适应期　　B. 对数增长期

C. 稳定期　　D. 内源呼吸期

3. 适宜于好氧微生物的最佳碳、氮和磷的营养比为多少？（　　）

A. 100∶5∶1　　B. 200∶5∶1　　C. 150∶5∶1　　D. 250∶5∶1

二、判断题

1. 好氧生物处理适宜的溶解氧浓度为2~3mg/L。（　　）

2. 对数增长期微生物增长的速率与底物的浓度无关。（　　）

任务 3.4　认知活性污泥法的基本原理

学习目标

视频17　认知活性污泥法基本原理

1. 知识目标

（1）了解污水的生物处理法；

（2）活性污泥法概述；

（3）活性污泥的性质及组成。

2. 技能目标

（1）掌握活性污泥处理系统有效运行的基本条件；

（2）掌握活性污泥中微生物的分类。

3. 素质目标

（1）培养学生对本专业的职业认同感；

（2）增强学生的动手能力，培养学生的团队合作精神。

思政情境

创新是科技进步的驱动力，在活性污泥法的演变中，科研人员正是因为对污水处理技术的好奇，才不断推动了技术的革新。同样，在学习过程中，也应保持对知识的渴望和好奇，勇于探索未知，不断拓宽自己的知识边界。

相关知识

3.4.1 活性污泥法的概念

污水生物处理主要是通过微生物的新陈代谢作用实现的。按照微生物的代谢形式，生物处理的方法可分为好氧生物处理和厌氧生物处理两大类；按照微生物的生长方式，可分为悬浮生长和固着生长两大类，即活性污泥法和生物膜法。此外，按照系统的运行方式，可分为连续式和间歇式；按照主体设备的水流状态，可分为推流式和混合式等类型。

活性污泥法，即往生活污水中通入空气进行曝气，持续一段时间后，污水中生成一种褐色絮凝体。该絮凝体主要是由大量繁殖的微生物群体构成，可氧化分解污水中的有机物，并易于沉淀分离，从而得到澄清的处理出水。这种絮凝体就是“活性污泥”。

3.4.2 活性污泥的性质及组成

1. 活性污泥的形态

活性污泥略带土壤气味，颜色根据水质不同而不同，多为黄色或褐色。含水率高，一般在99%以上，具较大的比表面积，可达2000~10000m^2/m^3。

2. 活性污泥的组成

（1）具有代谢功能活性的微生物（细菌、菌胶团、原生动物、后生动物等微生物群体）；

（2）微生物自身氧化的残留物；

（3）污水带入的被微生物吸附的（难降解的）有机物质；

（4）由污水携入的无机物质。

3.4.3 活性污泥处理系统有效运行的基本条件

（1）足够的可溶性易降解有机物；

（2）微生物生理活动必需的营养物质；

（3）混合液中有足够的溶解氧（好氧状态）；

（4）活性污泥在曝气池中呈悬浮状态，能与污水充分接触；

（5）污泥连续回流，还要及时排出剩余污泥，使曝气池中保持恒定活性污泥浓度；

（6）无对微生物有毒害作用的物质进入。

3.4.4 活性污泥中微生物的分类

净化污水的第一承担者——细菌；净化污水的第二承担者——原生动物。原生动物又称指示性动物，通过显微镜镜检是对活性污泥质量评价的重要手段之一。

活性污泥中的细菌以异养型细菌为主。菌胶团细菌——构成活性污泥絮凝体的主要成分，有很强的吸附、氧化分解有机物能力，也可防止被微型动物所吞噬，并在一定程度上可免受毒物的影响，沉降性好。丝状菌——形成活性污泥的骨架，增强沉降性，保持高的净化效率，但是大量会引起污泥膨胀。

巩固与提高

一、单选题

下列哪个不是传统活性污泥法的特点？（　　）

A. 占地面积大　　B. 有机物去除率高

C. 剩余污泥量大　　D. 氧气利用率高

二、判断题

1. 活性污泥法是水体自净的人工强化技术。（　　）
2. 污水处理的第一承担者是原生动物。（　　）
3. 污染程度较重的污水中，微生物以原生动物为主。（　　）
4. 原生动物和后生动物常作为污水处理的指示生物。（　　）

任务 3.5　探究活性污泥的性能指标与运行参数

学习目标

视频 18　活性污泥法的性能指标及运行参数——污泥沉降比

1. 知识目标

（1）掌握活性污泥常用性能指标的含义及其应用；

（2）了解活性污泥法常用运行参数的含义。

2. 技能目标

（1）能根据常用的性能指标判断活性污泥的性能；

（2）能通过运行参数调整对污水处理工艺进行调控。

3. 素质目标

（1）培养学生爱岗敬业、艰苦奋斗的劳动精神；

（2）培养学生执着专注、追求卓越的工匠精神。

思政情境

污水处理厂作为城市水环境保护不可或缺的组成部分，对于改善城镇水环境质量具有重要的意义。出水水质是否能够达标，离不开污水处理运行管理人员的辛勤劳动，作为一名合格的污水处理运行工，首先要具备扎实的理论基础，了解影响污水处理效果的各种活性污泥性能指标及运行参数的内涵及应用；其次，要具备“透过现象看本质”的问题分析能力和实践能力；最后，还要具备爱岗敬业、艰苦奋斗的劳动精神及执着专注、追求卓越的工匠精神。作为一名环保人，应当铭记生态文明保护的初心，以匠心治水，确保出水水质达标。

相关知识

3.5.1　活性污泥性能指标

性能良好的活性污泥应具有良好的吸附氧化性能和絮凝沉淀性能。吸附氧化性能良好的污泥比较松散，表面积较大，活性和絮凝沉淀性能较好，但不一定具有良好的沉淀性能。例如，处于膨胀状态的污泥结构松散，絮凝性能较好，但难以沉淀，容易随水流失，出水水质变差。沉淀性能较好的污泥絮凝性能一般较好，也比较密实，但不一定有较强的活性。如处于老化状态的污泥，絮凝沉淀性能较好，但活性较差。为获得良好的净化效果，应使活性污泥既具有很强的活性，又有很好的沉淀性能。评价活性污泥性能的指标主要有以下几项。

1. 污泥浓度

污泥浓度是指单位体积混合液含有的悬浮固体（SS）或挥发性悬浮固体（VSS）的质量，单位为 mg/L 或 g/L。

MLSS 为混合液中活性微生物、非活性有机物和无机物的总浓度；*MLVSS* 为混合液中挥发性有机物的浓度。*MLVSS* 扣除了活性污泥中的无机成分，能够较为准确地反映活性污泥中活性成分的数量。虽然污泥浓度（*MLSS* 和 *MLVSS*）不等于活性生物浓度，但在正常运行的活性污泥处理系统，它们之间存在着稳定的相关性。因此，可以用 *MLSS* 或 *MLVSS* 间接代表混合液活性微生物的含量。在其他条件不变的情况下，污泥浓度越高，活性微生物浓度越高，净化效果越好。

在活性污泥曝气池中，一般控制 $MLSS=3\sim4$g/L。对于水质相对稳定的污水生物处理系统，*MLVSS/MLSS* 的比值是固定的。比如，处理城市污水的活性污泥这一比值一般为 0.75~0.85，但不同的工业废水，*MLVSS/MLSS* 的比值是有差异的。

2. 污泥沉降比

污泥沉降比（*SV*）是指曝气池活性污泥混合液静置沉淀 30min 后，所得污泥层与混合液的体积比（%），即

$$SV=\frac{\text{混合液经 30min 静沉后的活性污泥体积}}{\text{混合液体积}}\times100\% \tag{3.1}$$

沉降比的大小与污泥的沉降性能与污泥浓度有关，但相关性比较复杂。污泥浓度相同的混合液，污泥沉降比越大，说明絮体越松散，污泥的沉降性能就越差；污泥沉降性能相同的混合液，污泥沉降比越大，污泥浓度就越大。所以，对特定的活性污泥处理系统，可以用沉降比表示混合液的污泥浓度，并以此控制污泥回流量和剩余污泥排放量。通常，污泥沉降比的正常范围为 15%~30%。

3. 污泥容积指数

污泥容积指数简称污泥指数（*SVI*），是指曝气池混合液静置沉淀 30min 所得污泥层中，单位质量的干污泥所占的体积，单位为 mL/g，通常可以省略。如果测定得到 *SV* 和 *MLSS*，便可求出 *SVI*。

$$SVI=\frac{SV}{MLSS} \tag{3.2}$$

式中　*SVI*——污泥指数，mL/g；

SV——污泥沉降比，%；

MLSS——污泥浓度，g/mL。

SVI 值能更准确地评价和反映活性污泥的凝聚沉降性能。城市生活污水处理系统的 *SVI* 值正常范围为 50~150mL/g，超过 200mL/g，则已经发生了污泥膨胀。一般来说，*SVI* 值过低，说明污泥颗粒细小，无机物含量高，缺乏活性；*SVI* 值过高，说明污泥沉降性能较差，将要发生或已经发生污泥膨胀。对于高浓度活性污泥系统，即使沉降性能较差，由于其 *MLSS* 值较高，因此其 *SVI* 值也不会很高。

SVI 值与污泥负荷有关，对于城市污水处理厂而言，污泥负荷 *F/M* 大于 0.5 或者小于 0.05kg BOD_5/(kgMLSS · d)，活性污泥的代谢性能都会变差，*SVI* 值也会变得很高，存在出现污泥膨胀的风险。

3.5.2　活性污泥法的设计运行参数

活性污泥法的设计运行参数主要有污泥负荷、污泥龄、污泥回流比等。

1. 污泥负荷

在活性污泥法中，一般将有机污染物量与活性污泥量的比值（*F/M*），也就是曝气池内单位质量（kg）的活性污泥，在单位时间（1d）内能够接受，并将其降解到预定程度的有机污染物（BOD_5）的量，称为污泥负荷，常用 L_s 表示，即

$$\frac{F}{M}=L_s=\frac{QS_a}{VX} \tag{3.3}$$

式中　Q——污水流量，m^3/d；

S_a——进入曝气池的污水中有机污染物（BOD_5）的浓度，mg/L；

V——曝气池的容积，m^3；

X——混合液悬浮固体浓度（*MLSS*），mg/L。

在活性污泥处理系统的设计与运行中，还使用另外一种负荷，即容积负荷（L_v），其表示式为

$$L_v=\frac{QS_a}{V} \tag{3.4}$$

即单位曝气池容积（m^3），在单位时间（1d）内能够接受，并将其降解到预定程度的有机污染物（BOD_5）的量。

L_s 与 L_v 之间的关系为

$$L_v=L_sX \tag{3.5}$$

污泥负荷与污水处理效率、活性污泥特性、污泥生成量、氧的消耗量等有很大关系，污水温度对污泥负荷的选择也有一定影响。在活性污泥的不同增长阶段，污泥负荷各不相

同，净化效果也不一样。因此，污泥负荷是活性污泥法设计和运行的主要参数。

一般来说，对于城市污水，污泥负荷为 0.2～0.4kgBOD_5/(kgMLSS·d)，BOD_5 去除率可达 90%以上，*SVI* 为 80～150，污泥吸附和沉降性能都较好。

2. 污泥龄

污泥龄（θ_c）表示曝气池中微生物细胞的平均停留时间。对于有回流的活性污泥法，污泥龄就是曝气池全池污泥平均更新一次所需要的时间（以天计）。它反映了活性污泥吸附了有机物后，进行稳定氧化的时间长短。污泥龄长，有机物氧化得越彻底，处理效果好，剩余污泥量越少；但污泥龄也不能太长，否则污泥会老化，影响沉淀效果。普通活性污泥的泥龄一般为 3～4d，对于高负荷活性污泥法，污泥的泥龄为 0.2～0.4d。

污泥龄不应短于活性污泥中微生物的世代时间，如硝化菌在 20℃时，其世代时间为 3d，当 θ_c<3d 时，硝化细菌就不能大量繁殖，就不能在曝气池中产生硝化反应。

在活性污泥系统实际运行时，用污泥龄作为控制参数，只要求调节每日的排泥量。一般常利用系统稳定平衡运行时的池中的总泥量除每日排出的剩余污泥量计算求得活性污泥的污泥龄。污泥浓度与泥龄有关，而泥龄与剩余污泥排量有关，工程实践中常通过调节剩余污泥排量来控制污泥浓度。剩余污泥排放量越大，泥龄越短，污泥浓度就越低，反之亦然。

3. 污泥回流比

污泥回流比是指回流污泥量与污水流量之比，常用百分比表示。曝气池内混合液污泥浓度与污泥回流比及回流污泥浓度之间的关系是

$$X=\frac{R}{1+R}X_r \tag{3.6}$$

式中　X——曝气池混合液污泥浓度，mg/L；

R——污泥回流比；

X_r——回流污泥浓度，mg/L。

X_r 的值取决于二沉池的污泥浓缩程度，正常条件下，其与污泥容积指数的值有着密切关系。污泥容积指数越高，则回流污泥浓度越低，含水率越大。一般，回流污泥的浓度可以近似地按照下式进行计算：

$$X_r=\frac{10^6 r}{SVI} \tag{3.7}$$

式中　r——二次沉淀池中污泥综合系数，一般取值 1.2 左右。

为保持曝气池中混合液污泥浓度为一定值，可以通过污泥回流比进行调节。

知识拓展

关于污泥沉降比的认知误区

在污水处理过程中，污泥沉降比（*SV*）是一个非常关键的指标。它是指曝气池混合液在量筒静止沉降 30min 后污泥所占的百分体积。因污泥沉降比在生产运行管理是非常重

要的依据，对污水处理的稳定运行有很大的影响。污泥的沉降性能不只决定于沉降比，更重要的是决定着沉淀池的工作，出水质量和污泥利用率。因此，如何进行日常的污泥沉降比试验是非常重要的问题。

1. 污泥沉降比概念上的误区

污泥沉降比试验，不只是要一个数据结果，而要了解污泥沉降的全过程，通过详细的观察分析，得出全面的正确结论来指导生产控制。

实际上，污泥沉降比试验应该包括三部分，一是试验数据；二是对沉降过程的观察和记录；三是对结果和记录进行综合分析。但是在平时的工作中，因为有些操作人员的责任心不够强，只是例行公事的测定沉降比，并没有认真观察和掌握实际的沉降过程，也正因为如此，这种实验是不科学的，对实际的工作没有真正的指导意义。

其实在实际运行管理中，*SV* 测定方便、快速，具有无可替代的作用，通过试验可以了解污泥的结构和沉降性能，并在无其他异常的情况下，作为剩余污泥排放的参考依据。同时，污泥的一些异常现象也可通过沉降试验反映出来，也就是说，如果操作人员测定时，只了解 30min 后的沉降比，而没有认真观察和分析污泥沉降测定过程的一些情况，那么在当运行发生异常时，污泥沉降测定过程中所能提示我们的故障信息很难被获取，而且我们也未必能从其他渠道及时准确地获取这些信息。

因此，在进行污泥沉降试验过程中，不仅要观察沉降比，还要注意观察污泥的其他特性，如外观、沉降速率、泥水界面清晰程度、上层液的混浊情况、是否有悬浮物等情况。

2. 沉降速率与沉降性能的误区

在 *SV* 的测定中，排除上层液的状况，仅从沉降速率来说可分为快和慢两种污泥，沉降速度快的污泥不一定都好，沉降速度慢的污泥也不一定都不好，当然这种所谓的“快”和“慢”是相对的。

沉降性能是综合考核指标，而沉降速率只是正确观察污泥沉降性能的最基本的内容之一，要进一步了解污泥沉降速率不同的原因，通过大量实际运行数据的对比分析，根据本单位的工艺特性和运行情况来衡量其是否在正常范围内。操作人员在做沉降试验时，还要注意观察沉降初期的沉降情况和单位时间内的污泥沉降量。进行污泥沉降比（*SV*）试验的目的是要通过试验判断污泥的沉降性能，而不是简单地要一个数据。

因此，可以根据实际情况，制定不同的污泥沉降比试验方案，分别采用不同时间内的沉降比，将试验结果与污泥外观和沉降过程记录进行对比分析，找出最适合本单位污泥实际沉降情况的试验时间。比如：采用 SV_5，SV_{10}，SV_{15} 依次递进，一直到 SV_{45}。通过不同方案对实际情况的反应能力，决定污泥沉降性能的判断手段。对不同的时段，不同的污泥和不同的来水质量等，可能采用不同的沉降比表示方法和测定步骤。

3. 日常沉降比试验中的误区

1）试验时间

如沉淀池池面有污泥伴随气泡上浮是否是沉淀池发生反硝化引起的，就可延长沉降试验时间来判断并确认，因为在有硝酸氮的情况下，将 30min 沉降试验结束，再继续让其静止一段时间后下沉的污泥会在缺氧时伴随氮气泡沫上浮。但在负荷较高的活性污泥系统中，若气温高，污泥在沉淀池停留时间过长而发生酸化时，也会有气泡伴随污泥上浮，这些气泡通常是酸化过程中产生的氨引起的；还有当曝气量过大，而混合液进入沉淀池后空气不能充分释放，也会造成沉淀池漂泥等现象。所以还需根据其他情况来综合分析。

2）试验仪器

SV 测定一般要用 1000mL 的量筒（或量杯），有些单位用 100mL 量筒测定，这会产生误差，因小量筒直径较小，对污泥沉降有一定的阻滞效应，测得的值很可能偏高，当污泥结构较松散时，误差会更大。将不同沉降性能的污泥分别用 1000mL 和 100mL 量筒进行对照试验，试验表明：沉降性能好的污泥，二者的测定结果相差不大（小量筒要高 3%～10%），而膨胀污泥的测定值相差就比较多，最大的误差达 40%，也就是说在污泥发生膨胀时，小量筒测得的 *SV* 比大量筒高出很多。

4. 污泥沉降比与沉降性能关系的误区

活性污泥 *SV* 值只能大致反映污泥的沉降性能，污泥结构的松紧和沉降性能是用污泥指数（*SVI*）来衡量的，而污泥指数是根据污泥浓度和污泥沉降比计算得来的，污泥沉降的测定误差会造成污泥指数的计算误差，很容易引起误导。*SV* 试验与沉淀池中污泥的实际沉降效果是有差异的。一般来说沉降比低的污泥在沉淀池的泥水分离效果也好，反之则泥水分离效果差。但在实际运行中有时会出现不一致的情况，主要原因是：

（1）状态不同。*SV* 是在静止状态下测定的，而沉淀池是动态的。

（2）沉淀时间不同。沉淀池的沉淀时间要比沉降试验的时间长很多。

（3）影响因素不同。沉淀池的运行工况受很多因素的影响，其中主要是进水对污泥层产生的扰动和生产过程需要而对污泥层的控制等。

巩固与提高

一、单选题

1. 从活性污泥曝气池中取混合液 100mL，注入 100mL 量筒内，30min 后沉淀的污泥量为 20mL，则污泥沉降比为（　　）。

A. 100%　　B. 30%　　C. 50%　　D. 20%

2. 一般情况下，污泥沉淀比的适宜范围为（　　）。

A. 10%～20%　　B. 15%～30%　　C. 30%～40%　　D. 45%～55%

二、判断题

1. 污泥浓度能直接表示曝气池中活性微生物的量。（　　）

2. 污泥浓度一定时，污泥沉降比越大，污泥沉降性能越差。（　　）

3. 污泥容积指数不能反映污泥的沉降性能。（　　）

4. 一般而言，污泥龄越大越好。（　　）

5. 一般来说，对于城市污水，污泥负荷为 2～4kgBOD_5/（kgMLSS·d）。（　　）

任务 3.6 探究活性污泥法的运行方式（一）

学习目标

视频 19 探究活性污泥法的运行方式（一）

1. 知识目标

（1）掌握传统活性污泥法的工艺流程及特点；

（2）了解活性污泥法的演变过程。

2. 技能目标

掌握各种活性污泥法曝气池的基本形式，能根据实际的工艺情况选择合适的曝气池。

3. 素质目标

（1）培养学生的独立思考能力；

（2）培养学生的创新意识和创新能力。

思政情境

科技创新是社会生产力发展的源泉，各行各业的发展几乎都离不开科技创新成果。随着我国经济的高速发展，污水中污染物的类型逐渐复杂化，水环境污染日益严重，加之人们对美好生态环境的需求不断提高，排水标准不断升级，传统的活性污泥法难以满足污水处理的要求，必须通过技术创新对污水处理工艺进行改进和升级。正是在创新精神的推动下，传统的活性污泥法经历了漫长的演变历程，根据水质的变化、微生物代谢活动的特点、运行管理、技术经济和排放要求等方面的情况，产生了多种行之有效的运行方式和工艺流程。

相关知识

3.6.1 传统活性污泥法

传统活性污泥法又称为普通活性污泥法，是活性污泥法最早使用并沿用至今的运行方式。曝气池呈长方廊道形，一般用 3～5 个廊道，在池底均匀铺设空气扩散器，其工艺流程如图 3.1 所示。污水和回流污泥在曝气池首端进入，在池内呈推流形式流动至池的尾端，在此过程中，污水中的有机物被活性污泥微生物吸附，并在曝气过程中被逐步转化，从而得以降解。处理后的污水与活性污泥在二沉池沉淀分离，部分污泥回流至曝气池，剩余污泥排出系统。

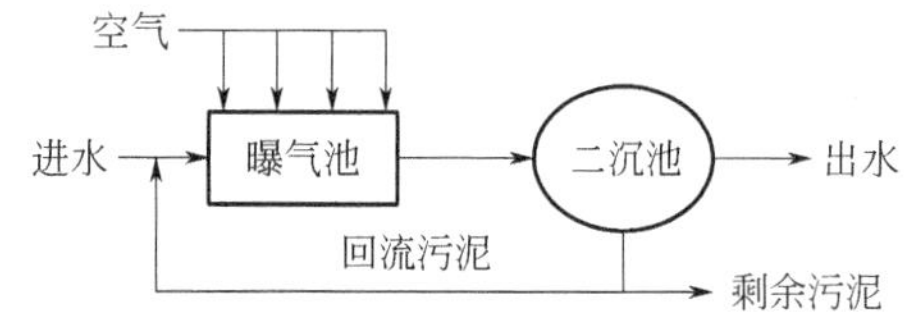

图 3.1 传统活性污泥法工艺流程

在曝气池内，有机污染物的降解经历了第一阶段的吸附和第二阶段的微生物代谢的完整进程。有机污染物浓度沿池长逐渐降低，需氧速度也沿池长逐渐降低，活性污泥经历了一个从池子首端的对数增长，经减速增长到池子末端的内源呼吸的完整生长周期。

传统活性污泥法具有以下特点：

（1）废水浓度自池首至池尾是逐渐下降的，由于在曝气池内存在这种浓度梯度，废水降解反应的推动力较大，效率较高，BOD 去除率可达到 90%以上；

（2）推流式曝气池可采用多种运行方式，对废水的处理方式较灵活；

（3）曝气池首端有机物负荷高，需氧量也高，由于沿池长均匀供氧，会出现池首曝气不足而池尾供气过量的现象，增加动力费用；

（4）为避免池子首端由于缺氧而引起厌氧状态，进水有机物负荷不能太高，因此曝气池容积大，占地面积大，基建投资高；

（5）对水质、水量变化的适应性较低，运行效果易受水质、水量变化的影响。

3.6.2　渐减曝气活性污泥法

渐减曝气活性污泥法工艺流程是针对传统活性污泥法有机物浓度和需氧量沿池长减小的特点而改进的。通过合理布置曝气装置，使供气量沿池长逐渐减小，与池内有机污染物浓度变化相适应。这种曝气方式相对于均匀曝气的供气方式更为经济，其工艺流程如图 3.2 所示。

3.6.3　分段进水活性污泥法

分段进水活性污泥法又称为多点进水或多段进水活性污泥法，是针对传统活性污泥法存在的问题而改进的，其工艺流程如图 3.3 所示。

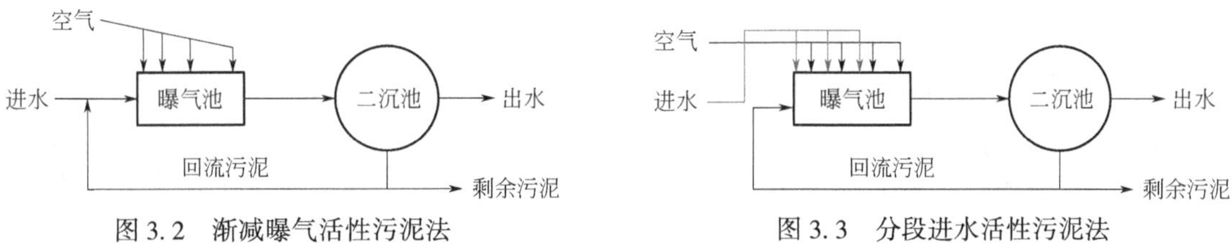

图 3.2　渐减曝气活性污泥法　　图 3.3　分段进水活性污泥法

废水沿池长分多点进入（一般进口为 3~4 个），以均衡池内有机负荷，克服池前段供氧不足，后段供氧过剩的缺点，单位池容积的处理能力提高。同普通曝气法相比，当处理相同废水时，所需池容积可减小 30%，BOD 去除率一般可达 90%。

此外，由于分散进水，废水在池内稀释程度较高，污泥浓度也沿池长降低，从而有利于二次沉淀池的泥水分离。

3.6.4　吸附—再生活性污泥法

吸附—再生活性污泥法又称为生物吸附法或接触稳定法，其主要特点是将活性污泥对有机污染物降解的吸附和代谢稳定两个过程在各自反应器内分别进行，污水和已在再生池经过充分再生，具有很高活性的活性污泥一起进入吸附池，二者充分混合接触 15~60min

后，大部分有机污染物被活性污泥吸附，污水得到净化，其工艺流程如图 3.4 所示。

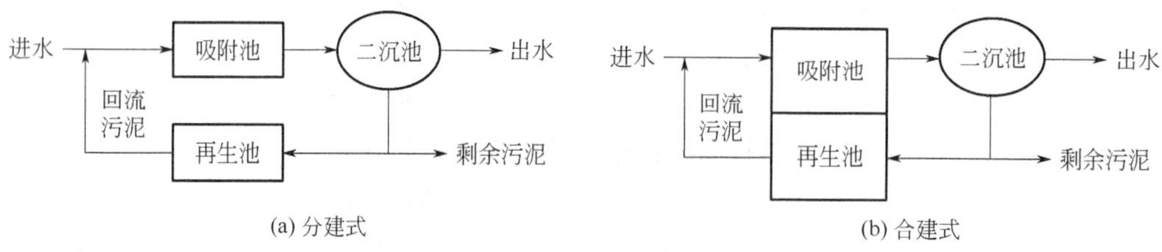

图 3.4　吸附—再生活性污泥法

1. 优点

（1）对呈悬浮胶体状态的有机物去除效果显著，适于处理悬浮性有机物较多的工业废水；

（2）与传统活性污泥法相比，净化构筑物吸附池和再生池容积较小，占地面积少，基建投资少；

（3）吸附—再生活性污泥法需氧量比较均匀，氧利用率较高，能耗较低；

（4）由于吸附—再生活性污泥法回流污泥量大，且大量污泥集中在再生池，当吸附池内活性污泥受到破坏后，可迅速引入再生池污泥予以补救，因此具有一定冲击负荷适应能力。

2. 缺点

（1）与传统活性污泥法相比，出水水质较差；

（2）对溶解性有机物比例较大的工业废水处理效果不好。

3.6.5　完全混合式活性污泥法

完全混合式活性污泥法采用完全混合式曝气池，如图 3.5 所示。废水进入曝气池后与池中原有的混合液充分混合，因此池内混合液的组成 F/M 值、微生物群的量和质是完全均匀一致的。整个过程在污泥增长曲线上的位置仅是一个点，这意味着在曝气池中所有部位的生物反应都是同样的，氧吸收率都是相同的。

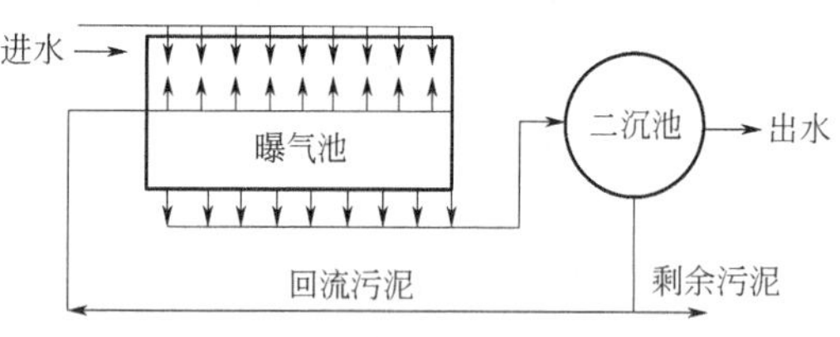

图 3.5　完全混合式活性污泥法

完全混合式曝气池的特点是：

（1）承受冲击负荷的能力强，池内混合液能对废水起稀释作用，对高峰负荷起削弱作用；

（2）全池需氧要求相同，能节省动力；

（3）曝气池和沉淀池可合建，不需要单独设置污泥回流系统，便于运行管理；

（4）完全混合式曝气池的缺点是，连续进水、出水可能造成短路，易引起污泥膨胀。

3.6.6　延时曝气活性污泥法

延时曝气法也称完全氧化法，与普通法相比，由于采用的污泥负荷很低，约 0.05～0.2kgBOD$_5$/（kgMLSS · d），曝气时间长，约 24～48h，因而曝气池容积较大。延时曝气法的特点是：

（1）曝气时间长（24h或更长），有机物氧化较完全，处理效果好（BOD去除率高于90%~95%），但处理单位废水所消耗的空气量较多，能耗高；

（2）微生物生长中存在内源呼吸，剩余污泥量少且稳定性很好，不必进行厌氧消化；

（3）适合于处理较高浓度的废水，但处理水量少；

（4）自动化程度高，管理方便，但基建投资大。

因此，延时曝气法主要适用于处理水质要求高而又不便于污泥处理的小型城镇污水和工业废水。

3.6.7　吸附—生物降解活性污泥法

吸附—生物降解活性污泥法简称AB法，工艺系统一共分为三段，即预处理段、A段和B段（如图3.6所示）。在预处理段只设格栅、沉砂池等简易设备，不设沉淀池；A段由吸附池和中沉池组成，B段则由曝气池和二沉池组成；A段和B段串联运行，污泥独立回流，形成两种各自与其水质和运行条件相适应的完全不同的微生物群落。

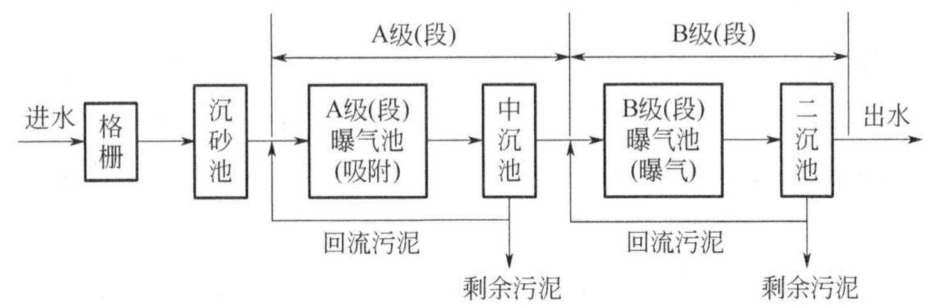

图3.6　吸附—生物降解活性污泥法

由于不设初次沉淀池，A段在直接接受城市排水系统中污水的同时，也接种和充分利用了经偌大的排水系统所优选的原污水中的微生物种群。由于A段负荷较高，能够成活的微生物种群只是抗冲击负荷能力强的原核细菌，而原生动物和后生动物则不能存活。A段对污染物的去除主要依靠活性污泥的吸附作用，这样，某些重金属、难降解有机物和氮、磷等都能通过A段得到一定程度的去除。

B段接受A段的处理水，负荷较低，水质、水量也较稳定，许多原生微生物可以很好地生长繁殖。由于不受负荷的影响，其净化功能得以充分发挥，较传统活性污泥处理系统，曝气池的容积可以减少40%左右。

AB法主要特点是：

（1）A段在很高的负荷下运行，其负荷率通常为普通活性污泥法的50~100倍，污水停留时间只有30~40min，污泥龄仅为0.3~0.5d。污泥负荷较高，真核生物无法生存，只有某些世代短的原核细菌才能适应生存并得以生长繁殖，A段对水质、水量、pH值和有毒物质的冲击负荷有极好的缓冲作用。

（2）A段产生的污泥量较大，约占整个处理系统污泥产量的80%左右，且剩余污泥中的有机物含量高。

（3）B段可在很低的负荷下运行，负荷范围一般为0.15~0.3kgBOD_5/(kgMLSS·d)水力停留时间为2~5h，污泥龄较长，且一般为15~20d。

（4）在B段曝气池中生长的微生物除菌胶团微生物外，有相当数量的高级真核微生物，这些微生物世代期比较长，并适宜在有机物含量比较低的情况下生存和繁殖。

（5）B段不受冲击负荷影响，净化功能得以充分发挥，较传统活性污泥处理系统，曝气池容积可减少40%左右。

（6）A段与B段各自拥有独立的污泥回流系统，相互隔离，保证了各自独立的生物反应过程和不同的微生物生态反应系统，人为地设定了A段和B段的明确分工。

知识拓展

活性污泥法的前世今生

1914年4月3日，英国两个年轻卫生工程师爱德华·阿登（Ardern E.）和威廉·洛克特（Lockett W. T.）在曼彻斯特大酒店举行的化工学会年会上发表了《无需滤池的污水氧化试验》一文，首次提出“活性污泥”的概念，标志着活性污泥法正式诞生，当然，活性污泥法的研究可以追溯到更早。

1. 活性污泥法的诞生阶段

活性污泥法的研究工作最早可以追溯到19世纪80年代，英国化学家史密斯于1882年对污水进行曝气研究，发现在任何情况下对污水进行曝气处理都会将腐败延迟，而且在曝气的情况下更容易产生硝酸盐。1911年，美国劳伦斯试验站的Clark研究生活污水对水体生物的影响，发现随着污水投加量的增加，池内出现沉淀物，并且将沉淀物排出后水就变得清澈。随后Fowler到访劳伦斯试验站并观看了Clark的试验，这让Fowler真正意识到悬浮颗粒的重要性。

1914年，Fowler让其学生Ardern和Lockett重复他在美国看到的实验。将污水装入瓶子曝气，花费了六周才完成硝化过程；随后将上清液排出，保留污泥继续加入污水曝气，硝化作用缩短至三周，继续重复操作直至消化过程缩短至24小时。

2. 活性污泥法的应用和推广

活性污泥法的发展过程见图3.7。20世纪40年代，Gould、Hatfield等人开展了污泥曝气再生的研究；1947年，美国Austin污水厂面临着污水量急增的问题，原有活性污泥工艺难以完成处理任务，进行了吸附—再生工艺的中试及应用研究；1959年，Zablatsky等人明确提出了接触稳定（contact stabilization）的概念。

1953年，荷兰公共卫生工程研究协会的Pasveer研究所提出了氧化沟工艺“帕斯维尔沟”，用于处理小区污水。

1914年，Arden和Lockett发明的活性污泥法最初采用充—排式操作，为SBR雏形。但因操作烦琐并未获得重视；20世纪70年代末，美国的Irvine和澳大利亚Goronszy重新开展了对序批式活性污泥法的研究后，人们才得以重新认识到SBR的优势。

1976年，德国Bohnke教授开发了AB工艺。该工艺在传统两段法的基础上进一步提高了第一段的污泥负荷，以高负荷、短泥龄的方式运行，而B段则与普通的活性污泥法相似。

深井曝气工艺源自英国帝国化学工业公司利用甲醇作为原料来合成生产单细胞蛋白的

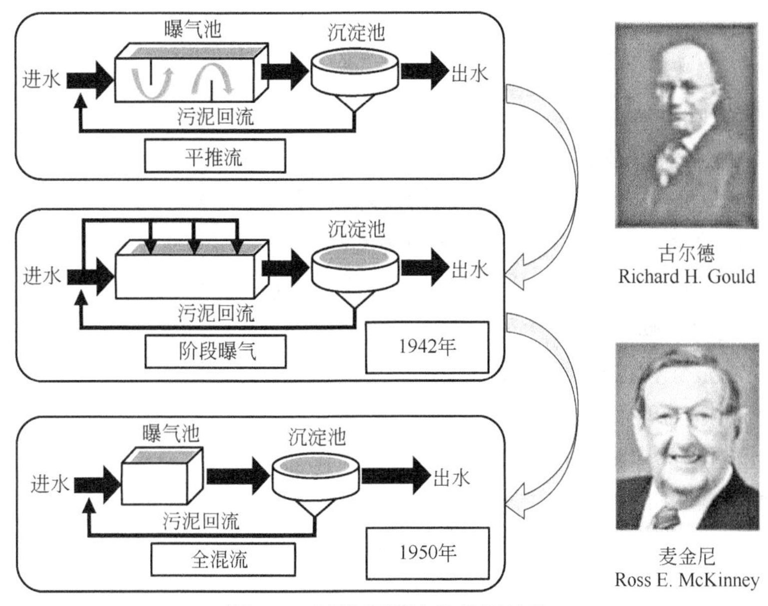

图 3.7　活性污泥法的发展过程

研究，该研究需要极高的生物密度，为了解决溶解氧的问题，该公司设计了深井曝气装置。1949 年，Okun 开展了纯氧曝气应用于活性污泥系统的研究，1970 年纯氧曝气才得到了商业化应用。

3. 活性污泥法的今天

厌氧氨氧化的发现——20 世纪 80 年代末至 90 年代初，Deflt 理工大学 Kuenen 教授指导的学生 Mulder 在运行一个三级反应器系统时，观察到第二级流化床反应器中氮“不明去向”的大量消失，用常规知识无法解释其实验现象。结合 1977 年奥地利理论化学家 Broda 的化学热力学预测，在国际上首次发现了 anammox（厌氧氨氧化）现象，由 Jetten 为主开始进行相关的基础研究，并由 Van Loosdrecht 拓展到工程应用领域，进入 21 世纪后，中国在厌氧氨氧化领域的研究和应用已经世界领先。

好氧颗粒污泥的发现——日本学者 Mishima&Nakamura 利用连续流好氧升流式污泥床反应器第一次培养出了好氧颗粒污泥。

翻看史册，诞生百年的工艺并不少见，然而，历经百年却一直占据行业主导地位的，却屈指可数。在这里，活性污泥做到了。我们不禁要问：活性污泥法何以历经百年沧桑而不衰？“百年老字号”的传承背后，又意味着什么？

有人说，因为简单。简单设计，简单运行，即可完成污水处理基本功能。而简单意味着可靠，意味着可以普及。活性污泥法凭借其简单、粗放、混沌的特质，爆发出了强大的生命力和适应力。

有人说，道法自然。活性污泥法的诞生，便是带领人类突破禁锢，在自然里寻找到了污水处理事业咫尺之外的自由。而同时，它又是人类对于自然生态规律的一种自觉应用，道法自然，却不只是简单的模仿自然，而是将人的主观能动性对客观规律的反作用发挥得淋漓尽致。

巩固与提高

一、单选题

1. 下列哪个不是传统活性污泥法的特点？（　　）

A. 占地面积大　　　　B. 有机物去除率高

C. 剩余污泥量大　　　D. 氧气利用率高

2. 下列哪个不是完全混合式活性污泥法的特点？（　　）

A. 容易发生污泥膨胀现象

B. 对水质水量变化的适应性强

C. 容易出现短流现象

D. 曝气池内溶解氧浓度呈现梯度变化

二、判断题

1. 吸附—再生法对有机物的去除效率高于传统活性污泥法。（　　）

2. 延时曝气活性污泥法的出水水质较好。（　　）

3. 渐减曝气活性污泥法对氧气的利用率较低。（　　）

4. 延时曝气活性污泥法占地面积较小、能耗较低。（　　）

三、讨论题

传统活性污泥法和完全混合式活性污泥法两种活性污泥运行方式，哪种更适宜于水质水量波动较大的污水的处理？

任务 3.7　探究活性污泥法的运行方式（二）——SBR 工艺

学习目标

1. 知识目标

（1）掌握 SBR 工艺的概念、原理和运行工序；

（2）熟悉 SBR 工艺的特点。

视频 20　探究活性污泥法的运行方式（二）——SBR 工艺

2. 技能目标

能对 SBR 工艺的 5 个运行工序进行控制与管理。

3. 素质目标

（1）培养学生的独立思考能力；

（2）引导学生树立科学的生态文明观；

（3）培养学生对中华传统文化的认同感和文化自信。

思政情境

SBR 工艺的 5 道工序，与泡茶的过程有异曲同工之妙。说到泡茶，大家都不陌生。

中国是茶的故乡，中华茶文化源远流长，博大精深。其中，潮州工夫茶作为中国茶道的代表入选国家级非物质文化遗产。作为中国人，我们都有责任保护和弘扬茶文化。那么， SBR 工艺的工序与泡茶有何相似之处呢？首先，我们需要深入了解一下 SBR 工艺。

相关知识

SBR（序批式活性污泥法）是一种间歇式活性污泥污水处理工艺，广泛应用于市政污水和工业废水处理。其核心特点是所有处理步骤在同一个反应器内按时间顺序进行，操作灵活，适应性强。SBR 最早出现在 20 世纪初，但直到 20 世纪 70 年代才因自动化技术进步而广泛应用。SBR 工艺经过多年发展，衍生出多种改进形式，主要包括 ICEAS（连续进水周期循环延时曝气活性污泥法）、CASS（循环活性污泥法）以及 MSBR（改良式序批式活性污泥法）。本任务主要对 SBR、ICEAS 和 CASS 进行介绍。

3.7.1　序批式活性污泥法

序批式活性污泥法又称间歇式活性污泥法，简称 SBR，它是一种按间歇曝气方式来运行的活性污泥污水处理技术。它的主要特征是在运行上的有序和间歇操作。SBR 技术的核心是 SBR 反应池，该池集均化、初沉、生物降解、二沉等功能于一池，无污泥回流系统，尤其适用于间歇排放和流量变化较大的场合。由于这种方法在技术上具有某些独特的优越性，以及曝气池混合液溶解氧浓度、pH、电导率、氧化还原电位（ORP）等都能通过自动检测仪表做到自动控制操作，使本工艺在污水处理领域得到较为广泛的应用。

1. SBR 工艺的基本流程

SBR 工艺由按一定时间顺序间歇操作运行的反应器组成。SBR 工艺的一个完整的操作过程，即每个间歇反应器在处理废水时的操作过程包括如下 5 个阶段：（1）进水期；（2）反应期；（3）沉淀期；（4）排水排泥期；（5）闲置期，如图 3.8 所示。SBR 的运行工况以间歇操作为特征，其中自进水、反应、沉淀、排水排泥至闲置期结束为一个运行周期。在一个运行周期中，各个阶段的运行时间、反应器内混合液体积的变化及运行状态等都可以根据具体污水的性质、出水水质及运行功能要求等灵活掌握。

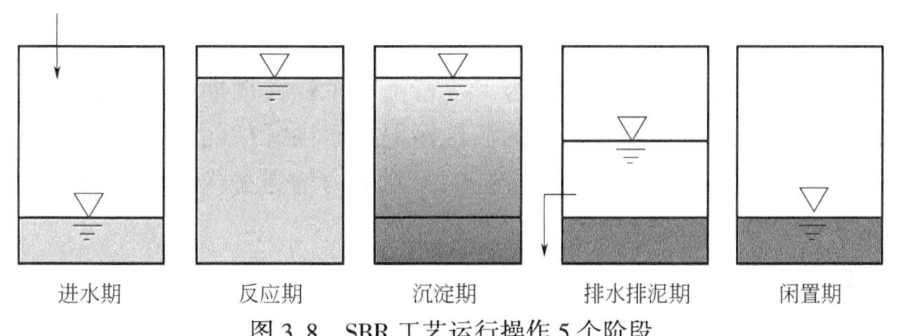

图 3.8　SBR 工艺运行操作 5 个阶段

1）进水期

进水期是反应池接纳污水的过程。由于充水开始是上个周期的闲置期，所以此时反应器中剩有高浓度的活性污泥混合液，这也就相当于活性污泥法中的污泥回流作用。

SBR工艺间歇进水，即在每个运行周期之初在一个较短时间内将污水投入反应器，待污水到达一定位置停止进水后进行下一步操作。因此，充水期的SBR池相当于一个调节池，故对水质水量波动有一定适应性。这个工序相当于向装有茶叶的茶壶中注水的过程。

SBR充水过程，不仅水位提高，而且进行着重要的生化反应，充水过程中逐步完成吸附、氧化作用。可以根据其他工艺上的要求，配合进行其他的操作：如充水期间可进行预曝气，使活性污泥再生，恢复活性；也可以根据需要，如脱氮、释放磷等进行缓速搅拌；还可以根据限值曝气的要求，不进行其他技术措施而单纯注水。

2）反应期

污水注入达到预定的容积后，即可开始反应操作。反应工序相当于茶叶与开水进行相互作用的阶段。在反应阶段，根据污水处理的目的，如BOD_5的去除、硝化和磷的吸收，采取曝气措施；若要脱氮，则采取缓速搅拌。反应器相应地形成厌氧—缺氧—好氧的交替过程。反应工序后期，进行短暂的微曝气，吹脱附着在污泥上的氮气。

虽然SBR反应器内的混合液呈完全混合状态，但在时间序列上是一个理想的推流式反应器装置。SBR反应器的浓度阶梯是按时间序列变化的，能提高处理效率，抗冲击负荷，防止污泥膨胀。

3）沉淀期

SBR工艺的沉淀期相当于泡茶时茶叶与水充分作用后在重力作用下与水分离的过程，此时SBR池相当于传统活性污泥法中的二次沉淀池，停止曝气搅拌后，污泥絮体靠重力沉降和上清液分离。

SBR池本身作为沉淀池，避免了泥水混合液流经管道，也避免了使刚刚形成絮体的活性污泥破碎。此外，SBR活性污泥是在静止时沉降而不是在一定流速下沉降的，所以受干扰小，沉降时间短，效率高。沉淀时间和二沉池相同，一般为1.5~2h。

4）排水排泥期

经沉淀后的上层清液，作为处理水排放至最低水位，该工序相当于将泡好的茶叶水从茶壶中倒出的过程。反应池底部沉淀的活性污泥大部分为下周期回流使用，过剩污泥进行排放，一般这部分污泥仅占总污泥的30%左右，污水排出，进入下道工序。

5）闲置期

上清液排放后，反应器处于停滞状态，等待下一个操作周期。在此期间，应轻微或间断的曝气，避免污泥的腐化。经过闲置的活性污泥处于内源代谢阶段，当进入下个运行周期的流入工序时，活性污泥就可以发挥较强的吸附能力增强去除作用。闲置期的长短应根据污水的性质和处理要求而定。

2. SBR工艺的特点

SBR工艺作为废水处理方法具有下述主要特点：

1）工艺流程简单、基建与运行费用低

SBR系统的主体工艺设备是一座间歇式曝气池，与传统的连续流系统相比，无须二沉池和污泥回流设备，一般也不需调节池。许多情况下，还可省去初沉池。因此SBR系统的基建费用往往较低。

采用SBR工艺处理小城镇污水比用传统连续流活性污泥法节省基建投资30%以上。SBR法无须污泥回流设备，节省设备费和常规运行费用。此外，SBR工艺反应效率高，达到同样出水水质所需曝气时间较短。反应初期溶解氧浓度低，氧转移效率高，节省曝气费用。

2）生化反应推动力大、速率快、效率高

SBR工艺反应器中底物浓度在时间上是一理想推流过程，底物浓度梯度大，生化反应推动力大，克服了连续流完全混合式曝气池中底物浓度梯度低，反应推动力小和推流式曝气池中水流反混严重，实际上接近完全混合流态。

3）*SVI*值较低，污泥易沉淀，有效防止污泥膨胀

SBR工艺底物浓度梯度大，反应初期底物浓度较高，有利于絮体细菌增殖并占优势，可抑制专性好氧丝状菌的过分增殖。此外，SBR法中好氧、缺氧状态交替出现，也可抑制丝状菌生长。

4）操作灵活多样

SBR工艺不仅工艺流程简单，而且根据水质、水量的变化，通过各种控制手段，以各种方式灵活运行，如改变进水方式、调整运行顺序、改变曝气强度及周期内各阶段分配比等来实现不同的功能。

例如在反应阶段采用好氧、缺氧交替状态来脱氮、除磷，而不必像连续流系统建造专门的A/O、A/A/O工艺。

5）沉淀效果好

沉淀过程中没有进出水水流的干扰，可避免短流和异重流的出现，是理想的静止沉淀，固液分离效果好，具有污泥浓度高、沉淀时间短、出水悬浮物浓度低等优点。

3.7.2　连续进水周期循环延时曝气活性污泥法（ICEAS）

周期循环延时曝气活性污泥法简称ICEAS。ICEAS反应池构造如图3.9所示，其最大的特点就是在反应器的进水端增加了一个预反应区，运行方式为连续进水（沉淀期、排水期仍连续进水）、间歇排水，无明显的反应阶段和闲置阶段。污水从预反应区以很低的流速进入主反应区，对主反应区的泥水分离不会产生明显影响。

ICEAS的运行方式为：将SBR反应池沿长度方向分为两个部分，前部为预反应区，后部为主反应区。预反应区可起调节水流的作用，主反应区是曝气沉淀的主体。ICEAS是连续进水工艺，不但在反应阶段进水，在沉淀和滗水阶段也进水。污水进入预反应区后，通过隔墙底部的连接口以平流流态进入主反应池，在主反应池中进行间歇曝气和沉淀、滗水，成为连续进水、间歇出水的SBR反应池，使配水大大简化，运行也更加灵活。

ICEAS工艺中各操作单元的作用为：

（1）曝气阶段：由曝气系统向反应池内间歇供氧，此时有机物经微生物作用被生物氧化，同时污水中的氨氮经微生物硝化、反硝化作用，达到脱氮的效果。

（2）沉淀阶段：此时停止向反应池内供氧，活性污泥在静止状态下降，实现泥水分离。

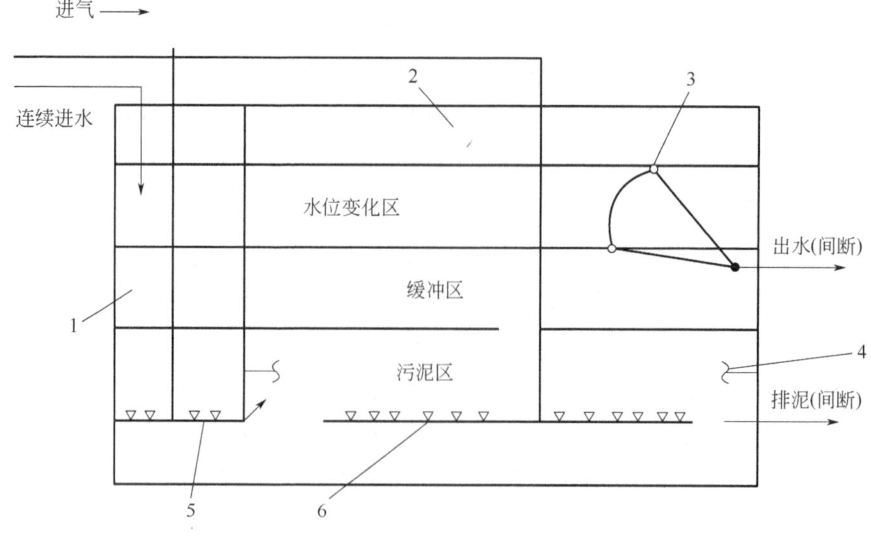

图 3.9　ICEAS 反应池构造

1—预反应区；2—主反应区；3—滗水器；4—水下搅拌器；5—大气泡扩散器；6—微孔曝气器

（3）滗水阶段：在污泥沉淀到一定深度后，滗水器系统开始工作，排出反应池内上清液。在滗水过程中，由于污泥沉降于池底，浓度较大，可根据需要启动污泥泵将剩余污泥，排至污泥池中，以保持反应器内一定的活性污泥浓度。滗水结束后，又进入下一个新的周期，开始曝气，周而复始，完成对污水的处理。

3.7.3　循环活性污泥法（CASS）

CASS 工艺是 SBR 工艺的一种变形，池体内用隔墙隔出生物选择区、兼性区和主反应区三个区域，三个区域的体积比大致为 1：2：20，混合液由第三区回流到第一区，回流比一般为 20%，在第一区内活性污泥与进入的新鲜污水混合、接触，创造微生物种群在高浓度、高负荷环境下竞争生存的条件，从而选择出适合该系统的独特的微生物种群，并有效抑制丝状菌的过分增殖，避免污泥膨胀现象的发生，提高系统的稳定性。

生物选择区在高污泥浓度和新鲜进水条件下具有释放磷的作用，兼性区可以进一步促进磷的释放和反硝化，如果要求系统达到一定的脱氮除磷目的，主反应区需对应进行缺氧、厌氧和好氧环境设计，系统的反硝化反应除了在兼性区进行外，在沉淀和滗水阶段的污泥层中也观察到很高的水平，同时还可以控制好氧阶段的溶解氧水平实现同步硝化/反硝化。

知识拓展

SBR 工艺高效脱氮及深度除磷工程示范（昆明市某污水处理厂）

SBR 高效脱氮技术工程示范建设地点为昆明市某水质净化厂新厂区。该厂位于昆明老运粮河的下游，紧靠滇池，设计处理水量 $21\times10^4 m^3/d$，处理后的尾水约 $5\times10^4 m^3/d$ 用于大观公园和大观河的清水回补，剩余 $16\times10^4m^3/d$ 尾水排入新、老运粮河最终流入滇池内海。其中一期工程设计处理能力 $15\times10^4m^3/d$，二期设计处理能力 $6\times10^4m^3/d$，主体工艺均采用 ICEAS 工艺。关键技术及装备产品名称为：滇池流域 SBR 优化调控与节能降耗技术、化学除磷前馈—反馈精准投药技术针对昆明某水质净化厂 SBR 工艺有机碳源利用和脱氮效率低、运行模式不合理等问题，对原有工艺运行关键问题解析，研发了基于优化运行的控制模式，通过间歇进水强化碳源利用率，充分发挥预反应区功能，提高硝化反硝化效率的改良 SBR 高效脱氮技术，进而提出 SBR 工艺升级改造方案，并完成了昆明某水质净化厂规模为 $6\times10^4t/d$ 的 SBR 工艺示范工程建设和运行。

示范工程运行阶段，根据第三方监测数据，改造后示范工程运行期间（2017 年 10 月至 2018 年 4 月），平均进水 *TN* 浓度为 26.63mg/L，平均出水 *TN* 浓度为 7.72mg/L，稳定低于 10mg/L。实现稳定达到《城镇污水处理厂污染物排放标准》（GB 18918—2002）的一级 A 标准基础上进一步提高出水水质。

运行维护基于自控系统灵活调控的间歇进水模式和污泥回流系统，日常操作、维护和检修较为方便，在一定进水水质波动范围内处理效果稳定。

工程智能化情况较好。通过自动控制系统控制现有的进水电动闸阀以实现间歇进水；进水阶段为搅拌、沉淀和滗水阶段，打开电动阀；曝气阶段不进水，电动阀自动关闭。原水依次经过细格栅和曝气沉砂池后通过明渠配水均匀流入各 SBR 反应池；由自动控制系统控制各组反应池的电动闸阀启停，实现各池曝气阶段停止进水，搅拌、沉淀和滗水阶段持续进水。

巩固与提高

一、单选题

1. 下列 SBR 工艺的工序中，哪个工序在运行时可以根据情况省略？（　　）

A. 进水期　B. 反应期　C. 沉淀期　D. 排水排泥期　E. 闲置期

2. 下列哪一项不属于 ICEAS 工艺改进的地方？（　　）

A. 在进水端增加了预反应区　B. 连续进水、间歇排水

C. 无明显的反应阶段和闲置阶段　D. 增加了生物选择区

3. 下列哪道工序不属于 SBR 工艺的运行周期？（　　）

A. 进水期　B. 反应期　C. 沉淀期　D. 污泥回流　E. 闲置期

二、判断题

1. SBR 工艺是连续式的活性污泥法。（　　）

2. SBR 工艺具有操作灵活的特点。（　　）

3. SBR 工艺的反应工序只能进行曝气操作。（　　）

4. SBR 工艺泥水分离的效果不如传统的活性污泥法。（　　）

三、讨论题

SBR 工艺的改良工艺 CASS 工艺与传统 SBR 相比有何优点？

任务 3.8 探究活性污泥法的运行方式（三）——氧化沟

学习目标

视频 21 探究活性污泥法运行方式（三）——氧化沟

1. 知识目标

（1）掌握氧化沟的特点；

（2）掌握氧化沟的形式。

2. 技能目标

（1）能根据工程需要选择合适的氧化沟形式；

（2）对氧化沟工艺进行运行控制。

3. 素质目标

（1）培养学生的独立思维和创新意识；

（2）引导学生树立坚定的环境保护意识。

思政情境

技术创新永无止境，对于环保领域而言，任何污染的解决方案都不是最优解，总会有新的技术问世，从而不断促进行业的发展与社会的进步。正如污水处理氧化沟工艺的发展历程，自从 1954 年 Pasveer 氧化沟出现以来，国内外的研究者们不断结合实践应用提出了许多新的概念和设计方法，从而更好地适应每个阶段的污水处理需求。由于技术的创新，氧化沟技术在污水处理领域的应用经久不衰，目前，氧化沟工艺因其经济简便的突出优势已经成为我国中小型城市污水厂的首选工艺，且有进一步研究、发展和应用的前景。

相关知识

3.8.1 氧化沟简介

氧化沟是一种活性污泥处理系统，其中，曝气池呈封闭的沟渠型，所以它在水力流态上不同于传统的活性污泥法，而是一种首尾相连、呈循环流动状态曝气沟渠。氧化沟作为传统活性污泥法的变形工艺，由于污水和活性污泥混合液在渠内呈循环流动状态，因此被称为氧化沟，又称为环形曝气池，如图 3.10 和 3.11 所示。氧化沟一般由沟体、曝气设备、进出水装置、导流和混合设备组成，沟体的平面形状一般呈环形，也可以是长方形、L 形、圆形或其他形状，沟端面形状多为矩形和梯形。氧化沟采用表面曝气器（横轴式转刷曝气器或竖轴式叶轮曝气器）作为它的主体曝气设备，出水还需要设置二沉池进行泥水分离，二沉池浓缩后的污泥需要回流进入氧化沟。

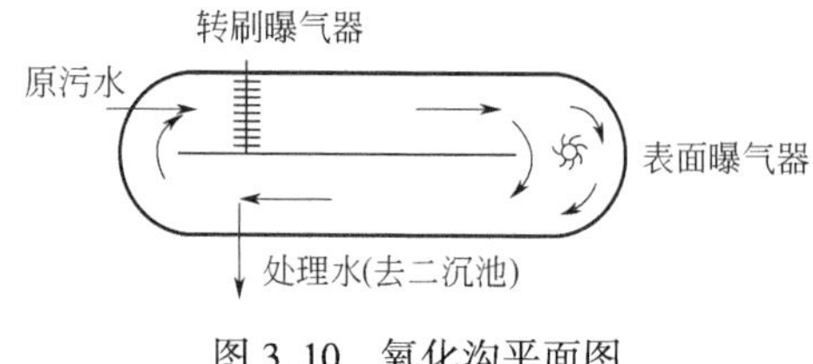

图 3.10 氧化沟平面图

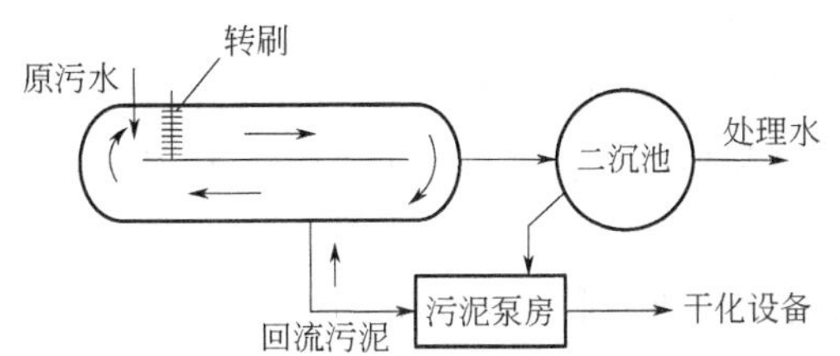

图 3.11　以氧化沟为生物处理单元的污水处理流程

3.8.2　氧化沟的类型

氧化沟自创造以来，以其优良的处理能力、简便的维护管理博得世人的瞩目，现已发展为 2 种组合形式（与沉淀池分建式或合建式）、3 种工作模式（交替式、半交替式和连续式）、20 多种类型。目前，较为常用的氧化沟类型有卡鲁塞尔（Carrousel）氧化沟、奥贝尔（Orbal）氧化沟和交替工作氧化沟。

1. 卡鲁塞尔（Carrousel）氧化沟

卡鲁塞尔氧化沟为多沟串联系统，其特点是表面曝气器设置于每组沟的端头，在系统中形成富氧、低氧区，有利于生物脱氮，如图 3.12 所示。由于倒伞形立式表曝机搅拌能力强、传氧效率高、设备数量少且易于管理和维护，所以节能效果显著。因此，Carrousel 氧化沟适用于处理规模较大的污水处理厂，在所有氧化沟处理工艺中应用最为广泛，是目前世界上最流行的氧化沟系统。

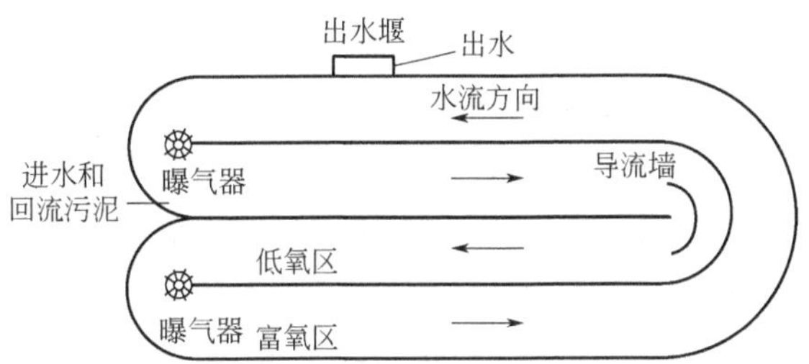

图 3.12　卡鲁塞尔氧化沟平面示意图

图 3.13 为六廊道并且采用垂直安装的低速表面曝气器的卡鲁塞尔氧化沟系统，每组沟渠的转弯处安装一台表面曝气器，靠近曝气器下游为富氧区，而曝气器上游则为低氧区，外环还可能成为缺氧区，这样，在氧化沟内能够形成生物脱氮的环境。

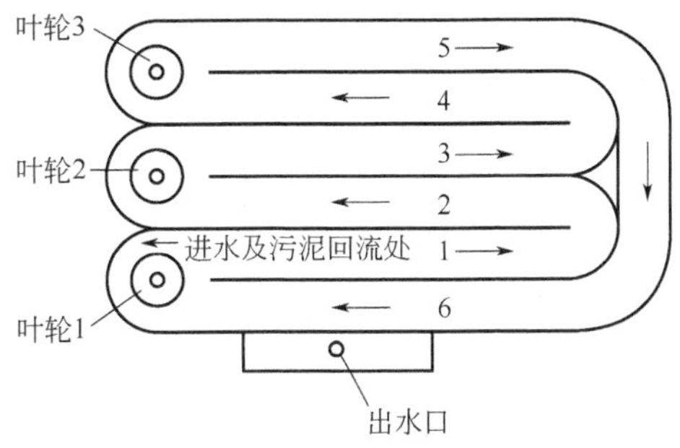

图 3.13　六廊道并采用垂直安装的低速表面曝气器的卡鲁塞尔氧化沟系统

2. 奥贝尔（Orbal）氧化沟

奥贝尔氧化沟是一种多级氧化沟，采用多孔曝气转盘进行传氧和混合。Orbal 氧化沟采用转碟替代转刷进行充氧和推动水流，可通过调整转碟片数和转速调节充氧能力，使其更为灵活。

典型的 Orbal 氧化沟由 3 个椭圆形沟渠构成，如图 3. 14 所示。污水先引入外沟，在其中不断循环的同时，依次引入下一个沟渠，最后从内沟排水。奥贝尔氧化沟最外层的容积最大，约为总容积的 60%～70%，第二渠约为 20%～30%，第三渠则仅占总容积的 10%左右。

在运行时，应保持外、中、内 3 层沟渠混合液的溶解氧分别为 0mg/L、1mg/L、2mg/L，这样有利于提高充氧效果，又有可能使沟渠具有脱氮除磷功能。

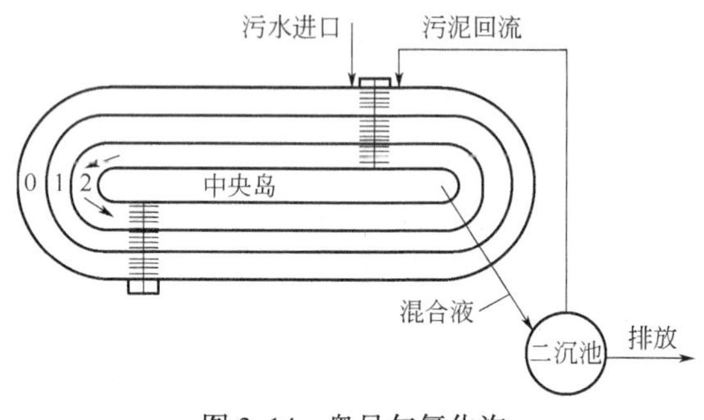

图 3. 14　奥贝尔氧化沟

3. 交替工作氧化沟

交替工作氧化沟是指在一沟或多沟中按时间顺序对氧化沟的曝气操作和沉淀操作作出调整换位，以取得最佳的或要求的处理效果。其特点是氧化沟曝气、沉淀交替轮作，不设二沉池且不需污泥回流装置。主要有 2 池和 3 池交替工作氧化沟系统。

1）2 池交替工作氧化沟

2 池交替运行系统（图 3. 15）一般由池容完全相同的 2 个氧化沟组成，2 池串联运行，交替作为曝气池和沉淀池，通常以 8h 为 1 个工作周期，分 4 个阶段，控制运行工况可以实现硝化和一定的反硝化。该系统出水水质稳定、不需污泥回流装置。但在 2 个池交替作为曝气池和沉淀池的过程中，存在一个过渡轮换期，此时转刷全部停止工作，因此转刷的实际利用率低，仅为 37. 5%。

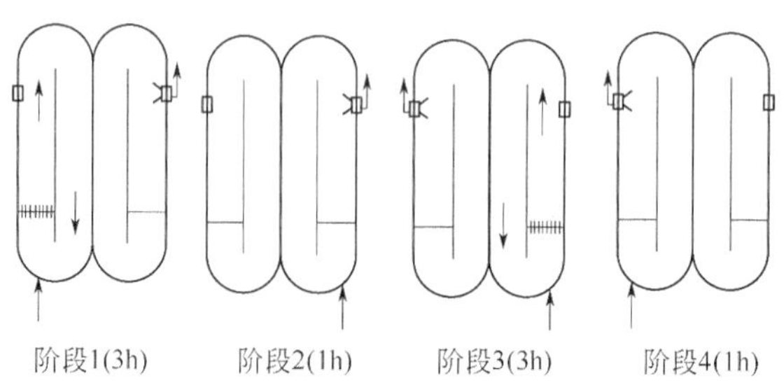

图 3. 15　2 池交替工作氧化沟工作示意图

2）3 池交替工作氧化沟

3 池交替工作氧化沟（图 3.16），由 3 个池容相同的氧化沟组建在一起，3 沟连通，进水交替进入各沟，从两侧的边沟出水，两侧氧化沟起到曝气和沉淀双重作用，中间的氧化沟持续进行曝气，不设二沉池及污泥回流装置，具有去除 BOD_5 及硝化脱氮的功能。3 池交替工作氧化沟可按 6 个或 8 个阶段运行，运行周期一般为 8h。中沟始终作为曝气池使用，侧沟交替作为曝气池和沉淀池使用，提高了转刷的利用率。

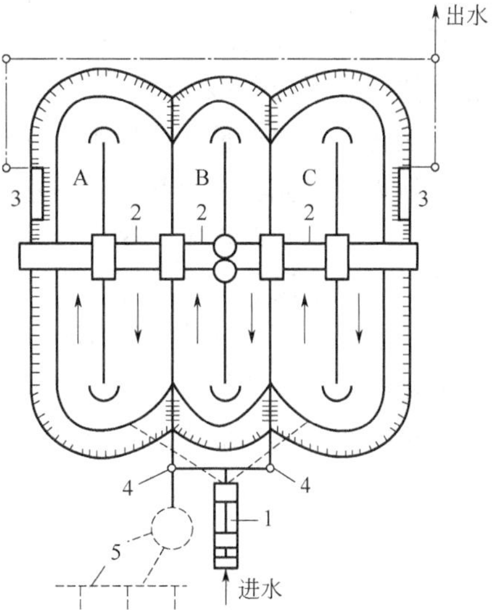

图 3.16　3 池交替工作氧化沟
1—配水井；2—曝气设备；3—出水堰；4—污泥回流泵；5—剩余污泥排放装置

3.8.3　氧化沟的特点

氧化沟工艺是通过一种定向控制的曝气和搅动装置，向混合液传递水平速度，从而使被搅动的混合液在氧化沟封闭渠道内循环流动，具有特殊的水力学流态和独特的优点。

1. 氧化沟工艺的优点

（1）具有推流式和完全混合式的特点，可有力地克服短流和提高缓冲能力。

由于混合液在反应池中循环流动，因此，在短期内（如一个循环）呈推流状态，而在长期内（如多次循环）又呈混合状态。同时，污水在沟内的停留时间较长，这就要求沟内有较大的循环流量（一般是污水进水流量的数倍乃至数十倍），进入沟内的污水立即被大量的循环液混合稀释，因此氧化沟既可杜绝短流又可以提供很大的稀释倍数，从而提高缓冲能力，有很强的耐冲击负荷能力，对不易降解的有机物也有较好的处理能力。

（2）具有明显的溶解氧浓度梯度，有利于形成硝化/反硝化的生物处理条件。

混合液在曝气区内溶解氧浓度较高，然后在循环流动中逐步下降，到下游区溶解氧浓度很低，基本上处于缺氧状态，出现明显的溶解氧浓度梯度，从而形成硝化/反硝化条件，有利于氮的去除，同时还可以通过反硝化很好地补充硝化过程中消耗的碱度。

（3）功率密度不均匀分配有利于氧的传质、液体混合和污泥絮凝。

由于氧化沟曝气设备的不均匀设置，使氧化沟内存在 2 个能量区：一个是设有曝气装置的高能量区，另一个是非曝气区的低能量区。在这两者之间的过渡区，可以认为是能量由高变低的消散过程。高能量区一般具有大于 $100s^{-1}$ 的平均速度梯度（G）；低能量区平均速度梯度通常小于 $30s^{-1}$。

当系统中的 G 值较低时，混合液中的固体就能产生良好的生物絮凝。这样，氧化沟中的非曝气部分就提供了对絮凝有利的条件。氧化沟的处理能力高于其他生物处理系统，主要原因就在于它具有独特的水力混合性能，这种混合作用对于有机碳、氨、硝酸盐和固体的去除均有重要作用。

（4）整体功率密度较低，节省能源。

氧化沟中的曝气装置不是沿沟长均匀分布的，而是集中布置在几处，所以氧化沟可以用比其他系统以低得多的整体功率密度来维持液体流动、固体悬浮和充氧，能量消耗低。另外，氧化沟遵守动量守恒原则，一旦池内混合液被加速到所需流速时，维持循环所需要的水力动力只要克服沿程和弯道的水头损失即可，在循环流动中产生的循环或对流混合能够增强其自身的搅动作用。这样，为了保持使固体悬浮的速度，所需要的单位容积动力就大大低于其他系统。

（5）构造形式多种多样，运行灵活。

氧化沟最根本的特点是曝气池呈封闭的沟渠形，而沟渠的形状和构造则多种多样，沟渠可以呈圆形和椭圆形等，可以是单沟系统或多沟系统。多沟系统可以是互相平行、尺寸相同的一组沟渠，也可以是一组同心的互相连通的环形沟渠，有与二次沉淀池分建的，也有合建的。氧化沟运行的灵活性还表现在可以通过自由改变出水堰的高度调节曝气机的曝气强度，从而达到不同的充氧效果。

（6）工艺流程简单、构筑物少、便于管理。

氧化沟的水力停留时间和污泥龄都比一般生物处理法长，悬浮状有机物可以与溶解性有机物同时得到较彻底的稳定，所以氧化沟不要求设置初沉池。由于氧化沟工艺的污泥龄长、负荷低，排出的剩余污泥已得到高度稳定，剩余污泥量也较少，因此不再需要消化池消化。虽然氧化沟采用的水力停留时间较长，但工艺流程简单，便于操作。

（7）低负荷、长泥龄及水力停留时间长。

这使得氧化沟出水水质好、产泥量少且污泥性质稳定。

2. 氧化沟工艺的缺点

（1）与一些紧凑的污水处理工艺（如 SBR 工艺等）相比，氧化沟占地面积相对较大。

氧化沟是一种延时曝气活性污泥法，负荷低，曝气池的池容大，所需相关设备投资大，应用受到场地、设备等限制。

（2）污泥易沉积。

这是氧化沟工艺的最大问题，主要是由氧化沟的表面曝气方式导致的。由于氧化沟一般都采用表面曝气器，且呈现不均匀分布，这样就产生了不同的能量分区，在低能量区就会因混合液缓慢流，从而容易形成污泥沉积。

（3）易产生浮泥和漂泥等。

在氧化沟工艺中，水力停留时间较长，发生高度的硝化作用，在二沉池中容易发生反硝化作用，产生污泥上浮。同时，氧化沟的负荷低、泥龄长，使氧化沟内活性污泥微生物大多处于内源呼吸状态，污泥老化，老化的污泥絮体易被曝气打碎，从而在二沉池形成漂泥。

（4）氧化沟好氧区和缺氧区的设计还不完善。

目前仍然根据经验计算法或动力学计算法计算出所需好氧和缺氧区的总容积，然后根据曝气设备的数量在单沟中均匀分布。这样，在单沟循环中容易导致好氧区和缺氧区的分布不合理，从而影响脱氮效果。

知识拓展

氧化沟市场应用概况

卡鲁塞尔氧化沟自发明以来在世界各地都有应用，但主要集中在欧洲和美国，以及后来的中国。美国始终是卡鲁塞尔技术开发最活跃和市场推进最迅速的地区，大概平均每年建成 13~20 个卡鲁塞尔氧化沟项目。这里只重点介绍卡鲁塞尔氧化沟在美国和国内的一些情况。

原来的美国 EIMCO 公司（EIMCO Process Equipment Company，EIMCO Water Technology，现已并入 Ovivo 公司）在 2009 年以前是 DHV 公司在北美的独家技术授权公司，并独立进行卡鲁塞尔氧化沟的系统设计和叶轮制造。EIMCO 公司在 1979 年设计建造了北美第一座卡鲁塞尔氧化沟。在随后的技术发展和市场推广中，特别是在双叶轮表曝机的开发以及生物脱磷脱氮的池型改进与设计方面，EIMCO 公司都扮演了技术先锋的角色。2009 年 EIMCO 公司并入 Ovivo 公司以后，Ovivo 仍延续了 EIMCO 与 DHV 的业务关系，继续在北美推进卡鲁塞尔氧化沟技术。Ovivo 现在采用的叶轮称为 Excell®，通常在曝气叶轮下面增加一个同轴低位搅拌推进叶轮，以增加氧化沟的池深，扩大动力输入调节范围，防止污泥沉降。

另外，美国 WesTech 公司（WesTech Engineering Inc.）是荷兰 Landustrie 公司在美国的授权制造公司，在美国本土制造 Landy®系列表曝机，广泛用于污水生物处理系统以及工业曝气方面的特殊应用。

美国卡鲁塞尔氧化沟常见的叶轮过去是 EIMCO 的 Hubert™ 和 WesTech 的 Landy® F，现在是 Ovivo 的 Excell®和 WesTech 的 Landy® 7，应用以市政为主，造纸、石化等行业其次。美国市政污水厂的规模一般都比较小，往往就是一个到几个 MGD（每天百万加仑，1MGD=3785m^3/d），单机装机功率 100hP（75kW）以下的表曝机非常普遍。不过美国也有个别处理量很大的市政和工业项目。例如 2016 年佐治亚州的一个污水厂，单机 200kW 的表曝机一次就用了 20 台。到目前为止，美国采用卡鲁塞尔氧化沟的污水厂已经接近 1000 座。

在国内，广东省中山市于 1996—1997 年间从 EIMCO 公司引进了卡鲁塞尔氧化沟的工艺设计和曝气机。这是中国第一座引进国外技术和设备的卡鲁塞尔氧化沟的项目。该项目处理能力为 10×10^4t/d，采用生物脱磷脱氮沟型，两个处理系列共计六台 150kW 的 Oxyrator®大型立式表曝机，四台 15kW 立轴缺氧搅拌机和六台 3kW 立轴厌氧搅拌机。

天津华北市政工程设计院曾在 1998 年举办过一次规模盛大的氧化沟国际研讨会，这次研讨会为国内大范围推广卡鲁塞尔氧化沟拉开了序幕。在随后的十多年间，国内很多市政污水处理厂利用欧洲政府贷款从 DHV 公司引进了卡鲁塞尔氧化沟成套设备，而其他一些资金渠道不同的市政与工业项目（如世行、亚行、日本海外协理基金 OECF、工业园区招商、海外投资以及自筹资金等）也采购了来自 EIMCO、WesTech、Landustrie 以及 DHV 的卡鲁塞尔氧化沟表曝机。到目前为止国内已建成大约 140 座卡鲁塞尔氧化沟，其中大部分是通过引进或部分引进来建设的，采用的处理流程基本都是生物脱磷脱氮工艺。

在谈到卡鲁塞尔氧化沟在国内的早期应用和发展时，还有两个公司必须提及：上海的海天技术贸易公司和北京的美国 MTI 公司。海天公司最早将荷兰 Landustrie 公司的

Landy™ 系列表曝机引进到中国市场，而 Landy™ 表曝机几乎可以说是这个行业迄今为止动力效率最高、结构设计最优秀的表曝机。MTI 公司在 2003 年为湖南湘潭污水厂（一期 10×10^4t/d）成功引进双叶轮表曝机技术，建成了中国第一个、也是迄今为止唯一的一个采用双叶轮曝气机的卡鲁塞尔氧化沟项目，把卡鲁塞尔氧化沟的技术特点发挥到了极致。

国外卡鲁塞尔氧化沟技术和设备的大批量引进，也为国内的许多环保设备厂商提供了成长和发展的机会。目前国内已有很多厂商和公司通过技术吸收消化或产品测绘，逐步掌握了卡鲁塞尔氧化沟的系统设计和设备制造能力，有的甚至已经把表曝机设备做到了国外。随着国内污水处理市场逐步转向中小城市和农村，相信这些国产设备一定大有作为。

巩固与提高

一、多选题

下列哪些不是氧化沟的特点？（　　）

A. 水力停留时间长　B. 污泥量大　C. 污泥龄长　D. 具有脱氮除磷的功能

E. 对水质水量变化适应能力差

二、判断题

1. 氧化沟属于完全混合式曝气池。（　　）
2. 氧化沟常采用鼓风曝气的形式。（　　）
3. 卡鲁塞尔氧化沟为同心圆式氧化沟。（　　）
4. 卡鲁塞尔氧化沟多采用 4 沟或 6 沟串联。（　　）

三、讨论题

氧化沟和传统活性污泥法相比，剩余污泥量多还是少？为什么？

任务 3.9　探究活性污泥法的运行方式（四）——生物同步脱氮除磷工艺

学习目标

视频 22　探究活性污泥法运行方式（四）——生物同步脱氮除磷工艺

1. 知识目标

（1）掌握 A^2/O 工艺流程及脱氮除磷的原理；

（2）了解 A^2/O 工艺运行中存在的问题；

（3）了解 A^2/O 改良工艺——UCT 工艺。

2. 技能目标

（1）能够根据工程的实际情况选择合适的脱氮除磷工艺；

（2）能对脱氮除磷工艺进行运行控制。

3. 素质目标

（1）培养学生增强对中华传统文化的认同感和文化自信；

（2）培养学生树立正确的生态文明观和保护环境的责任感、使命感；

（3）培养学生树立工程规范意识。

思政情境

在中国古典诗词中，有许多描写“春水”的优美诗句，如唐代诗人欧阳修的“日出江花红胜火，春来江水绿如蓝”，还有宋代词人欧阳修的“西湖春色归，春水绿于染。”然而，从水生态保护的角度看，水真的越绿越好吗？其实不然。实际上，如果出现大面积水体变绿的情况，很可能是由于水体中排入了过量的氮和磷，水体发生富营养化所导致的。那么水中的氮磷，应该如何去除呢？下面来深入了解水体的生物同步脱氮除磷工艺。

相关知识

3.9.1　生物脱氮

1. 生物脱氮基本原理

废水中的氮常以有机氮、氨氮、亚硝酸氮和硝酸氮四种形式存在。在生活污水中，氮的存在形式主要为有机氮和氨态氮，它们均来源于人们食物中的蛋白质。生活污水中有机氮约占总氮的60%，氨氮约占总氮的40%。当污水中的有机物被生物降解氧化时，其中的有机氮被转化为氨氮。

生物脱氮的基本原理就是在将有机氮转化为氨态氮的基础上，先利用好氧段经硝化作用，由硝化细菌和亚硝化细菌的协同作用，将氨氮通过硝化作用转化为亚硝态氮、硝态氮，再在缺氧条件下通过反硝化作用将硝氮转化为氮气，溢出水面释放到大气中，参与自然界氮的循环。水中含氮物质大量减少，降低出水的潜在危险性，达到从废水中脱氮的目的。

1）氨化反应

有机氮化物，在氨化细菌的作用下，分解、转化为氨态氮。以氨基酸为例，其反应式为：

$$RCHNH_2COOH+O_2 \longrightarrow RCOOH+CO_2+NH_3$$

2）硝化反应

硝化反应分两步进行，首先，在亚硝酸菌的作用下，使氨转化为亚硝酸氮，反应式为：

$$NH_4^+ + \frac{3}{2}O_2 \xrightarrow{\text{亚硝酸菌}} NO_2^- + H_2O + 2H^+$$

然后，亚硝酸氮在硝酸菌的作用下，进一步转化为硝酸氮，其反应式为：

$$NO_2^- + \frac{1}{2}O_2 \xrightarrow{\text{硝酸菌}} NO_3^-$$

亚硝酸菌和硝酸菌统称为硝化菌。硝化菌对环境的变化很敏感，为了使硝化反应正常进行，必须保持好氧条件和一定的碱度，并且混合液中的有机物含量不能过高。

3）反硝化反应

在缺氧条件下，由于异养型兼性脱氮菌（反硝化菌）的作用，NO_2^- 和 NO_3^- 还原成 N_2 的过程，称为反硝化。反硝化过程分为两步进行：第一步由硝酸氮转化为亚硝酸氮，第二步由亚硝酸氮转化为氮气。甲醇作碳源为例，其反应式为：

$$6NO_3^- + 2CH_3OH \longrightarrow 6NO_2^- + 2CO_2 + 4H_2O$$

$$6NO_2^- + 3CH_3OH \longrightarrow 3N_2 + 3CO_2 + 3H_2O + 6OH^-$$

反硝化过程要在缺氧条件下进行，溶解氧浓度不能超过 0. 2mg/L，否则反硝化过程就要停止。

2. 常见生物脱氮工艺

生物脱氮技术的开发是在 20 世纪 30 年代发现生物滤床中的硝化、反硝化反应开始的，现对几种典型的生物脱氮工艺进行讨论。

1）三段生物脱氮工艺

1969 年，美国的 Barth 提出三段生物脱氮工艺。该工艺是将有机物氧化、硝化及反硝化段独立开来，每一部分都有其自己的沉淀池和各自独立的污泥回流系统，使除碳、硝化和反硝化在各自的反应器中进行，并分别控制在适宜的条件下运行，处理效率高。

由于反硝化段设置在有机物氧化和硝化段之后，主要靠内源呼吸碳源进行反硝化，效率很低，所以必须在反硝化段投加外加碳源来保证高效稳定的反硝化反应。三段生物脱氮工艺流程如图 3. 17 所示。

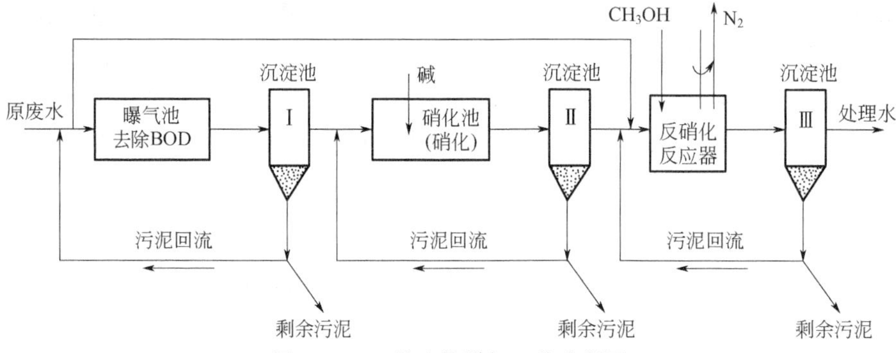

图 3. 17　三段生物脱氮工艺流程图

2）二段生物脱氮工艺（A/O 生物脱氮工艺）

缺氧—好氧生物脱氮工艺流程如图 3. 18 所示，该工艺将缺氧段置于系统前端，其发生反硝化反应产生的碱度能够少量补充硝化反应之需。另外，缺氧池中反硝化反应利用原废水中的有机物为碳源，可以减少补充碳源的投加甚至不加。通过内循环将硝化反应产生的硝态氮转移到缺氧池进行反硝化反应，硝态氮中氧作为电子受体，供给反硝化菌的呼吸作用和生命活动，并完成脱氮工序。在 A/O 生物脱氮工艺中，硝化液回流比对系统的脱氮效果影响很大。若回流比控制过低，则无法提供充足的硝态氮进行反应，使硝化作用不完全，进而影响脱氮效果；若回流比控制过高，则导致硝化液与反硝化菌接触时间减短，从而降低脱氮效率。因此，在实际的运行过程中，需要控制适当的硝化液回流比，使系统脱氮效果达到最佳水平。

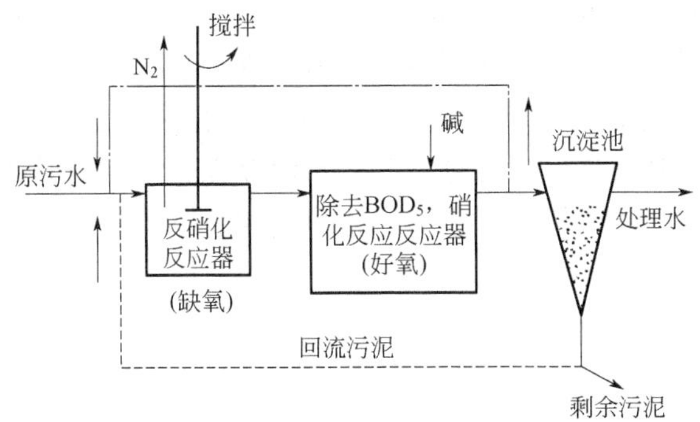

图 3.18　缺氧—好氧（A/O）生物脱氮工艺流程

3.9.2　生物除磷

1. 生物除磷基本原理

磷在自然界以两种状态存在：可溶态或颗粒态。所谓的除磷，就是把水中溶解性磷转化为颗粒性磷，达到磷水分离的目的。污水生物处理中，在厌氧条件下，聚磷菌的生长受到抑制，为了自身的生长便释放出其细胞中的聚磷酸盐，同时产生利用废水中简单的溶解性有机基质所需的能量，该过程被称为磷的释放。进入好氧环境后，聚磷菌活力得到充分恢复，在充分利用基质的同时，从废水中摄取大量溶解态的正磷酸盐，以聚磷的形式储存在体内，将这些摄取大量磷的聚磷菌从废水中去除，即可达到除磷的目的。

2. 生物除磷工艺

1）Phostrip 侧流生物除磷工艺

Phostrip 侧流生物除磷工艺是将生物除磷与化学除磷相结合的工艺。Phostrip 侧流生物除磷工艺是在常规活性污泥工艺的基础上，在回流污泥过程中增设厌氧磷释放池和化学反应沉淀池，将来自常规生物除磷工艺的一部分回流污泥转移到一个厌氧磷释放池，释放池内释放的磷随上层清液流到磷化学反应沉淀池，富磷上层清液中的磷在反应沉淀池内被石灰或其他沉淀剂沉淀，然后进入初沉池或一个单独的絮凝、沉淀池进行固液分离，最终磷以化学沉淀物的形式从系统中去除。其优点是出水总磷浓度低于 1mg/L，而且不太受进水 BOD 的影响。Phostrip 侧流生物除磷工艺流程如图 3.19 所示。

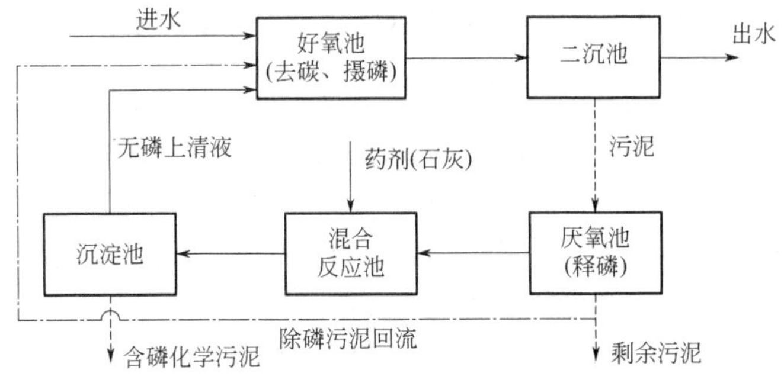

图 3.19　Phostrip 侧流生物除磷工艺流程

2）厌氧/好氧（A/O）生物除磷工艺

厌氧/好氧（A/O）生物除磷工艺是最简单的生物除磷工艺，如图 3. 20 所示。反应池划分为好氧区和厌氧区，进水与回流污泥在厌氧区进水端混合后流经多个反应格串联组成的厌氧区，随后是多个反应格串联组成的好氧区，混合液最后进入二沉池，通过固液分离，污泥从二沉池回流到厌氧区。部分富磷的污泥以废弃污泥的形式从系统中排出，实现磷的去除。其特征是负荷高，泥龄和水力停留时间短。

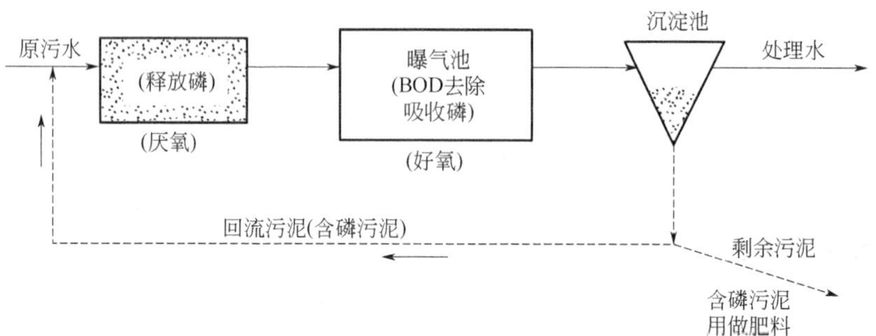

图 3. 20　厌氧/好氧（A/O）生物除磷工艺流程

3. 9. 3　生物同步脱氮除磷工艺

1. 厌氧—缺氧—好氧（A^2/O）工艺

A^2/O 工艺亦称 A-A-O 工艺，是英文 Anaerobic-Anoxic-Oxic 第一个字母的简称（厌氧—缺氧—好氧），是一项能够同时脱氮除磷的污水处理工艺，如图 3. 21 所示。

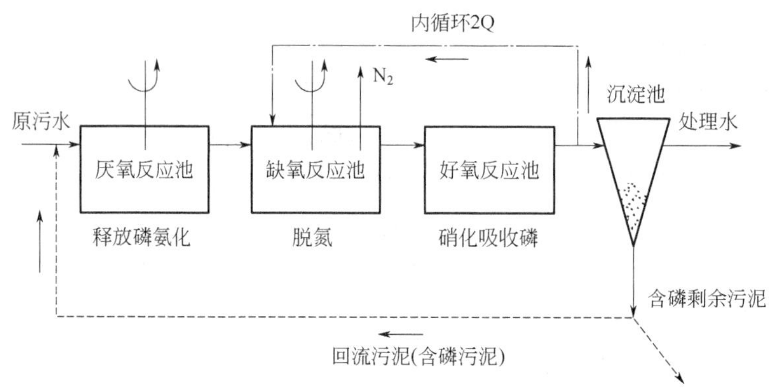

图 3. 21　厌氧—缺氧—好氧（A^2/O）工艺流程

原污水与沉淀回流的含磷污泥同步进入厌氧反应器，在厌氧反应器内释放磷，同时部分有机物进行氧化。污水经过厌氧反应器进入缺氧反应器，在缺氧反应器内，通过内循环由好氧反应器送来的硝态氮进行反硝化脱氮，达到同时去碳和脱氮的目的。脱氮后，混合液从缺氧反应器进入好氧反应器——曝气池，去除 BOD、硝化和吸收磷等反应均在本反应器内进行。A^2/O 工艺总水力停留时间小于其他同类工艺，厌氧、缺氧和好氧三个区严格分开，有利于不同微生物菌群的繁殖生长，因此脱氮除磷效果非常好。可抑制丝状菌繁殖，克服污泥膨胀，对较高浓度和较低浓度均能得到良好的处理效果。

本工艺是最简单的同时脱氮除磷工艺，在厌氧、缺氧、好氧交替运行条件下，丝状菌不能大量繁殖，基本不存在污泥膨胀现象。此外，剩余污泥中含磷浓度较高，具有较高的肥效。

2. UCT 工艺

UCT 工艺是由开普敦大学开发的类似于 A^2/O 的除磷脱氮技术，如图 3.22 所示。但两者的不同点在于 UCT 工艺中二次沉淀池的回流污泥不是进入厌氧池而是回流到缺氧池，再将缺氧池的混合液回流到厌氧池。

UCT 工艺将活性污泥回流到缺氧池，从而消除了 A^2/O 工艺中回流污泥中的硝酸盐对厌氧池的厌氧环境的影响，改善了厌氧池在厌氧过程中充分的释磷的环境，增加了厌氧段对有机物的利用率。缺氧池向厌氧池回流的混合液会有较多的溶解性 BOD，而硝酸盐却很少，缺氧混合液的回流，为厌氧段内进行的发酵等过程提供了最优化的条件。

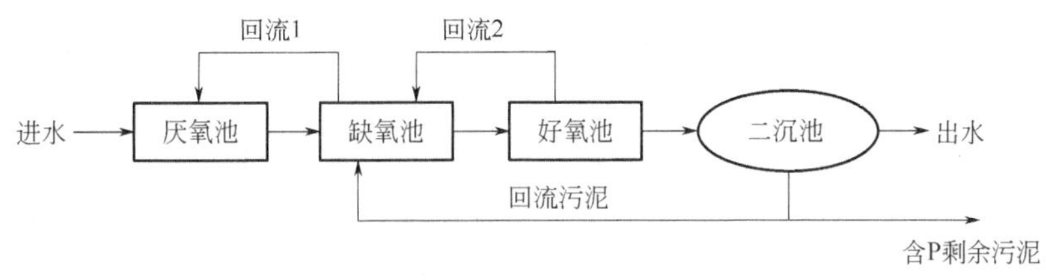

图 3.22　UCT 工艺流程

知识拓展

生物脱氮除磷之父——James Barnard

James Barnard 博士是 2007 年美国 Clarke 水奖和 2011 年新加坡李光耀水奖的获得者。自从 20 世纪 70 年代就开始从事污水处理的研究，Barnard 博士一直参与全球各地再生水厂的设计顾问工作，在探索 BNR 的道路上始终没有停止前进的步伐。其研发的营养物去除工艺在世界很多污水厂得到了应用，被誉为生物脱氮除磷之父。

年轻时 Barnard 的梦想并不是做污水处理的工作，他曾一度想做建筑工作，作为一个从南非农场长大的男孩，他总是对机器的运行充满了好奇。Barnard 这样回忆："在 40 年代后期，我们的农场被征用建了新的开普敦机场，那些用来平整土地的机器令我着迷"。他后来上了斯泰伦布什大学的土木工程，毕业后在建筑行业工作。两年后，他被分配到了约翰内斯堡附近的一个污水处理部门工作。这个工作上偶然的变动使他终身奉献于污水处理工作，并享誉全球。也正是在那个时候，他在约翰内斯堡技术大学学习了一门污水处理方面的课程，并成为英国水研究所的一名成员。

两年之后，Barnard 去了开普敦附近一个叫贝尔维尔的地方，在那里他做一些工业上的水复用工作。当时，南非是非洲最大的粮食生产国，开普敦需要处理非常浓的农业废水，Barnard 把废水进入消化池进行处理，"实际上这就是早期的 UASB"，Barnard 回忆道，"我觉得我找到了工作的方向"。早期的工作令 Barnard 坚定了致力于污水处理方面的工作，他决定进一步学习微生物方面的知识，于是他去了美国范德堡大学主修环境工程，并获得了博士学位。

在60年代末70年代初的时候，富营养化是全球的热点问题，如五大湖地区、切萨皮克湾以及Barnard的家乡约翰内斯堡。“伊利湖的大量藻类暴发，我听到一个人说死海是活的，就活在伊利湖。”Barnard这样回忆，污水处理厂排入大量的营养物引起了富营养化，很多动物在饮用了富含氮磷的湖水后死亡。这种严重的状况很快引起当局对污水氮磷排放控制的讨论。

在美国待了几年之后，Barnard在1971年回到了南非，听到新闻说当地的一个水库正在溢流，他决定去看看。“我看到像绿油漆那样的湖水，脏的像豌豆汤似的湖水顺着坝顶流下来，跌落在下面35米处的岩石上，水库入流的40%～80%的是经过处理的污水。”Barnard这样回忆。这座水库是Roodeplaat大坝水库，汇水范围约684km^2，服务于当地快速增长的茨瓦纳市，这座城市的人口超过了200万。在美国也是如此，看到此情此景，Barnard决心致力于解决藻类引起的富营养化问题。当时，他是南非比勒陀利亚国家水研究中心的研究员。

通过他的研究，Barnard开创了生物脱氮除磷（BNR）技术，包括A/O脱氮工艺、Bardenpho工艺、Phoredox（又叫A^2/O）工艺，相比较过去的方法节省了大量的化学药剂，便宜实用又环保，此后生物脱氮除磷技术迅速传播到美国、欧洲、加拿大、澳大利亚，乃至后来的中国和巴西。历史证明，生物脱氮除磷技术是经济有效且环保实用的技术，对于实现水体的良好水质起到了重要的作用。也正因为如此，污水处理行业的人们都把他称为“脱氮除磷之父”。

继Barnard早期在南非的研究之后，生物脱氮除磷技术不断发展，今天的科学家和工程师们已经能够将生物脱氮除磷技术应用于不同的气候及各种苛刻的环境。Barnard本人亲自参与了世界各地100多个污水处理厂的建设，帮助世界各地解决水污染的问题。在过去的几十年岁月里，Barnard获得了很多奖项，2011年他获得了李光耀水奖，这一奖项是颁发给那些通过技术、政策为解决全球水问题、造福人类的杰出贡献者。李光耀水奖提名委员会主席Tan Gee Paw这样说道：“他孜孜不倦地为解决水环境问题奋斗，他所开创的技术有效地保护了日益珍贵的水资源，奠定了今日世界各地污水生物脱氮除磷的基石”。

正如已故教授Eckenfelder对Barnard的指导那样，Barnard也在指导年轻的一代工程师，他经常讲授生物脱氮除磷的课程并积极参加各种研讨会，在Black&Veatech公司，他的办公室门总是敞开的。

巩固与提高

一、单选题

1. 反硝化反应应在什么条件下进行？（　　）

A. 好氧　　B. 缺氧　　C. 厌氧

2. 下列哪个不属于生物脱氮的过程？（　　）

A. 氨化　　B. 硝化　　C. 反硝化　　D. 水解酸化

二、判断题

1. 生物脱氮过程是完全好氧的过程。（　　）

2. 硝化反应进行时，必须要保证混合液中有充足的有机物。（　　）

3. 聚磷菌在厌氧条件下会从水中吸收磷。（　　）

4. A^2/O 工艺中，生物脱氮和生物除磷的效果不能同时达到最佳。（　　）

三、讨论题

A^2/O 在运行中常见的矛盾问题有哪些？

任务 3.10　熟悉活性污泥法的运行管理方法

学习目标

视频 23　熟悉活性污泥法的运行管理方法——污泥膨胀

1. 知识目标

（1）了解活性污泥法运行过程中常见的异常状况；

（2）掌握污泥膨胀、污泥解体、污泥腐化、泡沫问题等常见异常状况的原因及解决措施。

2. 技能目标

（1）能够正确分析判断活性污泥法运行过程中遇到的异常问题；

（2）能够运用所学理论知识解决活性污泥法运行中出现的异常问题。

3. 素质目标

（1）培养学生吃苦耐劳的劳动精神；

（2）增强学生分析问题、解决问题的能力；

（3）培养学生一丝不苟、爱岗敬业，确保出水达标排放的工匠精神。

思政情境

2020 年 9 月，中国政府明确提出 2030 年实现“碳达峰”、2060 年实现“碳中和”的“双碳”目标。“双碳”目标的提出是中国主动承担应对全球气候变化责任的大国担当，各行各业不断深入推进产业结构和能源结构的调整，助力“双碳”目标的达成。作为水处理行业实现绿色发展的重要环节，污水处理厂能否高质量运行将直接影响到生态环境质量和“双碳”目标的达成。如何确保污水处理厂正常运行、达标排放呢？本节内容将全面介绍活性污泥法的运行管理方法。

3.10.1　活性污泥的培养驯化

在处理系统工程验收后准备投产运行时，运行管理人员要熟悉处理设备的构造和功能，深入掌握设计内容与设计意图，还要对运行中的活性污泥进行培养和驯化。

活性污泥有多种培养方法，但不同的方法所要求的培养时间不同，操作量及培养费不同。实践中，应根据废水水质、气候、实际允许的条件等因素来选择一种方法或几种方法并用。

1. 自然培养法

自然培养法也称直接培养法，它是利用污水中原有的少量微生物，逐步繁殖的培养过

程。城市污水和一些营养成分较全、毒性小的工业污水，如食品厂、肉类加工厂污水，可以考虑这种培养方法。由于自然培菌法是用污水直接培养活性污泥，其培菌过程也是微生物逐步适应污水性质并获得驯化的过程，培养时间相对较长。自然培菌又可分为间歇培养和连续培养两种。

1）间歇培养法

将曝气池注满污水，然后停止进水，开始曝气。只曝气而不进水称为“闷曝”。闷曝2~3d后，停止曝气，静沉1h，排走部分上清液，然后进入部分新鲜污水，这部分污水约占池容的1/5即可，以后循环进行闷曝、静沉和进水三个过程，但每次进水量应比上次有所增加，每次闷曝时间应比上次缩短，即进水次数增加。当污水的温度为15~20℃时，采用该种方法，经过15d左右即可使曝气池中的*MLSS*超过1000mg/L。此时可停止闷曝，连续进水、连续曝气，并开始污泥回流。最初的回流比不要太大，可取25%，随着*MLSS*的升高，逐渐将回流比增至设计值。

2）连续培养法

连续培养法又分为低负荷连续培养法和满负荷连续培养法。

① 低负荷连续培养法：将曝气池注满污水，停止进水，闷曝1d。然后连续进水，连续曝气，进水量控制在设计水量的1/2或者更低。待絮体出现时开始回流，回流比取25%，至*MLSS*超过1000mg/L时，开始按设计流量进水，*MLSS*至设计值时，开始以设计回流比回流，并开始排放剩余污泥。

② 满负荷连续培养法：将曝气生物反应池注满污水，停止进水，闷曝1d。然后按设计流量连续进水，连续曝气，待污泥絮体形成后，开始回流，*MLSS*至设计值时，开始排放剩余污泥。

2. 接种培养法

接种培养法的培养时间较短，是常用的活性污泥培菌方法，适用于大部分工业污水处理厂。城市污水厂如附近有种泥，也可采用此法，以缩短培养时间。接种培养法常用的有浓缩污泥接种培菌、干污泥接种培菌。

3. 浓缩污泥接种培养法

浓缩污泥接种培养法采用污水处理厂的浓缩污泥作菌种（种泥或种污泥）来培养。城市污水和营养齐全、毒性低的工业污水处理系统的活性污泥培养，可直接在所要处理的污水中加入种泥进行曝气，直至污泥转棕黄色时就可连续进污水（进水量应逐渐增加），此时沉淀池也投入运行，让污泥在系统内循环。为了加快培养进程，可在培养过程中投加粪便或其他营养物，活性污泥浓度达到工艺要求值即完成了培菌过程。

对有毒工业污水进行培菌时，可先向曝气池引入自来水，然后投入种污泥和粪便进行曝气，直至污泥呈棕黄色后停止曝气，让污泥沉降并排掉一部分上清液，再次补充一定量的粪便继续曝气，待污泥量明显增加后，逐步提高污水流量。到培菌的后期，污泥中微生物就能较好地适应工业污水。

4. 干污泥接种培养法

干污泥通常是指经过脱水机脱水后的滤饼，其含水率约为70%~80%。干污泥接种培菌的过程与浓缩污泥培菌法基本相同。接种污泥要先用刚脱水不久的新鲜滤饼，投加至曝气池前需加少量水并捣成泥浆。干污泥的投加量一般为池容积的2%~5%。干污泥中可能含有一定浓度的化学药剂（用于污泥调理），如药剂含量过高、毒性较大，则不宜用作为培菌的种泥。鉴定污泥能否作接种用，可将少量泥块捣碎后放入小容器（如烧杯或塑料桶）内加水曝气，经过一段时间后如果泥色能转黄，就可用于接种。

5. 活性污泥培养注意事项

在活性污泥培养过程中应注意下列问题：

（1）为提高培养速度，缩短培养时间，应在进水中增加营养。小型处理厂可投入足量的粪便，大型处理厂可让污水跨越初沉池，直接进入曝气池。

（2）温度对培养速度影响很大，温度越高，培养越快。因此，污水处理厂一般应避免在冬季培养污泥，但实际中也应视具体情况。如污水处理厂恰在冬季完工，具备培养条件，也可以开始培养，以便尽早发挥环境效益。如北京高碑店污水处理厂在冬季利用1个月左右时间也成功地培养出了活性污泥。

（3）污泥培养初期，由于污泥尚未大量形成，产生的污泥也处于离散状态，因而曝气量一定不能太大，一般控制在设计正常曝气池的1/2即可。否则，污泥絮体不易形成。

（4）培养过程中应随时观察生物相，并测量*SV*、*MLSS*等指标，以便根据情况对培养过程作随时调整。

3.10.2　活性污泥系统的试运行

活性污泥驯化成熟后，就开始试运行。试运行的目的是确定最适宜的运行条件。在活性污泥系统的运行中，作为变数考虑的因素有混合液污泥浓度（*MLSS*）、空气量、污水注入的方式等。如采用生物吸附法，则还有污泥再生时间和吸附时间的比值；如工业废水养料不足，还应确定氮、磷的投加量等。将这些变数组合成几种运行条件分阶段进行实验，观察各种条件的处理效果，并确定最适宜的运行条件，这就是试运行的任务。

活性污泥法要求在曝气池内保持适宜的营养物与微生物的比值，供给所需要的氧，使微生物很好地和有机物相接触，并保持适当的接触时间。营养物与微生物的比值一般用污泥负荷率加以控制，其中营养物数量由流入污水量和浓度决定，因此通过控制活性污泥的浓度来维持适宜的污泥负荷率。不同的运行方式有不同的污泥负荷率，运行的混合液污泥浓度就是以其运行方式的适宜污泥负荷率作为基础确定的，并在试运行过程中确定最佳条件下的污泥负荷率和污泥浓度值。

*MLSS*值最好每天都能够测定，如*SVI*值稳定时，也可用污泥沉降比*SV*暂时代替*MLSS*值的测定。根据测定的*MLSS*值或污泥沉降比，便可控制污泥回流量和剩余污泥量，并获得这方面的运行规律。此外，也可通过相应的污泥龄加以控制。

关于空气量，应满足供氧和搅拌这两者的要求。在供氧上应使最高负荷时混合液溶解氧含量保持在1~2mg/L。搅拌的作用是使污水与污泥充分混合，因此搅拌程度应通过测定曝气池表面、中间和池底各点的污泥浓度是否均匀而定。

活性污泥系统有多种运行方式，在设计中应予以充分考虑，各种运行方式的处理效果，应通过试运行阶段加以比较观察，然后确定出最佳效果的运行方式及其各项参数。在正式运行过程中，还可以对各种运行方式的效果进行验证。

3.10.3 活性污泥系统运行效果检测

试运行确定最佳条件后，即可转入正常运行。为了经常保持良好的处理效果、积累经验，需要对处理情况定期进行检测。检测项目如下：

（1）反映处理效果的项目：进出水总的和溶解性的 BOD、COD，进出水总的和挥发性的 SS，进出水的有毒物质（对应工业废水）；

（2）反映污泥情况的项目：污泥沉降比（*SV*）、*MLSS*、*MLVSS*、*SVI*、溶解氧（*DO*）、微生物观察等；

（3）反映污泥营养和环境条件的项目：氮含量、磷含量、pH 值、水温等。

一般 *SV* 和溶解氧最好 2～4h 测定一次，至少每班一次，以便及时调整回流污泥量和空气量。微生物观察最好每班一次，以预示污泥异常现象。除氮含量、磷含量、*MLSS*、*MLVSS*、*SVI* 可定期测定外，其他各项应每天测定一次。

此外，每天要记录进水量、回流污泥量和剩余污泥量，还要记录剩余污泥排放规律、曝气设备的工作情况、空气量和电耗等。如有条件，上述检测项目应尽可能进行自动检测和自动控制。

3.10.4 活性污泥系统运行过程中的异常情况及处理措施

活性污泥系统在运行过程中，有时会出现异常情况，使处理效果降低，污泥流失。下面介绍运行中可能出现的几种主要的异常现象和对其采取的相应措施。

1. 污泥膨胀

正常的活性污泥沉降性能良好，含水率在 99%左右。当污泥变质时，污泥不易沉淀，*SVI* 值增高，污泥的结构松散和体积膨胀，含水率上升，澄清液稀少（但较清澈），颜色也有异变，这就是污泥膨胀，如图 3.23 所示。

图 3.23　污泥膨胀现象

污泥膨胀主要是由于丝状菌大量繁殖所引起，也有由污泥中结合水异常增多导致的污泥膨胀。一般污水中碳水化合物较多，缺乏氮、磷、铁等养料，溶解氧不足，水温高或 pH 值较低等都容易引起丝状菌大量繁殖，导致污泥膨胀。此外，超负荷、污泥龄过长或有机物浓度梯度小等，也会引起污泥膨胀。排泥不通畅则引起结合水性污泥膨胀。

为了防止污泥膨胀，首先应加强操作管理，经常检测污水水质、曝气池内溶解氧、污泥沉降比、污泥指数和进行显微镜观察等。如发现不正常现象，就需采取预防措施。一般可调整、加大空气量，及时排泥，在有可能时采取分段进水，以减轻二次沉淀池的负荷等。

当污泥发生膨胀后，解决的办法可针对引起膨胀的原因采取措施。如缺氧、水温高等，可加大曝气量，或降低进水量以减轻负荷，或适当降低 *MLSS* 值，使需氧量减少等；如污泥负荷率过高，可适当提高 *MLSS* 值，以调整负荷。必要时还要停止进水，“闷曝”一段时间。如缺乏氮、磷、铁等养料，可投加硝化污泥或氮、磷等成分。如 pH 值过低，可投加石灰等调节 pH 值。若污泥大量流失，可投加 5~10mg/L 氯化铁，帮助凝聚，刺激菌胶团生长；也可投加漂白粉或液氯（按干污泥的 0.3%~0.6%投加），抑制丝状菌繁殖，特别能控制结合水性污泥膨胀。也可投加石棉粉末、硅藻土、黏土等惰性物质，降低污泥指数。污泥膨胀的原因很多，以上只是污泥膨胀的一般处理措施。

2. 污泥腐化

在二次沉淀池有可能由于污泥长期滞留而产生厌气发酵，生成 H_2S、CH_4 等气体，从而使大块污泥上浮的现象，如图 3.24 所示。上浮的污泥腐败变黑，产生恶臭。此时也不是全部污泥上浮，大部分污泥都是正常排出或回流，只有积在死角长期滞留的污泥才腐化上浮。防止污泥腐化上浮的措施有：安设不使污泥外溢的浮渣清除设备；消除沉淀池的死角区；加大池底坡度或改进池底刮泥设备，不使污泥滞留于池底；及时排泥和疏通堵塞等。

图 3.24　污泥腐化现象

3. 污泥上浮

污泥在二次沉淀池呈块状上浮的现象，并不是由于腐败所造成的，而是由于在曝气池内污泥龄过长，硝化进程较高（一般硝酸铵达 5mg/L），在沉淀池底部产生反硝化，硝酸盐中的氧被利用，氮即呈气体脱出附于污泥上，从而使污泥密度降低，整块上浮，如图 3.25 所示。反硝化是指硝酸盐被反硝化菌还原成氨和氮的作用。反硝化作用一般在溶解氧低于 0.5mg/L 时发生，并在试验室静沉 30~90min 以后发生。因此，为防止这一异常现象发生，应增加污泥回流量或及时排出剩余污泥，在脱氮之前即将污泥排出，或降低混合液污泥浓度，缩短污泥龄和降低溶解氧等，使之不进行到硝化阶段。

图 3.25　污泥上浮现象

4. 污泥解体

处理水质混浊，污泥絮体微细化，处理效果变坏等则是污泥解体现象。导致这种异常现象的原因有运行中的问题，也有可能是由于污水中混入了有毒物质。

运行不当，如曝气过量，会使活性污泥微生物—营养的平衡遭到破坏，使微生物量减少并失去活性，吸附能力降低，絮凝体缩小质密，一部分则成为不易沉淀的羽毛状污泥，处理水质浑浊，*SVI* 值降低等。当污水中存在有毒物质时，微生物会受到抑制或伤害，净化功能下降或完全停止，从而使污泥失去活性。一般可通过显微镜观察来判别产生的原因。当鉴别出是运行方面的问题时，应对污水量、回流污泥量、空气量和排泥状态以及 *SV*、*MLSS*、*DO*、*NS* 等多项指标进行检查，加以调整。当确定是污水中混入有毒物质时，需查明来源，采取相应措施。

5. 泡沫问题

曝气池中产生泡沫（图 3.26），主要原因是污水中存在大量合成洗涤剂或其他起泡物质。泡沫给生产操作带来一定困难，如影响操作环境，带走大量污泥。当采用机械曝气

图 3.26　泡沫问题

时，还能影响叶轮的充氧能力。消除泡沫的措施有分段注水以提高混合液浓度，或进行喷水或投加除沫剂。常用的除沫剂有机油、煤油等，投量约为 0.5～1.5mg/L。此外，用风机机械消泡，也是有效措施。

知识拓展

污水处理厂丝状菌污泥膨胀的分类和解释假说

丝状菌引起污泥膨胀是在污泥膨胀诱因诱发下导致丝状菌在同菌胶团的竞争中能够强势增长造成。目前可辨识的丝状污泥膨胀絮体有两种类型：第一类是长丝状菌从絮体中伸出，将各个絮体连接，形成丝状菌和絮体网；第二类是具有更开放（或扩散）的结构，由细菌沿丝状菌凝聚，形成细长的絮体。

在解释丝状污泥膨胀现象上，有多种解释方法：

1. （A/V）假说

当混合液中基质受到限制或控制时，由于比表面积大的丝状菌获取基质的能力要强于菌胶团，因而菌胶团受到抑制，丝状菌能够大量繁殖，占据主导地位，最终导致污泥膨胀。

2. 选择性理论

该理论以微生物生长动力学为基础，根据不同种类微生物具有不同的最大生长速率和饱和常数分析丝状菌与菌胶团细菌的竞争情况。丝状菌具有低的最大生长速率和饱和常数，在低基质浓度、*DO* 值时具有较高的生长速率，而菌胶团则刚好相反。

3. 饥饿假说

该假说将活性污泥中微生物分为三类，第一类是菌胶团细菌，第二类是具有高基质亲和力但生长缓慢的耐饥饿丝状菌，第三类是对溶解氧有高亲和力、对饥饿高度敏感的快速生长的丝状菌，在低基质浓度下，基质浓度小于某值时，第二类微生物将占优势；当基质浓度大于该值时，只要溶解氧的传递不是限制因素，第一类微生物将占优势；在高基质低溶解氧情况下，第三类微生物将占优势。

4. 积累/再生（AC/RG）假说

在高负荷条件下，菌胶团微生物累积有机基质的能力强，丝状菌较差。但此时微生物受溶解氧限制和控制，由于丝状菌需氧较少，完成积累/再生的循环较快，生长较快，形成污泥膨胀。

巩固与提高

一、多选题

1. 下列哪些不是污泥膨胀的表现？（　　）

A. 污泥体积增大　　B. 污泥密度变大　　C. 污泥结构松散　　D. 污泥含水率减小

2. 污泥膨胀会带来哪些问题？（　　）

A. 出水 SS 增大　　B. 出水 BOD_5 超标

C. 曝气池微生物数量减少　　D. 曝气池污泥上浮

二、判断题

1. 污泥膨胀产生的原因只有丝状菌过量繁殖。(　　)
2. 污泥膨胀后污泥的 *SV* 值减小。(　　)
3. 进水中 pH 值过低时丝状菌容易大量繁殖。(　　)
4. 进水中表面活性剂含量过多可能会引起泡沫问题。(　　)

三、讨论题

造成污泥丝状菌膨胀的可能原因有哪些？

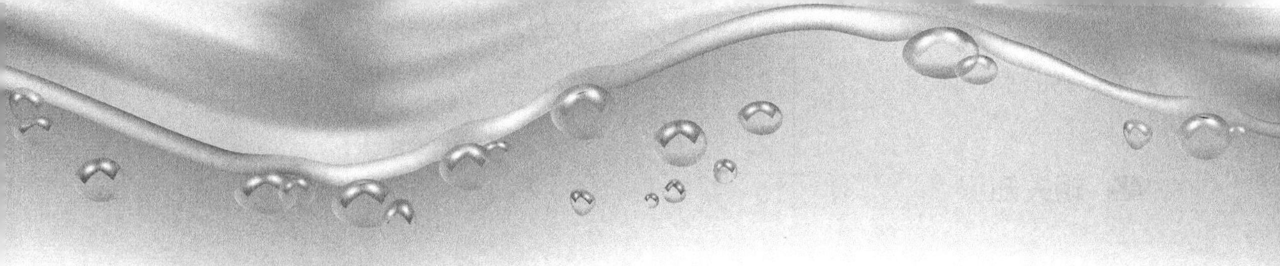

项目四　污泥的处理与处置

任务 4.1　认识污泥

学习目标

1. 知识目标

（1）了解污泥的概念、来源；

（2）掌握污泥的性质；

（3）了解污泥的处理处置现状。

视频 24　污泥的概述

2. 技能目标

（1）理解并能解释污泥的基本概念；

（2）通过认知污泥的性质掌握能够反映污泥性质的指标，且能运用污泥的指标参数准确判断污泥的性质；

（3）理解并能熟练掌握常见的污泥处置工艺流程。

3. 素质目标

（1）激发学生的兴趣与求知欲，培养学生对本专业的职业认同感。

（2）培养学生树立正确的、与时俱进的生态文明观。

思政情境

与国外对比，我国污水处理出现“重水轻泥”的现象，污泥处理处置没有与污水处理得到同步提升，污泥处理处置问题未能得到有效解决，形势十分严峻。大量积累的污泥不仅将占用大量土地，而且其中的有害成分如重金属、病原菌寄生虫卵、有机污染物及臭气等，将成为严重影响城市环境卫生的公害。《“十四五”城镇污水处理及资源化利用发展规划》中已经为我们明确指出了努力的方向。

（1）截止到 2025 年，城市污泥无害化处置率达到 90%以上。

（2）破解污泥处置难点，实现无害化推进资源化。从而更好地推进绿色低碳循环经济的发展。

因此我们需要掌握如何科学妥善地处理与处置污泥。

相关知识

4.1.1　污泥的概念

污泥是一种在污水处理过程中产生的固体沉淀物质，不包括栅渣、浮渣和沉砂。污泥来源广泛，其中在城镇市政、环保设施运行和维护过程中产生的污泥，称为城镇污泥，来自排水收集系统的污泥类型为管网污泥，污水处理厂产生的污泥为市政污泥，自来水厂产生的污泥为水厂污泥，水体疏浚产生的污泥为疏浚污泥。

4.1.2　污泥的分类

污泥根据其有机成分含量可以分为土质污泥与有机污泥。

（1）土质污泥：包括水厂污泥、疏浚污泥和管网污泥，其有机质含量较低，一般占其干基含量的40%以下。

（2）有机污泥：主要指污水污泥，其有机质含量较高，一般占其干基含量的50%以上。

按照来源不同分类可以分为初次沉淀污泥、剩余活性污泥、腐殖污泥以及消化污泥和化学污泥。

（1）初次沉淀污泥。来自初次沉淀池的污泥。

（2）剩余活性污泥。来自活性污泥法后二沉池的污泥。

（3）腐殖污泥。来自生物膜法后二沉池的污泥。

以上三种污泥可以统称为生污泥或者鲜污泥。

（4）消化污泥。生污泥经好氧消化或者厌氧消化处理之后的污泥，称为消化污泥或熟污泥。

（5）化学污泥。用化学沉淀法处理污水后产生的沉淀物称为化学污泥或者化学沉渣。如投加石灰中和酸性污水产生的沉渣，以及酸碱污水中和处理产生的沉渣。

4.1.3　污泥的性质

表征污泥性质的主要参数有污泥含水率、挥发性固体与灰分、污泥肥分、有毒有害物质含量等。

1. 污泥含水率

污泥中所含水的质量与污泥总质量之比的百分数称为污泥含水率。由于多数污泥由亲水性固体组成，因此污泥的含水率一般较高，密度接近于1。不同的污泥含水率差异较大。

当污泥的含水率大于65%时，污泥的体积、质量及所含固体物浓度之间的关系可用式(4.1)表示。

$$\frac{V_1}{V_2}=\frac{W_1}{W_2}=\frac{100-P_2}{100-P_1}=\frac{C_2}{C_1} \tag{4.1}$$

式中　V_1、W_1、C_1——污泥含水率为 P_1 时污泥的体积、质量与固体物质浓度；

V_2、W_2、C_2——污泥含水率为 P_2 时污泥的体积、质量与固体物质浓度。

当含水率低于65%时，因为污泥颗粒之间不再被水填满，污泥内有气泡出现，因此体积和质量不再符合式(4.1）所述关系。

2. 挥发性固体与灰分

挥发性固体是指在600℃的燃烧炉中能够被燃烧，并以气体形式逸出的那部分固体。一般挥发性固体常用来表示污泥中有机物的含量；灰分则是剩余的那部分固体，常用于表示污泥中无机物的含量。挥发性固体也能够反映污泥的稳定化程度。

【例题】 污泥含水率从97.5%降低到95%时，求污泥体积。

解： 由式(4.1）得

$$V_2=V_1\frac{100-P_1}{100-P_2}=V_1\frac{100-97.5}{100-95}=\frac{1}{2}V_1$$

可见污泥含水率从97.5%降低至95%时，体积减小一半。

3. 污泥肥分

污泥中含有大量植物生长所必需的肥分（氮、磷、钾）、微量元素及土壤改良剂（有机腐殖质）。我国城市污水处理厂各种污泥所含肥分见表4.1。

表4.1　我国城市污水处理厂污泥肥分表

污泥类别	总氮（%）	磷（以 P_2O_5 计）（%）	钾（以 K_2O 计）（%）	有机物（%）
初沉污泥	2~3	1~3	0.1~0.5	50~60
活性污泥	3.3~7.7	0.78~4.3	0.32~0.44	60~70
消化污泥	1.6~3.4	0.6~0.8		25~30

4. 有毒有害物质含量

城市污水处理厂的污泥中含有相当数量的肥分，具有一定的肥效，因此可用来改良土壤。但是，污泥中也含有病菌、病毒、寄生虫卵等，在施用之前必须采取相应的处理措施（如污泥消化）来杀死有害微生物。此外，污泥中的重金属也是主要的有害物质，污水经二级处理后，约有50%的重金属会转移到污泥当中，重金属含量超过规定的污泥严禁用作农肥。

4.1.4　污泥的处理与处置的基本流程

由于污水的处理工艺不同，造成污泥种类、性质各异，因此污泥的处理与处置方法也各不相同。

污泥的最终出路一般是部分或全部利用，或者以某种形式返回到环境当中去。目前，我国常用的污泥处置方法有农业利用、建筑材料利用、沼气利用、填埋、焚烧等。

污泥处理可供选择的方案大致有：

（1）生污泥→浓缩→消化→自然干化→最终处置；

（2）生污泥→浓缩→自然干化→堆肥→最终处置；

（3）生污泥→浓缩→消化→机械脱水→最终处置；

（4）生污泥→浓缩→机械脱水→干燥焚烧→最终处置；

（5）生污泥→湿污泥池→最终处置；

（6）生污泥→浓缩→消化→最终处置。

上述生污泥指未经消化处理的污泥。

第（1）、（3）、（6）方案，以消化处理为主体，消化过程产生的生物能即沼气（或消化气、污泥气），可作为能源利用，如用作燃料或发电；第（2）、（5）方案是以堆肥、农用为主，当污泥符合农用肥料条件及附近有农、林、牧或蔬菜基地时可考虑采用；第（4）方案是以干燥焚烧为主，当污泥不适合进行消化处理，或不符合农用条件，或受污水处理厂用地面积的限制等地区可考虑采用。焚烧产生的热能，可作为能源。

污泥最终处置方法是作为肥料施用于农田、森林、草地或沙漠改良；填地或投海；作为能源或建材；焚烧等。

总之，污泥处理方案的选择，应根据污泥的性质与数量、投资情况与运行管理费用、环境保护要求及有关法律与法规、城市农业发展情况及当地气候条件等情况，综合考虑后选定。

4.1.5　污泥的处理与处置存在的问题

1. 污泥处理率低、工艺不完善

我国存在着重废水处理、轻污泥处理的倾向。很多城市未把污泥的处理作为污水厂的必要组成部分，往往是污水处理厂建成后，相当长的时间后才建污泥处理系统，造成我国城市污水污泥处理率很低。

2. 污泥处理技术设备落后

当前我国有些污水处理厂所采用的污泥处理技术已经是发达国家所摒弃的技术，还停留在发达国家20世纪70、80年代的水平，有的甚至只是发达国家20世纪60年代的水平。

3. 污泥处理管理水平低

大部分污水厂的管理人员和操作人员的素质较差，缺乏管理经验，不能有效地组织生产。

4. 污泥处理设计水平低

我国的污水处理设计经验丰富，但在污泥处理方面，我国还缺乏实践经验和设计经验，尤其是污泥处理系统的整体水平还比较低。

5. 污泥处理投资低

国内污泥处理投资只占污水处理厂总投资的20%~50%，而发达国家污泥处理投资要占总投资的50%~70%。

巩固与提高

一、判断题

1. 降低污泥的水分，可降低污泥焚烧设备的运行及处理费用。（　　）

2. 生污泥是指生物滤池、生物转盘等生物膜法后的二次沉淀池沉淀下来的污泥。(　　)

二、问答题

污泥有哪些来源?

三、计算题

若污泥初始体积 V_0 为污泥含水率从 97.5%降低至 95%时的对应值，求污泥体积。

四、讨论题

污泥中的水分为何难以脱除?

任务 4.2　了解污泥的浓缩方法

学习目标

视频 25　污泥的浓缩

1. 知识目标

(1) 了解常见的三种污泥浓缩的方法;

(2) 掌握三种浓缩方法原理、适用条件;

(3) 了解三种浓缩方法的设计参数。

2. 技能目标

能够根据不同的污泥类型、不同的后续处理方式选择合适的污泥浓缩方法。

3. 素质目标

(1) 树立学生环境保护的主人翁意识和信念;

(2) 培养学生知识迁移能力和创新学习能力;

(3) 培养学生的思辨能力，激发学生不断学习、进行科技创新的热情。

思政情境

传统浓缩法由于其占地面积大、卫生条件差、浓缩效果差，不能有效地去除污泥中的水分，逐渐被取代，污泥浓缩—脱水一体设备不断发展，工艺流程简单、工艺适应性强，控制操作简单和可调节性强等一系列优点，正得到越来越多的关注。而环保新工艺的发展离不了科技创新能力的推动。

科技创新能力是青年使命担当的“金刚钻”，每个青年都要自觉在实践中提高自身的综合素质，成为具备创新能力的青年，成为践行科学精神的青年。

相关知识

4.2.1　污泥中的水分类型

污泥中的水分大致有四种存在形式，如图 4.1 所示。

(1) 间隙水：间隙水是存在于污泥颗粒间隙中的游离水，又称自由水，约占污泥总

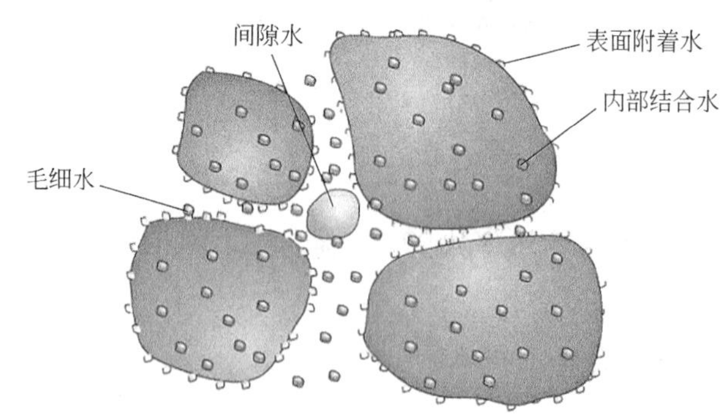

图 4.1　污泥水分示意图

水分的 70%。由于间隙水不直接与污泥结合，所以作用力弱，很容易分离，分离过程可借助重力沉淀（浓缩压密）或离心力进行。

（2）毛细水：存在于污泥颗粒间的毛细管中，约占污泥水分的 20%。此类水的去除需要施加与毛心水表面张力相反方向的作用力，如离心机的离心力等。

（3）表面附着水：存在于污泥颗粒表面，约占污泥水分的 5%。此类水分比毛细水更难分离，需采用电解质作为混凝剂进行分离。

（4）内部结合水：存在于污泥的生物细胞内，约占污泥水分的 5%。此类水的去除必须要先破坏细胞结构，使用机械方法难以奏效，可采用加热或者冷冻等措施将其转化为外部水后处理。

4.2.2　污泥浓缩方法介绍

污泥浓缩是污泥降低含水率（98%~80%）降低污泥体积的方法，主要缩减污泥的间隙水。常见的浓缩方法主要有重力浓缩、气浮浓缩和离心浓缩三种。

1. 重力浓缩法

重力浓缩法主要利用污泥中固体颗粒与水之间的相对密度差来实现污泥浓缩的目的。用于浓缩初沉污泥及初沉污泥和剩余活性污泥的混合污泥。用于污泥浓缩的构筑物可分为间歇操作和连续操作两种，前者主要用于小型污水处理厂或工业企业的污水处理厂，后者则用于大、中型污水处理厂。

1）间歇式浓缩池

间歇式浓缩池主要用于污泥量小的处理系统。浓缩池一般不少于两个，一个工作、另一个进入污泥，两池交替使用，浓缩池的上清液应回到初沉池前重新处理。

间歇式浓缩池可建成矩形或者圆形，如图 4.2 所示。设计的主要参数依据是停留时间。如果停留时间太短，浓缩的效果不好；而污泥的停留时间过长，则不仅占地面积大，还可能造成有机物厌氧发酵，破坏浓缩的过程。污泥停留时间的长短最好经过实验来进行确定，在不具备实验条件时，可按照不大于 24h 进行设计，一般取 9~12h。浓缩池的上清液应回流到初沉池前重新进行处理。

2）连续式浓缩池

连续式浓缩池可采用沉淀池的形式，一般为竖流式和辐流式。图 4.3 为带刮泥机和搅拌装置的连续式重力浓缩池。

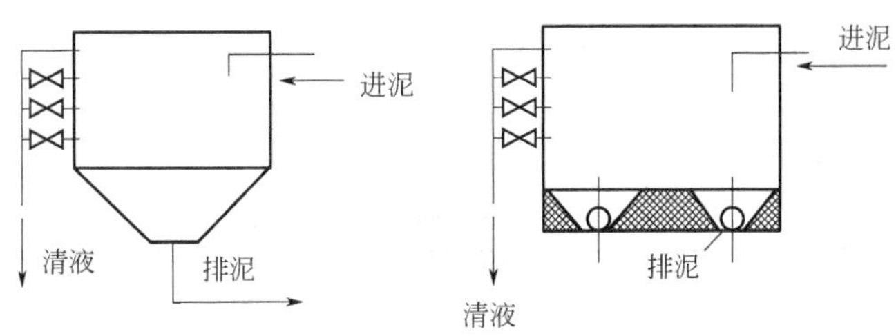

图 4.2　间歇式浓缩池

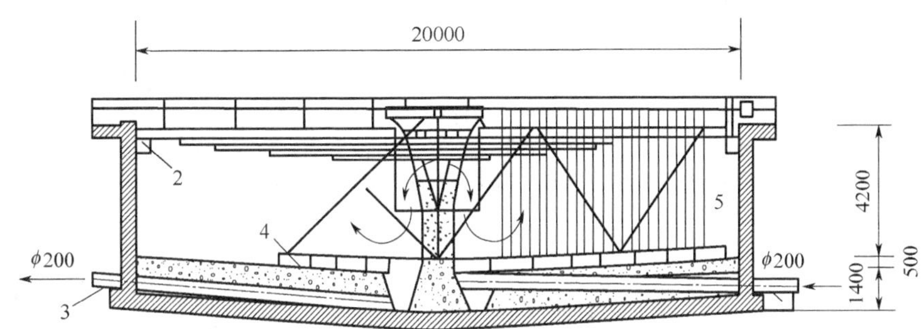

图 4.3　带刮泥机和搅拌装置的连续式浓缩池

1—中心进泥管；2—上清液溢流堰；3—排泥管；4—刮泥机；5—垂直搅动栅

污泥从中心管进入池内，上清液由溢流堰流出，浓缩污泥用刮泥机缓慢刮至池中心的污泥斗，并从污泥管排出。刮泥机上装有搅拌栅，随着刮泥机转动，每条栅后可形成微小的旋涡，有助于污泥颗粒之间的絮凝。浓缩池的坡底采用 1/10~1/12 的坡度。

连续式浓缩池的有效水深一般采用 4m，当采用竖流式浓缩池时，其水深按照沉淀部分的上升流速不大于 0. 1mm/s 计算。浓缩池的容积应按照污泥在其中停留 10~16h 进行核算，不宜太长。

2. 气浮浓缩法

气浮浓缩法是通过压力容器罐溶入过量气体，然后骤然减压释放出大量微小气泡，并附着在污泥颗粒上，从而使其密度相对减少，以达到污泥浓缩的目的。气浮浓缩的工艺流程与污水的气浮处理基本相同。

气浮浓缩法一般用来浓缩活性污泥，也用于浓缩腐殖污泥，其浓缩效果比重力浓缩法好，浓缩时间短，浓缩后污泥含水率低，且浓缩过程中能同时去除油脂，又因污泥处于好氧环境，基本没有臭味问题。然而，气浮浓缩法动力消耗较大，操作要求和运行费用均高于重力浓缩法。

3. 离心浓缩法

离心浓缩法是利用污泥中的固体颗粒与水的密度不同，因此在高速旋转的离心机中，二者所受到的离心力不同而被分离，使污泥得到浓缩。被分离的污泥和水分别通过不同的通道导出离心机外。用于离心浓缩的离心机有转盘式离心机、篮式离心机和转鼓离心机等。

离心浓缩法占地面积小，浓缩效率高，需要的时间短，浓缩后的污泥含水率较低。然而，其电耗是气浮浓缩法的 10 倍，设备的价格和操作管理要求均较高。

4.2.3 污泥浓缩方法优缺点对比

污泥浓缩方法优缺点如表 4.2 所示。

表 4.2 污泥浓缩方法对比表

浓缩方法	优点	缺点	适用范围
重力浓缩	贮泥能力强；动力消耗小；运行费用低；操作简便	占地面积大；浓缩效果差；浓缩后污泥含水率高；易发酵产生臭气	主要用于浓缩初沉池污泥、初沉池污泥和剩余污泥的混合污泥
气浮浓缩	占地面积小；浓缩效果好；浓缩后污泥含水率低；能同时去除油脂，臭气较少	占地面积、运行费用小于重力浓缩；污泥贮存能力小于重力浓缩法；动力消耗、操作要求高于重力浓缩法	主要用于浓缩初沉污泥、初沉污泥和剩余活性污泥的混合污泥；特别适用于浓缩过程中易发生污泥膨胀、易发酵的剩余污泥和生物膜法污泥
离心浓缩	占地面积很小；处理能力大；浓缩后污泥含水率低；全封闭，无臭气产生	专用离心机价格高；电耗是气浮法 10 倍；操作管理要求高	目前主要用于难以浓缩的、剩余污泥和场地小、卫生要求高、浓缩后含水率很低的场合

巩固与提高

一、单选题

1. 浓缩池进泥含水率为 97%，出泥含水率为 95%，污泥容积减少（　　）。

A. 80%　　B. 60%　　C. 40%　　D. 20%

2. 常见的污泥浓缩方法中，不包括（　　）。

A. 气浮　　B. 干化　　C. 重力　　D. 离心

二、多选题

重力浓缩池根据运行方式可分为（　　）。

A. 切水式　　B. 间歇式　　C. 连续式　　D. 溢流式

三、判断题

1. 污泥浓缩可将污泥中绝大部分的毛细水分离出来。（　　）
2. 气浮浓缩和重力浓缩的效果是一样的。（　　）
3. 污泥浓缩处理就是污泥的含水率降下来。（　　）

四、问答题

污泥浓缩法降低污泥含水率的范围？

五、讨论题

污泥浓缩与污泥脱水的区别？

任务 4.3　熟悉污泥的稳定化

学习目标

视频 26　污泥稳定化（上）

1. 知识目标

（1）了解污泥稳定化目的；

（2）理解厌氧消化的影响因素；

（3）掌握厌氧消化的作用机理。

2. 技能目标

（1）能够熟练理解掌握污泥厌氧消化方法的原理，且能将相关专业知识延伸运用到相关固体废物的处理处置中；

视频 27　污泥稳定化（下）

（2）能够独立、辩证性分析影响污泥厌氧消化效果的因素与参数；

（3）能够独立自主对知识点进行梳理。

3. 素质目标

（1）培养学生更好地适应使用信息技术手段获取知识的能力；

（2）更好地调动学生学习的积极性和主动性；

（3）帮助学生树立正确的生态文明建设的价值观。

思政情境

减量化、资源化、无害化（简称“三化”）是我国固体废物污染环境防治所遵循的基本原则，而污泥处理处置所遵循的是“四化原则”，与三化原则相比，多了一个稳定化原则，主要是由污泥易降解、易腐化的特殊性所决定。污泥稳定化处理是目前我国污泥处理处置全链条环节的短板。习近平总书记在 2020 年中央财经委员会第九次会议上强调，要把碳达峰、碳中和纳入生态文明建设整体布局。在全球应对气候变化，实现碳减排以及资源回收的大背景下，考虑到城市污泥“污染”和“资源”的双重属性，污泥稳定化技术的发展应以稳定化为目标，以资源化为手段，以“绿色、循环、低碳”为基本原则，结合泥质特点强化技术创新，解决安全处置的同时实现资源的最大化回收，推动绿色发展，促进人与自然和谐共生。

相关知识

4.3.1　稳定化的概述

污泥稳定化目的：降解污泥中的有机物质，进一步减少污泥含水量，杀灭污泥中的细菌、病原体等，消除臭味，这是污泥能否资源化有效利用的关键步骤。污泥稳定化常用的方法分为生物稳定法、化学稳定法两大类，其中生物稳定法包括厌氧消化法和好氧消化法，化学稳定法包括氯气氧化法、石灰稳定法和热处理法等。

1. 生物稳定法

（1）厌氧消化法：是对有机污泥进行稳定处理的最常用的方法。一般认为，当污泥中的挥发性固体的量降低40%左右即可认为已达到污泥的稳定。

（2）好氧消化法：类似活性污泥法，在曝气池中进行，曝气时间长达10~20d，依靠有机物的好氧代谢和微生物的内源代谢稳定污泥中的有机组成。

2. 化学稳定法

（1）氯气氧化法：在密闭容器中完成，向污泥投加大剂量氯气，接触时间不长；实质上主要是消毒，杀灭微生物以稳定污泥。

（2）石灰稳定法：向污泥投加足量石灰，使污泥的pH值高于12，抑制微生物的生长。

（3）热处理法：既可杀死微生物从而稳定污泥，还能破坏泥粒间的胶状性能改善污泥的脱水性能。

4.3.2 厌氧消化法

污泥的厌氧消化法是污泥稳定化处理最通用的方法，其处理的主要对象是初沉池污泥、剩余活性污泥和腐殖污泥。污泥中的有机物在厌氧微生物的作用下，被分解为甲烷与二氧化碳等最终产物，使污泥得到稳定。

1. 厌氧消化池的分类

按照温度的不同，厌氧消化可分为中温消化（30~37℃）和高温消化（50~53℃）两种形式；按照运行方式可分为一级消化、二级消化和厌氧接触消化等；按照负荷的不同，可分为低负荷和高负荷两种。目前应用最广泛的为两个高负荷消化池相组合构成二级厌氧消化处理系统（见图4.4）。

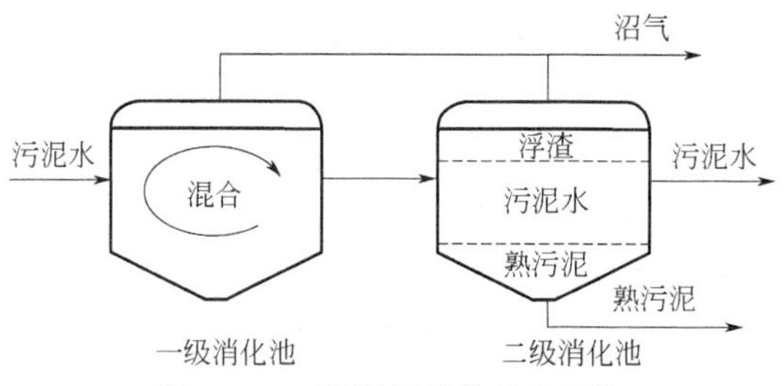

图4.4　二级厌氧消化处理系统

二级消化为两个消化池串联运行，生污泥连续或者分批投入一级消化池中进行搅拌和加热，使池内的污泥保持完全混合状态。一级消化池温度一般维持在33~35℃。由于搅拌使池内有机物浓度、微生物分布、温度、pH值等都均匀一致，微生物得到较稳定的生活环境，并与有机物均匀接触，因而提高了消化速率，缩短了消化时间。污泥中有机物的分解主要在一级消化池内进行，产气量约占总产气量的80%；二级消化池无须加热和搅拌，而是利用一级消化池排出的余热继续消化，消化温度可保持在20~26℃。二级消化池的产气量约占总产气量的20%，二级消化池同时还承担着污泥浓缩的作用。

二级消化工艺中第一级消化池容积通常按照污泥投配率为5%来计算，第一级和第二级的容积比可采用1∶1、2∶1或者3∶2，但常用2∶1，即第二级消化池容积按照污泥投配率为10%计算。

采用二级消化法可为不同类别的微生物提供各自最适宜的繁殖条件，从而获得理想的消化效果。

2. 影响因素

1）pH值

最佳的pH值为7.0~7.3。为了保证厌氧消化的稳定运行，提高系统的缓冲能力和pH值的稳定性，消化液的碱度保持在2000mg/L以上。

2）温度

试验表明，污泥的厌氧消化受温度的影响很大，一般有两个最优温度区段：在33~35℃叫中温消化，在50~55℃叫高温消化。

3）厌氧条件

产酸阶段微生物大多是厌氧菌，需要在厌氧条件下才能把复杂的有机质分解成简单的有机酸等，而产气阶段的细菌是专性厌氧菌，氧对产甲烷细菌有毒害作用，因而需要严格的厌氧环境。

4）消化池的搅拌

搅拌混合让反应器中的微生物和营养物质（有机物）充分接触，将使得整个反应器中的物质传递、转化过程加快。通过搅拌，可使有机物充分分解，增加产气量。此外，搅拌还可打碎消化池面上的浮渣。但过多的搅拌或连续搅拌对甲烷菌的生长也并不有利。目前一般在污泥消化池的实际运行中，采用每隔2h搅拌一次，搅拌25min左右，每天搅拌12次，共搅拌5h左右。

5）有毒有害物质

在污泥的厌氧消化过程中，主要的有毒有害物质是重金属离子和某些阴离子，当这些物质的含量达到一定浓度时，将会对产甲烷菌的生长繁殖起到抑制作用。重金属离子对厌氧过程的抑制表现为两个方面：一方面是与酶结合，使酶系统失去活性，某些生化代谢不能进行；另一方面是某些重金属离子及其氢氧化物的凝聚作用会使酶发生沉淀。

阴离子的抑制作用以硫化物为主，当硫化物的浓度大于100mg/L时，对产甲烷菌就有抑制作用。硫化物是由硫酸盐还原而成的，因此控制厌氧消化池中硫酸盐的含量非常重要。

6）原料配比

在厌氧消化池中，合成细胞所需的碳（C）源具有双重作用：一方面，是作为反应过程的能源；另一方面，是合成新的细胞。如果C/N太高，细胞的氮量不足，消化液的缓冲能力较低，pH值容易降低；而C/N太低，氮量过多，则pH可能上升，铵盐容易积累，会抑制消化进程。一般认为，C/N达到（10~20）∶1为宜。

7）接种物

厌氧消化中细菌数量和种群会直接影响甲烷的生成。不同来源的厌氧发酵接种物，对产气量有不同的影响。添加接种物可有效提高消化液中微生物的种类和数量。

3. 厌氧消化池的构造

厌氧消化系统的主要设备是消化池及其附属设备。

消化池一般是一个锥底或者平底的圆池，四周为垂直墙体。大型消化池由现浇钢筋混凝土制成，体积较小的消化池一般用预制构件或者钢板制成。整个池子由集气罩、池盖、池体与下锥体四部分组成。圆形消化池的直径一般为6~30m，柱体的高度一般约为直径的一半，而总高接近直径。

附属设备有加料、排料、加热、搅拌、破渣、集气、排液、溢流及其他监测防护装置。

4. 消化池有效容积的计算

污泥消化池的有效容积可按每天加入的新鲜污泥量与污泥的投配率进行计算。

$$V=\frac{V'}{p}\times 100\% \tag{4.2}$$

式中 V——消化池的有效容积，m^3；

V'——新鲜污泥量，m^3/d；

p——污泥投配率（每日投加的新鲜污泥量占消化池有效容积的百分数）。

污泥投配率最好通过实验或者调研确定。当无资料时，对于生活污水污泥，中温高速消化池的污泥投配率可采用5%~12%，传统消化池的污泥投配率可采用2%~3%。

4.3.3 好氧消化法

1. 好氧消化的机制

污泥好氧消化处于内源呼吸阶段，其细胞质反应如下：

$$C_5H_7NO_2+7O_2 \longrightarrow 5CO_2+3H_2O+H^++NO_3^-$$

由此可见，氧化1kg细胞质需要氧气约2kg（224/113）。

在好氧消化过程中，氨氮被氧化为NO_3^-，pH值将降低，因此需要足够的碱度来进行调节，以便使好氧消化池内的pH值维持在7左右。好氧消化池内的溶解氧不得低于2mg/L，并应使污泥保持悬浮状态，因此必须要有足够的搅拌强度。

2. 好氧消化池的构造

好氧消化池的构造与完全混合式活性污泥法曝气相似，如图4.5所示。好氧消化池的

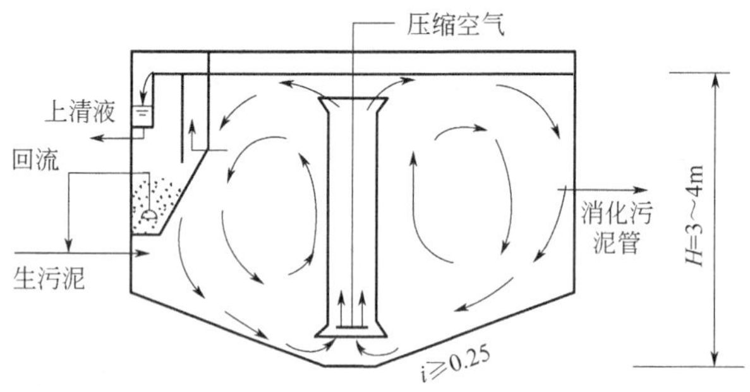

图4.5 好氧消化池

主要构造包括：(1) 好氧消化室，进行污泥消化；(2) 泥液分离室，使污泥沉淀回流并把上层清液排出；(3) 曝气系统，由压缩空气管和中心导流筒组成，提供氧气并起搅拌作用。

消化池坡底坡度不小于 0.25，有效水深取决于鼓风机的风压，一般采用 3~4m。

巩固与提高

一、单选题

厌氧消化中采用（　　）搅拌的缺点是只能搅拌与装置靠近处的污泥，另外由于磨损和腐蚀易发生事故。

A. 机械　　B. 水力　　C. 沼气　　D. 空气

二、判断题

1. 污泥厌氧消化系统由消化池、加热系统、搅拌系统、进排泥系统及集气系统组成。（　　）

2. 与好氧消化相比，厌氧处理运行能耗多，运行费用高。（　　）

3. 沼气成分中主要有 CH_4、CO_2、N_2。（　　）

4. 污泥中的无机物是消化对象。（　　）

5. 污泥稳定化处理的目的就是杀死虫卵与细菌。（　　）

三、讨论题

污泥好氧消化与污泥堆肥的区别是什么？

任务 4.4　认知污泥的脱水

学习目标

视频 28　污泥的脱水方法（上）

1. 知识目标

（1）了解污泥脱水的概念；

（2）理解污泥脱水与污泥浓缩的区别；

（3）掌握常见的污泥脱水方法与原理。

2. 技能目标

（1）能够根据不同的污泥种类、后续处理方式等条件选择合适的污泥脱水工艺类型；

（2）能够分析影响污泥脱水效率的因素。

视频 29　污泥的脱水方法（下）

3. 素质目标

（1）培养学生热爱思考、勇于探索的良好习惯和严谨的科学态度；

（2）培养学生独立思考、辩证看待问题的能力。

思政情境

污泥浓缩与污泥脱水的区别是什么？相同点是什么？污泥浓缩与污泥脱水分别处于污泥处理处置工艺流程中哪些环节？原因是什么？通过比较的方法，找出了二者的共性和差异，更全面更深入地了解了我们的学习内容。比较法是一种科学的认识方法，马克思曾经高度评价比较方法，称它为“理解现象的钥匙”。比较法是通过比较各种各样对象的相同点与相异点，并由此给予分类或归类。这样一来，人们对被研究对象的认识就不再是孤立、零碎的，而是全面、系统的。它的应用非常广泛，我们可以把它应用到我们的学习、生活和个人成长中去，通过比较找到我们想要的答案或者前进的方向。

相关知识

4.4.1 污泥脱水的概述

城市污水处理厂污泥的含水率，初次沉淀池一般为95%~97%，生物滤池后的二次沉淀池一般为97%，曝气池后的二次沉淀池一般为99.2%~99.6%，污泥消化池的消化污泥一般为97%。污泥经浓缩后体积大幅度缩减，污泥中的游离水基本得到分离，但是浓缩过程难以实现污泥毛细水和内部水的分离。为了污泥的综合利用和最终处置，需要对污泥做进一步的脱水处理。

将污泥的含水率降低到80%以下的操作称作污泥脱水，其作用是脱出污泥中的毛细水和表面附着水，从而缩小污泥体积，减轻污泥质量。经过脱水处理，污泥含水率能从96%降低到60%~80%，其体积缩小为原来的1/10~1/5，脱水后的污泥具有固体特征，呈泥块状，便于装车运输及最终处置。

污泥脱水的方法有干化、机械脱水。多数国家普遍采用的脱水机械为板框压滤机、真空过滤机和离心机，也有采用干化床对污泥进行干化。

4.4.2 干化法

干化法的原理为：污泥的干化是利用自然或人工力量（渗透、蒸发、人工撇除、加热）而将污泥脱水的，适用于气候比较干燥、用地不紧张以及环境卫生条件允许的地区。加热法干化污泥的成本很高，只有在干燥污泥具有回收价值（如作肥料）、能补偿干燥处理费用时，或者有特殊要求时，才考虑采用。

干化场的构造为：

（1）不透水底层：不透水底层采用黏土做成时，其厚度取0.2~0.3m；采用混凝土做成时，其厚度取0.10~0.15m。底板坡向排水管。

（2）排水底层：在滤水层下面敷设直径为75~100mm的未上釉的陶土管，接口不密封，每两管中间距离为4~8m，管坡为0.0025~0.0030，埋设深度为1.0~1.2m，排水总管直径为125~150mm，坡度不小0.008。

（3）滤水层：上层是厚为200~300mm的细矿渣或砂，并做成0.01~0.02的坡度，以利于污泥流动；下层是厚为200~300mm矿渣、砾石或碎砖层。

（4）围堤和隔墙：干化床的周围及中间筑有围堤，一般用土筑成，两边坡度取 1∶1.5，用围堤或木板将干化床分隔成若干块，轮流使用，以便提高干化场利用效率。

（5）输泥管：输送污泥的管道。

4.4.3　机械脱水

机械脱水是污泥脱水的主要方法。主要的脱水机械有转筒离心机、板框压滤机、带式压滤机和真空过滤机。真空过滤机已逐步被淘汰，转筒离心机和带式压滤机由于其优点显著，发展迅速，在很多国家普遍采用。

1. 脱水前的预处理

目的：消化污泥、剩余活性污泥、剩余活性污泥与初沉污泥的混合污泥等在脱水之前应进行调理，以改善污泥的脱水性能。

途径：加药（化学）调理法、淘洗加药调理法、加热调理法、冷冻调理法。其中化学调理法因功效可靠、设备简单且操作方便被广泛采用。

1）加药（化学）调理法

原理：用化学药品破坏泥水间的亲和力，在污泥中加入混凝剂、助凝剂等化学药剂，使污泥颗粒絮凝，改善脱水性能。助凝剂一般不起混凝、絮凝作用，其作用是调节污泥的 pH 值、供给污泥以多孔状格网骨架、改变污泥颗粒结构、提高混凝剂的混凝效果、增强絮体强度。

常用的混凝剂有无机混凝剂、有机高分子混凝剂和微生物混凝剂。

无机混凝剂是一种电解质化合物，主要有铝盐、铁盐，或铝盐、铁盐的高分子聚合物。

有机高分子混凝剂是有机高分子聚合电解质。有机高分子聚合电解质按基团带电性质可分为 4 种：基团离解后带正电荷者称阳离子型、带负电荷者称阴离子型、既含正电基团又含负电基团称两性型，不含可离解基团者为非离子型。污水处理中常用阳离子型、阴离子型和非离子型 3 种。

微生物混凝剂主要有三种：直接用微生物细胞作为混凝剂；从微生物细胞提取出的混凝剂；微生物细胞的代谢产物作为混凝剂。由于微生物混凝剂具有无害，无二次污染，可生物降解，混凝絮体密实，对环境和人类无害等优点而受到重视与推广应用。

直接用微生物细胞作为混凝剂：已发现可直接作为混凝剂的微生物有细菌、霉菌和酵母等。

从微生物细胞提取出的混凝剂：真菌、藻类含有葡聚糖、甘露聚糖、N—2 酰葡萄糖胺等在碱性条件下水解生成带阳电荷的脱乙酰几丁质（壳聚糖），含有活性氨基和羟基等具有混凝作用的集团。

微生物细胞的代谢产物作为混凝剂：微生物细胞代谢产物主要成为多糖，具有混凝作用，如普露兰。

助凝剂一般不起助凝作用。助凝剂的作用是调节污泥的 pH 值；供给污泥以多孔状格网的骨架；改变污泥颗粒结构破坏胶体的稳定性；提高混凝剂的混凝效果；增强絮体强度。

助凝剂主要有硅藻土、酸性白土、锯屑、污泥焚化灰、电厂粉煤灰、石灰。

助凝剂的使用方法有两种：一种方法是直接加入污泥中，投加量一般为 10～100mg/L；另一种方法是配制成1%～6%浓度的糊状物，预先粉刷在转鼓真空过滤机的过滤介质上成为预覆助凝层。

2）淘洗加药调理法

原理：淘洗加药调理法适用于消化污泥的预处理。因消化污泥的碱度超过 2000mg/L，在进行化学调理时所加的混凝剂需先中和掉碱度，才能起到混凝作用，因此混凝剂用量大大增加。淘洗法是以污水处理厂的出水或自来水、河水把消化污泥中的碱度洗掉，以节省混凝剂用量，但需增加淘洗池和搅拌设备。

3）加热调理法

原理：污泥经热处理既可起到调理的作用，又可起到稳定的作用，可使有机物分解，破坏胶体颗粒稳定性，污泥内部水与吸附水被释放，脱水性能大大改善，寄生虫卵、致病菌与病毒等可被杀灭。热处理后污泥进行机械脱水，滤饼含水率仅为 30%～45%。但由于耗能较大，所以现在很少应用。

4）冷冻调理法

原理：冷冻调理法是将含有大量水分的污泥冷冻，使温度下降到凝固点以下，污泥开始冻结，然后加热溶解。污泥经过冷冻—溶解过程，由于温度发生大幅度变化，使胶体颗粒脱稳凝聚，颗粒由细变大，失去毛细状态，同时细胞破裂，细胞内部水分变成自由水分，从而提高了污泥的沉降性能和脱水性能。

2. 机械脱水设备

1）板框压滤机

原理：利用过滤介质（常用为涤纶布）两面压力差为推动力，水被强制通过介质，污泥截留在介质表面。

工作流程：板与框相间排列，并用压紧装置压紧，在滤板两侧覆有滤布，即在板与板之间构成压滤室。在板与框的上端相同部位开有小孔，压紧后，各孔连成一条通道。加压后的污泥由该通道进入，并由滤框上的支路孔道进压滤室。污泥的运动方向见图 4.6 中箭头。在滤板的表面刻有沟槽，下端有供滤液排出的孔道。滤液在压力作用下，通过滤布并沿着沟槽向下流动，最后汇集于排液孔道排出，使污泥脱水。为了防止污泥颗粒堵塞滤布网孔和滤板沟槽，在压滤开始时，压力要小一点，待污泥在滤布上形成薄层滤饼后，再增大压力。

特点：板框压滤机的构造简单，过滤推动力大，适用于各种污泥，但不能连续运行。板框压滤机几乎可以处理各种性质的污泥，预处理以无极絮凝剂为主。

2）带式压滤机

原理：将压力施加在滤布上，用滤布的压力和张力使污泥脱水。

工作流程：带式压滤机由滚压轴及滤布袋组成。污泥先经过浓缩段（主要依靠重力过滤），使污泥失去流动性，以免在压榨段被挤出滤布，浓缩段的停留时间为 10～20s。然后进入压榨段，压榨时间为 1～5min。

特点：带式压滤机具有能连续运行、操作管理简单、附属设备较少、机器制造容易等

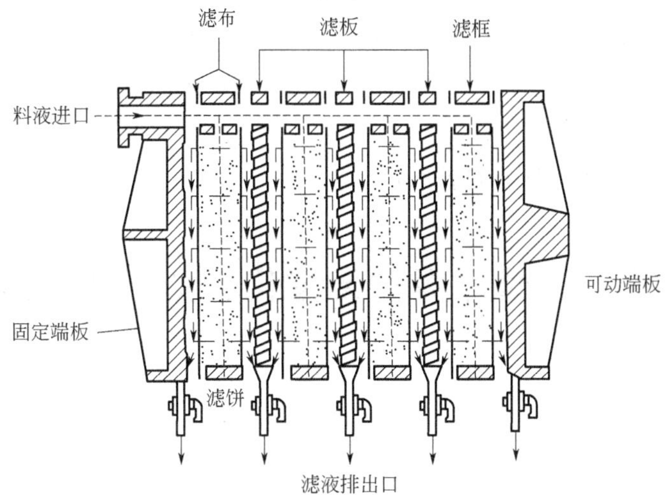

图 4.6　板框压滤机的工作原理示意

特点，从而使投资、劳动力、能源消耗和维护费用都较低，在国内外的污泥脱水中得到了广泛应用。带式压滤机不需要真空和加压设备，动力消耗少，可以连续生产。

巩固与提高

一、判断题

1. 离心脱水机比带式脱水机耗电量高。(　　)

2. 污泥干化床是最佳的污泥脱水设施。(　　)

二、选择题

1. 污泥脱水可分为自然干化和（　　）两大类。

A. 絮凝脱水　B. 晒干　C. 高温脱水　D. 机械脱水

2. 下列关于污泥脱水的说法错误的是（　　）。

A. 污泥过滤脱水性能可以通过毛细管吸附时间（*CST*）表征，*CST* 越小表明污泥脱水性能越好

B. 污泥中的毛细结合水约占污泥水分的 40%，无法通过机械脱水的方法脱除

C. 机械脱水与自然干化脱水相比，占地面积大，卫生条件不好，已很少采用

D. 在污泥处理中投加混凝剂、助凝剂等药剂进行化学调理，可有效降低其比阻，改善脱水性能

3. 污泥机械脱水的方法按其工作原理分类，其中不包括（　　）。

A. 吸附法　B. 压滤法　C. 离心法　D. 真空吸滤法

4. 污泥在用带式压滤机脱水前必先经过（　　）。

A. 污泥絮凝　B. 浓缩机重力脱水

C. 脱水机重力脱水　D. 压榨脱水

5. 影响带式压滤机脱水的主要因素有（　　）。

A. 助凝剂的种类和用量　B. 带速

C. 压榨压力和滤带冲洗　　　　D. 以上都有

6. 压滤机的滤布使用一段时间后会变（　　），性能下降，为此需作定期检查。

A. 硬　　　　B. 软　　　　C. 宽　　　　D. 小

三、讨论题

污泥干化与污泥干燥的区别是什么？

任务 4.5　了解污泥的无害化、资源化处理

学习目标

1. 知识目标

（1）了解污泥的无害化、资源化处理方法；

（2）掌握生物和热处理方法。

视频 30　污泥的无害化、资源化

2. 技能目标

（1）能够根据相关处理要求选择合适的无害化、资源化处理方法；

（2）能够独立自主梳理相关知识要点。

3. 素质目标

（1）培养学生知识迁移能力和创新学习能力；

（2）培养学生热爱思考、勇于探索的良好习惯和严谨的科学态度；

（3）培育学生树立绿色发展理念，发展正确的生态文明价值观。

思政情境

近年来，全球环境问题越发严峻，特别是在突发性的公共卫生安全事件中，污泥通常作为重要的污染源，其处理方式备受关注。面对突发公共卫生安全事件，我们不仅要注重对病毒的防控，还要从源头治理，关注污泥的无害化和资源化处理。目前对于一般市政污水处理厂出厂污泥基本只执行含水率的要求，这就使市场上的污泥减量技术发展较为宽泛，而污泥由于富含营养物质，是细菌和病毒的良好营养基，如果只是在重量上减少，完成污泥的减量化，忽略污泥的稳定化和无害化，那么污泥将成为病毒的良好载体，在污泥的不同处理处置过程中，可能产生不可预估的传染风险。因此，需要提出更科学的污泥处理技术和标准，污泥处理不仅要结合国情，更要结合处理成本，还要结合污泥的特性科学地来考虑。

相关知识

4.5.1　污泥的消毒

污泥中含有大量病原菌、病虫卵及病毒。为避免在污泥利用和污泥处理过程中对人体

产生危害，造成感染，必须对污泥进行经常性或季节性的消毒。

1. 巴氏消毒法（低热消毒法）

（1）直接消毒加温法：蒸汽直接通入污泥，使泥温达到70℃，持续30~60min。优点是效率高，但污泥的含水量将增加，污泥体积也有所增加。

（2）间接加温法：用热交换器使泥温达到70℃。优点是污泥体积不增加，但热交换器表面易结垢。

特点：操作简单、效果好，但成本较高。热源可使用消化气。

2. 石灰稳定法

投加石灰调节污泥的pH值，使pH值达到11.5以上，持续2h可杀灭病菌，并有防腐和抑制气味产生的作用。此法消毒后不能用于农田，可用作填地或制造建材。

3. 加氯消毒法

成本低，操作简单，但是加氯后会使污泥中产生HCl，使pH值剧降产生氯胺。此外，HCl还会溶解污泥中的重金属，使重金属含量增加。此法使用时应慎重。

4.5.2　污泥的干燥与焚烧

污泥干燥是将脱水之后的污泥经过处理，去除掉污泥中绝大部分的毛细水、吸附水和污泥颗粒内部水。污泥经过干燥处理后，含水率从60%~80%降低至10%~30%。污泥干燥常用的干燥器有回转圆筒式干燥器、急骤干燥器和带式干燥器三种。

污泥焚烧能将干燥污泥中的吸附水和颗粒内部的水及有机物全部去除掉，使污泥的含水率降至零，变成灰尘，使运输与后续处置大为简化。污泥在焚烧前，应有效地脱水干燥，焚烧所需热量依靠污泥自身所含有机物的燃烧热值或辅助燃料。如采用焚烧工艺，前处理不必用污泥消化或其他稳定处理，以免由于有机物的减少而降低其燃烧热值。

4.5.3　污泥的好氧堆肥

原理：堆肥是利用污泥中的微生物进行发酵的过程，在污泥中加入一定比例的膨松剂和调理剂（如秸秆、稻草、木屑或生活垃圾等），利用微生物群落在潮湿环境下对多种有机物进行氧化分解并转化为稳定性较高的类腐殖质。

用途：污泥堆肥除可施用于农田、园林绿化、草坪、废弃地等外，还可用作林木、花卉育苗基质，能降低育苗成本，有较好的经济效益、环境效益和社会效益。

优点：污泥经堆肥化后，病原菌、寄生虫卵等几乎全部被杀死，重金属有效态的含量也会降低，营养成分有所增加，污泥的稳定性和可利用性大大增加，并且由于污泥中富含氮磷钾等农作物生长必需的元素，因此具有很高的利用价值。

缺点：相比传统污泥处理处置方法，污泥堆肥具有其明显的优势和先进性，但同时，污泥堆肥过程也涉及人力物力成本，易受到污泥成分影响，如果能够克服其弊端，将取得更好的效果。

巩固与提高

一、判断题

1. 污泥的干燥和焚烧不能在同一设备中进行。(　　)
2. 污泥处理就是把有害污泥无害化。(　　)
3. 污泥好氧消化与污泥好氧堆肥是同一种技术。(　　)
4. 污泥的加氯消毒法操作简单，成本低，可以安全使用。(　　)
5. 污泥厌氧消化之后，可以不经消毒步骤，投入土地使用。(　　)

二、讨论题

污泥资源化利用含义以及污泥的资源化利用方法是什么？

任务 4.6　探究污泥的处置

学习目标

视频 31　污泥的处置

1. 知识目标

（1）了解污泥最终处置的目的及意义；

（2）掌握几种常见的污泥最终处置方式；

（3）理解每种最终处置方式的适用条件。

2. 技能目标

能够根据处置方式使用的限制条件对污泥进行合理处置。

3. 素质目标

（1）帮助学生树立投身环保事业的崇高信念；

（2）增强学生的独立思考能力，使其体验成就感，提高学习兴趣；

（3）帮助学生积累足够的学科基础和素养，培养其在新工科形势下具有独立思考、勇于探索创新实践的科学精神。

思政情境

目前，污泥处置的方式还是以焚烧、填埋为主，并且焚烧的比例正在大幅度增加，处理污泥的碳排放不容忽视。但采用填埋方式则会残留着大量的细菌、病毒，同时还会存在重金属污染等隐患，潜在危害较大，对社会的可持续发展产生不利影响。如果处置不恰当，对环境和人体的危害是巨大的。随着“十四五”期间环境治理需求的不断升级，农业农村部相应的发布了农业有机肥禁用污泥作为原料的规定，涉及污泥处置的行业势必将迎来更严格的监管，同时也带来了机遇和挑战。污泥的资源化处置需要有技术上的突破，资源循环的价值链条需要被打通运作，发展形成环保到资源的双闭环，贯彻真正的“绿水青山就是金山银山”的发展理念，实现经济效益、社会效益和环境效益的多方提升。

相关知识

4.6.1　概述

处置方式：土地利用、建筑材料综合利用、能源利用、填埋。

处置方法的选择：综合考虑污泥泥质特征、地理位置、环境条件和经济社会发展水平等因素，因地制宜地确定污泥处置方式。

4.6.2　农业利用与土地处理

1. 污泥的农业利用

污泥的农业利用包括用作农作物的肥料和用于园林绿化。

污泥用作农肥时，需满足现行《城镇污水处理厂污泥处置　农用泥质》（CJ/T 309—2009）的规定，将符合农用标准的污泥经过堆肥处理后才能使用。对于重金属含量较高的污泥，必须采用石灰稳定，使重金属离子钝化，确保其符合现行《农用污泥污染物控制标准》（GB 4282—2018）的要求后才能使用。

污泥用于园林绿化时，需满足现行《城镇污水处理厂污泥处置　园林绿化用泥质》（GB/T 23486—2009）的有关规定。若使用对象为城市绿化带、公园绿化、道路绿化带、草坪及隔离带等，道路绿化年度使用量要控制在 $4\sim8kg/m^3$，林地年度使用量为 $6\sim8kg/m^3$，草坪年度使用量为 $5\sim10kg/m^3$，污泥含水率要保证在40%以下。

2. 污泥用于土地处理

如将污泥投放于废露天矿场、尾矿场、采石场、粉煤灰堆场、戈壁滩与沙漠等地，可以改造不毛之地为可耕地。污泥投放期间，应经常监测地下水和地表水，从而控制污泥投放量。

4.6.3　建材利用

提取活性污泥中含有的丰富的粗蛋白与球蛋白酶，配制成活性污泥树脂，与纤维填料混匀，压制成型，可以制造生化纤维板。利用污泥或者焚烧污泥灰还可以生产水泥、污泥砖、地砖和轻质陶粒。

4.6.4　制造化工原料

污泥经过干化、干燥后，可以用煤裂解的工艺方法，将污泥裂解制成可燃气、焦油、苯酚、丙酮、甲醇等化工原料。污泥高温干馏裂解的工艺流程见图 4.7。

4.6.5　污泥填埋

污泥填埋属于最终处理污泥的方法，由于卫生条件差，国外有下降的趋势，但是在我国作为过渡性的处理方法仍然在采用。目前，我国的污泥填埋形式一般采用污泥与城市生

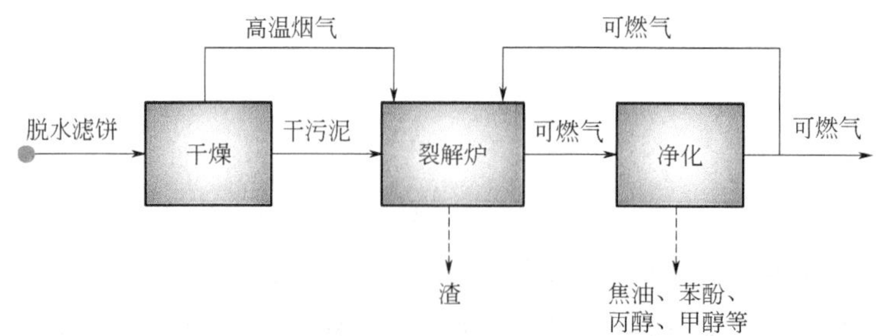

图 4.7　污泥高温干馏裂解的工艺流程图

活垃圾混合卫生填埋。污泥填埋应满足现行《城镇污水处理厂污泥处置　混合填埋用泥质》（GB/T 23485—2009）的规定。在混合填埋场中，一般污泥的比例要≤8%，污泥填埋前需进行稳定化处理，必须按照一定的技术规范和卫生要求填埋污泥。填埋场应有沼气利用系统，渗滤液要能达标排放，以防对周边环境产生危害和污染。

4.6.6　投海

沿海地区，可考虑把生污泥、消化污泥、脱水滤饼或焚烧灰投海。污泥投海，在国外有成功的经验，也有造成严重污染的教训。

英国的经验是污泥（包括生污泥、消化污泥）投海区应离海岸 10km 以外，深 25m，潮流水量为污泥量的 500~1000 倍。由于海水的自净与稀释作用，可使投海区不受污染。

投海污泥最好是经过消化处理的污泥。投海的方法可用管道输送或船运。前者比较经济，后者的费用约为前者的 6 倍。

知识拓展

污泥处理案例

1. 凯里市污水处理厂污泥处置中心

凯里市污水处理厂污泥处置中心是安徽省某公司在凯里市投资建设的 BOT 项目，总投资 5620 万元，处理能力 100t/d，项目分两期建设，一期调理改性+高干脱水项目。（2015 年开始建设并投入使用），二期炭化处理处置项目（2018 年建设并投入使用）。

该公司提供了环境整体解决方案，进行了项目方案设计、设备供应、系统集成和建设、运营管理。项目实施过程中运用了公司的核心技术：高效环保调理技术、一体化高干脱水技术和污泥高干脱水炭化处理处置技术。

项目接收凯里市行政区域内污水处理厂含水率 80%污泥，污泥经过高干脱水、炭化处理，每天产出 15t 污泥基生物炭，外运作为有机肥配肥、建筑材料生产原料等使用，彻底解决了凯里市污泥处理处置难题。适用于市政污泥、造纸污泥等高有机质、低毒性污泥处理处置。

原理：含水率 80%~99%的污泥添加调理剂预处理后，通过超高压钢制板框压滤机将污泥含水率降低至 60%以下，再通过热处理将污泥干化炭化，过程产生的热解气引入二燃室燃烧作为补充热源，同时避免产生焦油。污泥炭化后含水率降低至 5%以下，减量

85%以上，形成的污泥基生物炭性能稳定，富含磷、钾和微量营养元素和疏水性能，满足园林绿化用基质等要求。

该技术工艺具有以下特点及优势：污泥调理采用生物有机调理剂和液态无机盐类调理剂，调理后污泥 pH 值稳定在 5.0~9.0 之间；超高压板框压滤机最大压榨压力可达 5.0MPa，通过多次分段增压方式将污泥含水率降至 60%以下，实现高效减量化；污泥基生物炭含水率低于 5%，返融率低、稳定性高，相较于含水率 80%的污泥，减量率超过 85%；污泥投资费用为 45 万~50 万元/t，直接运行成本为 240~260 元/t（按含水率 80%计），经济性显著；烟气处理严格符合《生活垃圾焚烧污染控制标准》（GB 18485—2014），环保性能优异；污泥基生物炭 pH 值为 5.5~8.5，含水率低于 5%，总养分含量大于 3%，有机质含量不低于 25%，完全满足《城镇污水处理厂污泥处置　园林绿化用泥质》（GB/T 23486—2009）标准，适用于园林绿化等领域，实现污泥的高效资源化利用。

本项目的工艺流程图/技术解决方案示意图见图 4.8。

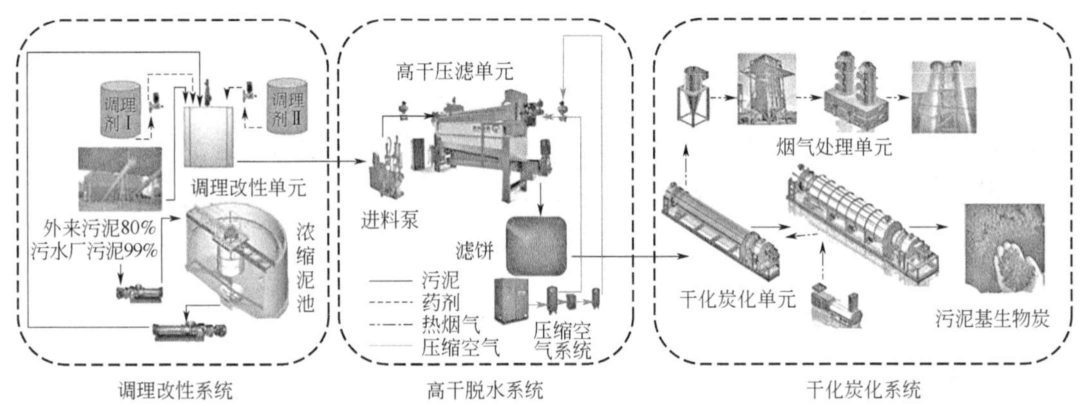

图 4.8　工艺流程图/技术解决方案示意图

2. 竹园片区污泥处理处置扩建工程

竹园片区污泥处理处置扩建工程由上海市某公司负责建设，主要服务于竹园第一、第二污水处理厂及升级补量工程产生的脱水污泥，污泥含水率约为 80%。工程设计规模为每日处理 223t 干基污泥（折合 1115t 含水率 80%的脱水污泥），高峰处理能力可达每日 288.5t 干基污泥（折合 1442.5t 含水率 80%的脱水污泥）。

工程建设内容包括新建污泥接收车间、污泥干化车间、降温池、冷却水池及中水提升泵房、给水增压泵房、中水取水设施、机修车间及仓库、35kV 降压站、污水泵房、蒸汽管道，以及配套的电气、仪表自控、除臭、暖通、在线监测、视频监控、厂区道路和绿化等设施，总建筑面积达 11047m^2。污泥最终处置方式为与煤协同焚烧，减量化程度达到 75%，有效实现了污泥的资源化与无害化处理。

本项目采用“卧式薄层干化+线性干化两段法工艺”，将污泥干化至平均含水率 30%（可调节范围为 20%~33%），随后送至电厂进行掺烧。干化过程中利用电厂提供的废热饱和蒸汽作为热媒，实现了能源的高效利用。臭气处理则采用预洗涤、化学洗涤、生物除臭及活性炭吸附等组合工艺，确保环境友好。结合了间接热干化与浸没式干化的技术优势，实现了污泥的高效处理。卧式薄层干化工艺的核心设备由外壳、转子及叶片、驱动装置三大部分组成。外壳作为压力容器，其夹套可通入蒸汽或导热油作为热媒，内筒壁作为与污泥接触的传热面，采用 Naxtra-700 高强度结构钢覆层材料，具有优异的防腐和耐磨性能，特别适用于市政和化工行业污泥处理。转子采用整体空心轴设计，通过特殊加工工艺确保在受热和高速旋转时保持稳定，使叶片与内筒壁的距离始终维持在 5～10mm 之间。在转子的旋转和叶片的涂布作用下，污泥在干化机内壁上形成均匀的动态薄层，并在向出料口推进的过程中不断干燥。线性干化工艺则采用缓慢运行的 U 形或圆柱形螺旋结构，通过转子和壳体加热，利用其热容量大、停留时间长的特点，有效释放污泥内部的结合水。转子线速度低于 1m/s，避免了对颗粒污泥的挤压和剪切，减少了粉尘产生和设备磨损，特别适合中国污泥砂含量高的特点。

该工艺适用于市政污泥和石化污泥的干化处理，具有显著的技术优势。首先，系统采用密闭设计，含氧量控制在 2%以下，并通过多种惰性化手段确保本质安全，负压运行（-0.5kPa）有效防止粉尘和臭气外溢，37 年的应用历史中未发生任何安全事故。其次，工艺灵活性高，可处理多种类型污泥，产品含固率可在 45%～80%之间灵活调整，干化过程仅需 10～15min，启停和排空时间短，操作简便。此外，工艺设计简洁，设备数量少，占地面积小，无须返混即可直接越过“塑性阶段”，废气产生量仅为蒸发水量的 10%，处理简便。经济性方面，该工艺能耗低，蒸发效率高达 45kg/(m^2·h)，热能回收率可达 80%，维护成本低，全自动化控制减少了对人工监控的需求，整体运行经济高效。

本项目的工艺流程图/技术解决方案示意图见图 4.9。

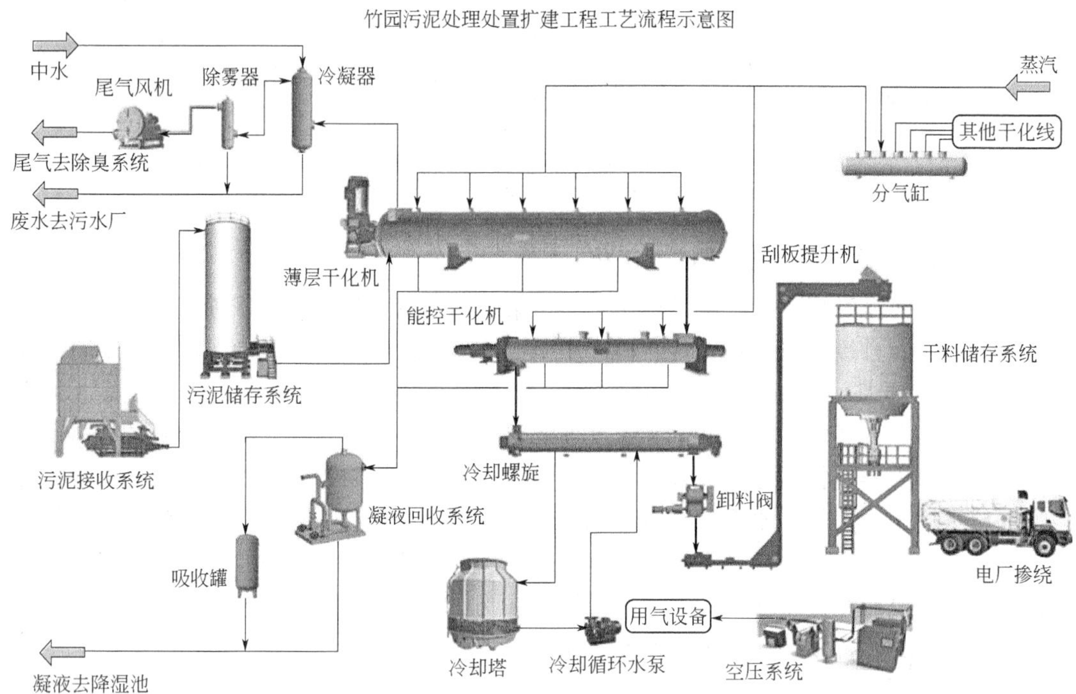

图 4.9 工艺流程图/技术解决方案示意图

3. 抚州市城市污水处理厂提标改造及扩建工程污泥处置项目

抚州市城市污水处理厂工程设计规模为 $18.0\times10^4m^3/d$，出水水质严格执行《城镇污水处理厂污染物排放标准》（GB 18918—2002）中的一级 A 标准。为进一步加强污泥处理，规范污泥处置与资源化利用，抚州市在污水处理厂内规划建设了污泥资源化处置中心，设计日处理能力为100t（按含水率80%计），并预留10%的处理余量。项目采用“板框脱水+低温冷凝干化+制备燃料棒+协同处置”的工艺路线，协同处置单位为火力发电厂和生物质电厂等外部单位。

该技术工艺主要适用于市政污水处理厂产生的剩余污泥处理，同时兼顾部分秸秆的资源化利用，实现了污泥与秸秆的综合处理。工艺核心包括板框脱水、低温冷凝干化、燃料棒制备及协同处置四个环节。首先，通过板框机械脱水去除污泥中的大部分水分，实现污泥的减量化和节能目标；其次，采用低温冷凝干化工艺进一步降低污泥含水率，使污泥更易于后续处置，同时更加环保和节能；再次，为解决污泥热值较低的问题，将污泥与秸秆结合，通过造粒工艺制备燃料棒，不仅提升了污泥的热值，还解决了秸秆处置难题，同时缩小了污泥体积，降低了运输成本；最后，将含有生物质秸秆的污泥燃料棒送至火电厂或生物质发电厂作为燃料，实现污泥的彻底资源化利用和最终处置。

该解决方案具有显著优势：一是通过多工艺组合彻底解决了污泥处置问题；二是实现了污泥的减量化、节能化和资源化；三是低温干化工艺进一步提升了环保性和经济性；四是秸秆与污泥的结合不仅提高了热值，还拓展了秸秆的利用途径；五是燃料棒的制备和协同处置降低了运输成本，实现了污泥的最终无害化处理。整体工艺设计科学合理，兼具环境效益和经济效益。

4. 深圳循环经济污泥干化项目

该项目用于处理南山污水处理厂的污泥，一期工程建成4条日处理100t污泥（按含水率80%计）的干化线，日处理能力达400t，占地面积9467m^2。项目就近利用两套联合循环机组余热锅炉的烟气资源，不仅减少了热源损耗，提高了污泥处理效率和规模，还大幅降低了工程总投资。自运行以来，累计处理污泥数百万吨，年运行时间超过8000h，设备检修和维护工作量少，带式干化机实现全自动运行。

项目采用带式污泥干化工艺，将含水率约80%的脱水污泥输送至干化车间，经过预处理后进入干化装置。污泥以面条状铺设在烘干带上，装置内上下布置4根干化带，通过独立驱动的可调速电动机确保污泥均匀分布。污泥在干化过程中体积逐渐缩小，最终干化至含固率70%后，通过运输螺杆和链板装置输送至集装箱。蒸发液体经冷凝装置排出，冷却水由用户提供，进水温度29℃，回水温度53℃。干化系统排出的气体大部分循环使用，少量进入臭气处理系统，采用二级化学洗涤+生物滤池+UV光解除臭工艺。干化装置通过热水交换器加热工艺循环气体，热水由用户提供，进水温度100℃，回水温度85℃。装置还配置热能回收系统，进一步降低能耗。

该工艺适用于市政污泥处理，具有显著优势：结构简单安全，占地面积小，运行稳定不受环境影响；干化带低速运行，磨损少，粉尘浓度低，无爆炸风险；全自动连续运行，启停快速简便；臭气处理安全可靠，可采用中温废热；出泥含固率可在65%~90%之间调节，颗粒度大，无须筛分和返混，达到欧洲一级A卫生标准；适合各类污泥焚烧后处理，无噪声和振动，能耗低，运行维护成本极低。整体工艺高效、环保、经济，实现了污泥的减量化、稳定化和资源化处理。

本项目的工艺流程图/技术解决方案示意图见图4.10。

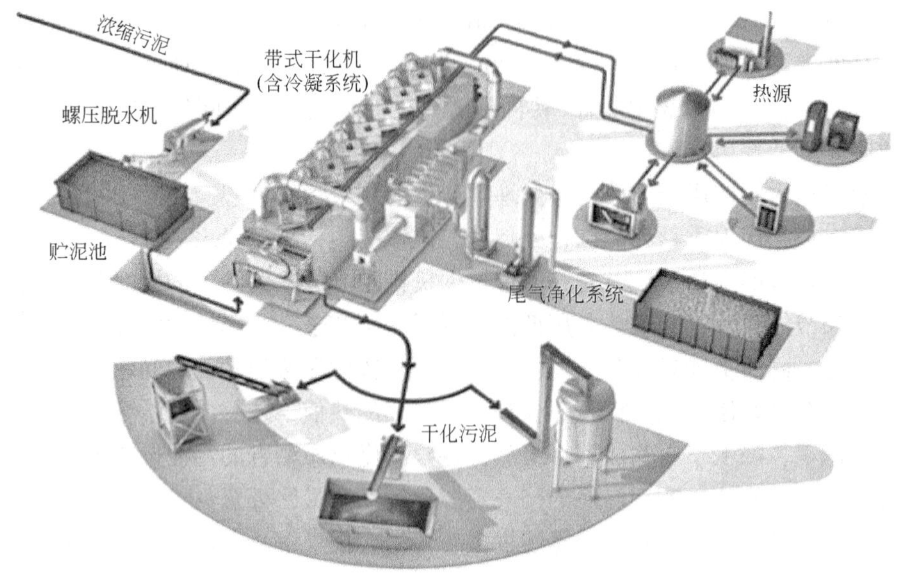

图 4.10　工艺流程图/技术解决方案示意图

5. 昆山新昆生物能源热电有限公司污泥低温干化焚烧项目

昆山新昆热电生物热电有限公司原为昆山市北部石牌工业区的小型热电联产企业，经过技术创新和改造，现已成为昆山市污泥处理处置的核心设施。项目采用“低温干化+焚烧”工艺，处理昆山市市政污水厂产生的污泥，配备 6 条日处理 45t 的余热低温干化线、1 台 55t/h 的燃煤与污泥协同焚烧锅炉、1 台 240t/d 的污泥独立焚烧炉，以及污水处理、通风除臭、烟气处理等配套设施。项目设计最大处理能力为 600t/d，年处理市政污泥 16×10^4t（按含水率 80%计），同时对外供热和发电。

项目采用污泥低温干化和协同、独立焚烧工艺，适用于污泥处理量大、用煤量小或禁煤区域的污泥处理。低温干化工艺热能消耗低（<1.2t 蒸汽/t 水），干化废水污泥浓度低（COD_{Cr}<400mg/L），易于处理。特制的污泥焚烧炉对污泥适应性强，热值>1000 大卡、含水率<45%即可焚烧，热效率高达 75%以上，无须添加其他燃料即可产生蒸汽用于干化或发电供热，实现了污泥的高效资源化利用。

本项目的工艺流程图/技术解决方案示意图见图 4.11。

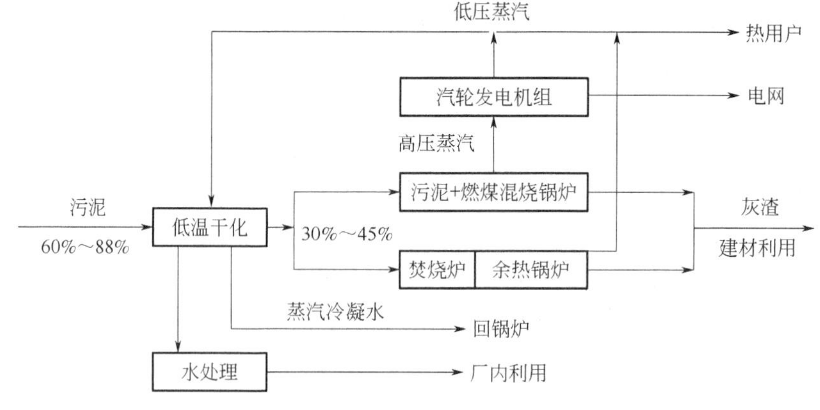

图 4.11　工艺流程图/技术解决方案示意图

6. 西安市污水处理厂污泥集中处置项目—污泥厌氧消化系统

2019 年现某公司承接西安市污水处理厂污泥处理处置项目。西安市污水处理厂污泥集中处置项目设计处理规模为 1000t/d（按含水率 80%计），采用“热水解+厌氧+干化”工艺路线。污泥首先经过热水解处理，随后进入普拉克的 ANAMET®厌氧系统进行消化。项目配备四座厌氧反应器，目前已稳定运行，可满足西安市主城区近一半以上的污泥处理需求，满负荷运行时每日产生沼气 $4.5\times10^4m^3$，用于发电。经过厌氧消化、离心脱水和低温干化等工艺，1000t 污泥最终减量为 240t 终端产品，可作为建材原料或园林绿化肥料，实现绿色、循环和可持续发展。

项目采用“热水解+厌氧消化+热干化”主体工艺。热水解后的污泥浆料进入调理反应器除砂，随后通过进料换热单元降温至 49℃以下，再利用余压进入厌氧反应器进行消化。厌氧系统配备循环换热器，用于控制反应器内温度。消化后的污泥暂存于消化后污泥储反应器。核心设备（如换热器、搅拌器）均为瑞典整机进口，工艺成熟可靠。ANAMET®工艺利用厌氧微生物降解高浓度有机废物，将有机物转化为沼气（含甲烷 60%左右），是一种生产可再生能源的高效技术，具有低能耗、低化学品消耗的特点。

ANAMET®工艺适用于城市固体废弃物（如餐厨垃圾、污泥、厨余垃圾）、农业废弃物（如秸秆、果蔬、粪便）及高浓度工业废水废渣（如酵母废水、酒糟、醋糟）的处理，可单独或协同处理多种介质。其优势包括：（1）钢制反应器工期短、寿命长，国内已有运行超 20 年的案例；（2）最大单体容积可达 $13000m^3$；（3）设备少、维护简单、占地节约；（4）启动调试简便，运行稳定，耐冲击负荷；（5）污泥降解率高，产气量大；（6）专有搅拌器能耗低、搅拌均匀、不易磨损；（7）体外换热器效率高、易维护；（8）结合热水解工艺，实现污泥细胞破壁，提升有机物释放效率，使污泥分解更彻底。

本项目的工艺流程图/技术解决方案示意图见图 4.12。

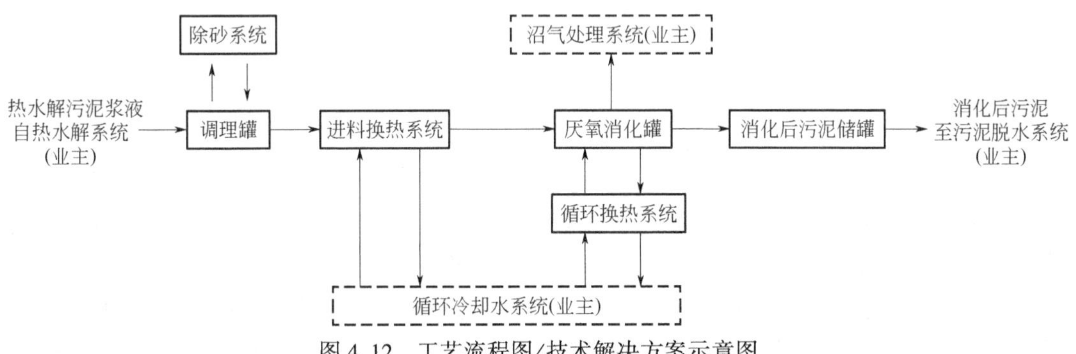

图 4.12　工艺流程图/技术解决方案示意图

巩固与提高

一、单选题

城市污水厂的污泥经脱水后卫生填埋，其中的（　　）分解后可能对土壤造成污染。

A. PAC　　B. PAM　　C. BOD　　D. 重金属

二、判断题

1. 污泥处置的最佳方法是投海。(　　)
2. 农田用湿污泥施肥比用污泥饼要节省劳动力，用量更均匀。(　　)
3. 污泥处理最终要实现：减量化、无害化、稳定化和资源化。(　　)
4. 焚烧后的污泥不可以用作建筑材料。(　　)

三、讨论题

污泥农用（土地利用时）存在的风险有哪些？

任务 4.7　了解我国现有污泥管理政策

学习目标

1. 知识目标

（1）了解污泥处置八大国标；

（2）掌握八大国标参考使用方法；

（3）理解八大国标使用条件、使用背景。

2. 技能目标

能够使用八大国标来判断不同用途污泥的质量是否达标。

3. 素质目标

（1）帮助学生树立遵守规范标准的价值观；

（2）帮助学生积累足够的学科基础和素养，培养其在新工科形势下具有独立思考、勇于探索创新实践的科学精神。

思政情境

污泥的处理处置将是环境污染治理攻坚战的下一个隘口，由于污泥的特性，可以有不同的利用途径。每一种用途对污泥的质量都有相应指标要求，需要参照不同的标准或者规范来控制污泥的质量，满足污泥的使用条件。同《孟子·离娄章句上》中说“离娄之明，公输子之巧，不以规矩，不能成方圆。”孟子的意思是：即使有离娄那么好的视力以及鲁班那么好的技艺，如果不用角尺和圆规，就不能准确地画出方形和圆形。对于污泥管理来说，规则或者标准规范是一面镜子，更是一把戒尺。

相关知识

4.7.1　概述

关于污泥处理处置，我国已经出台了一系列的政策法规，如 2000—2002 年期间《城市污水处理及污染防治技术政策》和《城镇污水处理厂污染物排放标准》（GB 18918—

2002)；2009 年住建部、环保部和科技部联合出台《污泥处理处置及污染防治技术政策（试行）》；2010 年环保部出台《污泥处理处置污染防治最佳可行技术指南》《城镇污水厂污泥处理处置技术规范（征求意见稿）》，住建部出台《城镇污水处理厂污泥处理处置技术指南（试行）》，等等。

今后，污泥处理处置工作将是环境污染治理攻坚战的下一个隘口，是环境保护工作的下一个重要抓手，也将是环境保护市场的下一个风口。

4.7.2　标准规范

在我国标准规范体系中，目前有以下几项标准规范可参照表 4.3 执行：

表 4.3　污泥处置八大国标

标准号	标准名称	发布日期	施行日期
GB 4284—2018	农用污泥污染物控制标准	2018/5/14	2019/6/1
GB/T 25031—2010	城镇污水处理厂污泥处置　制砖用泥质	2010/9/2	2011/5/1
GB/T 24602—2009	城镇污水处理厂污泥处置　单独焚烧用泥质	2009/11/15	2010/6/1
GB/T 24600—2009	城镇污水处理厂污泥处置　土地改良用泥质	2009/4/13	2010/6/1
GB/T 23485—2009	城镇污水处理厂污泥处置　混合填埋用泥质	2009/4/13	2009/12/1
GB/T 23486—2009	城镇污水处理厂污泥处置　园林绿化用泥质	2009/4/13	2009/12/1
GB/T 23484—2009	城镇污水处理厂污泥处置　分类	2009/4/13	2009/12/1
GB/T 38066—2019	电镀污泥处理处置　分类	2019/10/18	2020/9/1

1.《农用污泥污染物控制标准》(GB 4284—2018)

本标准规定了城镇污水处理厂农用时的污染物控制指标、取样、检测、监测和取样方法。标准适用于城镇污水处理厂污泥在耕地、园地和牧草地时的污染物控制。

污泥产物农用时，根据其污染物的浓度将其分为 A 级和 B 级污泥产物，其污染物浓度限值应满足表 4.4 的要求，A 级和 B 级污泥产物的使用条件见表 4.5。

表 4.4　污泥产物的污染浓度限值

序号	控制项目	污染物限值	
		A 级污泥产物	B 级污泥产物
1	总镉（以干基计）(mg/kg)	<3	<15
2	总汞（以干基计）(mg/kg)	<3	<15
3	总铅（以干基计）(mg/kg)	<300	<1000
4	总铬（以干基计）(mg/kg)	<500	<1000
5	总砷（以干基计）(mg/kg)	<30	<75
6	总镍（以干基计）(mg/kg)	<100	<200
7	总锌（以干基计）(mg/kg)	<1200	<3000
8	总铜（以干基计）(mg/kg)	<500	<1500

续表

序号	控制项目	污染物限值	
		A 级污泥产物	B 级污泥产物
9	矿物油（以干基计）（mg/kg）	<500	<3000
10	苯并芘（以干基计）（mg/kg）	<2	<3
11	多环芳烃（PAHs）（以干基计）（mg/kg）	<5	<6

表 4.5　允许使用污泥产物的农用地类型和规定

污泥产物级别	允许使用的农用地类型
A 级	耕地、园地、牧草地
B 级	园地、牧草地、不种植食用农作物的耕地

污泥产物农用时，其卫生学指标及限值应满足表 4.6 的要求。

表 4.6　污泥产物的卫生学指标

序号	控制项目	限值
1	蛔虫卵死亡率（%）	≥95
2	粪大肠菌群值	≥0.01

污泥产物农用时，其理化指标及限值应满足表 4.7 的要求。

表 4.7　污泥产物的理化指标

序号	项目	限值
1	含水率（%）	≤60
2	pH 值	5.5~8.5
3	粒径（mm）	≤10
4	有机质（以干基计）（%）	≥20

污泥产物农用时，年用量累计不应超过 7.5t/m^2（以干基计），连续使用不应超过 5 年。

2. 《城镇污水处理厂污泥处置　制砖用泥质》（GB/T 25031—2010）

本标准规定了城镇污水处理厂污泥制烧结利用的泥质、取样和监测。标准适用于城镇污水处理厂污泥的处置和污泥制烧结砖利用。污泥用制砖时，污泥理化指标应满足表 4.8 的要求。

表 4.8　理化指标

序号	控制项目	限值
1	pH 值	5~10
2	含水率	≤40%

污泥用制砖时，污泥烧失量和放射性核素指标应满足表 4.9 的要求。

表 4.9　烧失量和放射性核素指标

序号	控制项目	限值（干污泥）	
1	烧失量	≤50%	
2	放射性核素	I_{Ra}≤1.0	I_r≤1.0

污泥用制砖时，污泥污染物浓度限制应满足表 4.10 的要求。

表 4.10　污染物浓度限值

序号	控制项目	限值（mg/kg 干污泥）
1	总镉	<20
2	总汞	<5
3	总铅	<300
4	总铬	<1000
5	总砷	<75
6	总镍	<200
7	总锌	<4000
8	总铜	<1500
9	矿物油	<3000
10	挥发酚	<40
11	总氰化物	<10

污泥用于制砖与人群接触场合时，污泥卫生学指标应满足表 4.11 的要求。

表 4.11　卫生学指标

序号	控制项目	限值
1	粪大肠菌群菌值	≥0.01
2	蠕虫卵死亡率	>95%

3.《城镇污水处理厂污泥处置　单独焚烧用泥质》（GB/T 24602—2009）

本标准规定了城镇污水处理厂污泥单独焚烧利用的泥质指标及限值、取样和监测等，标准适用于城镇污水处理厂污泥的处置和污泥单独焚烧利用。

污泥单独焚烧利用时，其理化指标及限值应满足表 4.12 要求，在选择焚烧炉的炉型时要充分考虑污泥的含砂量。

表 4.12　理化指标及限值

序号	类别	控制项目及限值			
		pH 值	含水率（%）	低位热值（kJ/kg）	有机物含量（%）
1	自持焚烧	5~10	<50	>5000	>50
2	助燃焚烧	5~10	<50	>3500	>50
3	干化焚烧[a]	5~10	<50	>3500	>50

[a] 干化焚烧含水率（<80%）是指污泥进入干化系统的含水率。

污泥单独焚烧利用时，应满足表 4.13 的要求。

表 4.13　浸出液最高允许浓度指标

序号	控制项目	限值
1	烷基汞	不得检出[a]
2	汞（以总汞计）	≤0.1mg/L
3	铅（以总铅计）	≤5mg/L
4	镉（以总镉计）	≤1mg/L
5	总铬	≤15mg/L
6	六价铬	≤5mg/L
7	铜（以总铜计）	≤100mg/L
8	锌（以总锌计）	≤100mg/L
9	铍（以总铍计）	≤0.02mg/L
10	钡（以总钡计）	≤100mg/L
11	镍（以总镍计）	≤5mg/L
12	砷（以总砷计）	≤5mg/L
13	无机氟化物（不包括氟化物）	≤100mg/L
14	氰化物（以 CN^- 计）	≤5mg/L

[a] “不得检出”指甲基汞<10ng/L，乙基汞<20ng/L。

污泥焚烧炉大气污染物排放标准应满足表 4.14 的要求。

表 4.14　焚烧炉大气污染物排放标准

序号	控制项目	单位	数值含义	限值[a]
1	烟尘	mg/m^3	测定均值	80
2	烟气黑度	格林曼黑度，级	测定值[b]	1
3	一氧化碳	mg/m^3	小时均值	150
4	氮氧化物	mg/m^3	小时均值	400
5	二氧化硫	mg/m^3	小时均值	260
6	氯化氢	mg/m^3	小时均值	75
7	汞	mg/m^3	测定均值	0.2
8	镉	mg/m^3	测定均值	0.1
9	铅	mg/m^3	测定均值	1.6
10	二噁英类	$ngTEQ/m^3$	测定均值	1.0

[a] 本表规定的各项标准限值，均以标准状态下含 11%O_2 的干烟气作为参考值换算。

[b] 烟气最高黑度时间，在任何 1h 内累计不超过 5min。

4.《城镇污水处理厂污泥处置　土地改良用泥质》（GB/T 24600—2009）

本标准规定了城镇污水处理厂污泥土地改良利用的污泥指标和限值、取样和监测等。标准适用于城镇污水处理厂污泥的处置和污泥土地改良利用。排水管道通挖污泥用于土地改良的泥质可参照本标准。

污泥土地改良利用时，其理化指标及限值应满足表 4.15 的要求。

表 4.15　理化指标及限值

序号	理化指标	限值
1	pH 值	5.5～10
2	含水率（%）	<65

污泥土地改良利用时，其养分指标及限值应满足表 4.16 的要求。

表 4.16　养分指标及限值

序号	养分指标	限值
1	总养分［总氮（以 N 计）+总磷（以 P_2O_5 计）+总钾（以 K_2O 计）］（%）	≥1
2	有机物含量（%）	≥10

污泥土地改良利用时，其微生物学指标及限值应满足表 4.17 的要求。

表 4.17　生物学指标及限值

序号	微生物学指标	限值
1	粪大肠菌群值	>0.01
2	细菌总数（MPN/kg 干污泥）	$<10^8$
3	蛔虫死亡率（%）	>95

污泥土地改良利用时，其污染物指标及限值应满足表 4.18 的要求。

表 4.18　污染物指标及限值　　单位：mg/kg（干污泥）

序号	控污染物指标	限值	
		酸性土壤（pH 值<6.5）	中性和碱性土壤（pH 值≥6.5）
1	总镉	5	20
2	总汞	5	15
3	总铅	300	1000
4	总铬	600	1000
5	总砷	75	75
6	总磷	100	150
7	总铜	800	1500
8	总锌	2000	4000
9	总镍	100	200
10	矿物油	3000	3000
11	可吸附有机卤化物（AOX）（以 Cl 计）	500	500
12	多氯联苯	0.2	0.2

续表

序号	控污染物指标	限值	
		酸性土壤（pH 值<6.5）	中性和碱性土壤（pH 值≥6.5）
13	挥发酚	40	40
14	总氰化物	10	10

5.《城镇污水处理厂污泥处置　混合填埋用泥质》（GB/T 23485—2009）

本标准规定了城镇污水处理厂污泥进入生活垃圾卫生填埋场混合填埋处置和用作覆盖土的泥质指标及限值、取样和监测等。标准适用于城镇污水处理厂污泥的处置和污泥与生活垃圾的混合填埋。

污泥用于混合填埋时，其污染物指标及限值应满足表 4.19 的要求。

表 4.19　基本指标及限值

序号	基本指标	限值
1	污泥含水率	<60
2	pH 值	5~10
3	混合比例（%）	≤8

注：表中 pH 指标不限定采用亲水性材料（如石灰等）与污泥混合以降低其含水率措施。

污泥用作填埋场覆盖土添加料时，其污染物指标及限值应满足表 4.20 的要求，基本指标及限值应满足表 4.21 的要求。

表 4.20　污染物指标及限值

序号	污染指标	限值
1	总镉（mg/kg 干污泥）	<20
2	总汞（mg/kg 干污泥）	<25
3	总铅（mg/kg 干污泥）	<1000
4	总铬（mg/kg 干污泥）	<1000
5	总砷（mg/kg 干污泥）	<75
6	总镍（mg/kg 干污泥）	<200
7	总锌（mg/kg 干污泥）	<4000
8	总铜（mg/kg 干污泥）	<1500
9	矿物油（mg/kg 干污泥）	<3000
10	挥发酚（mg/kg 干污泥）	<40
11	总氰化物（mg/kg 干污泥）	<10

表 4.21　用作垃圾填埋场覆盖土添加料的污泥基本指标及限值

序号	基本指标	限值
1	含水率（%）	<45

续表

序号	基本指标	限值
2	臭气浓度	<2 级（六级臭度）
3	横向剪切强度（kN/m^2）	>25

污泥用作垃圾填埋场终场覆盖土添加料时，其生物学指标还需满足《城镇污水处理厂污染物排放标准》（GB 18918—2002）中要求，见表 4.22。

表 4.22　用作垃圾填埋场终场覆盖土的污泥生物学指标及限值

序号	生物学指标	限值
1	粪大肠菌群菌值	>0.01
2	蠕虫卵死亡率（%）	>95

6.《城镇污水处理厂污泥处置　园林绿化用泥质》（GB/T 23486—2009）

本标准规定了城镇污水处理厂污泥园林绿化利用的泥质指标及限值、取样和监测等。标准适用于城镇污水处理厂污泥的处置和污泥园林绿化利用。

污泥园林绿化利用时，其他理化指标应满足表 4.23 的要求。

表 4.23　其他理化指标及限值

序号	其他理化指标	限值	
1	pH 值	酸性土壤（pH 值<6.5）	中性和碱性土壤（pH 值≥6.5）
		6.5~8.5	5.5~7.8
2	含水率（%）	<40	

污泥园林绿化利用时，其养分指标及限值应满足表 4.24 的要求。

表 4.24　养分指标及限值

序号	养分指标	限值
1	总养分［总氮（以 N 计）+总磷（以 P_2O_3 计）+总钾（以 K_2O 计）］（%）	≥3
2	有机物含量（%）	≥25

污泥园林利用与人群接触场合时，其生物学指标及限值应满足表 4.25 的要求。

表 4.25　生物学指标及限值

序号	生物学指标	限值
1	粪大肠菌群菌值	>0.01
2	蠕虫卵死亡率（%）	>95

污泥园林绿化利用时，其污染物指标及限值应满足表 4.26 的要求。

表 4.26　污染物指标及限值

序号	污染物指标	限值	
		酸性土壤（pH 值<6.5）	中性和碱性土壤（pH 值≥6.5）
1	总镉（mg/kg 干污泥）	<5	<20

续表

序号	污染物指标	限值	
		酸性土壤（pH 值<6.5）	中性和碱性土壤（pH 值≥6.5）
2	总汞（mg/kg 干污泥）	<5	<15
3	总铅（mg/kg 干污泥）	<300	<1000
4	总铬（mg/kg 干污泥）	<600	<1000
5	总砷（mg/kg 干污泥）	<75	<75
6	总镍（mg/kg 干污泥）	<100	<200
7	总锌（mg/kg 干污泥）	<2000	<4000
8	总铜（mg/kg 干污泥）	<800	<1500
9	硼（mg/kg 干污泥）	<150	<150
10	矿物油（mg/kg 干污泥）	<3000	<3000
11	苯并［a］芘（mg/kg 干污泥）	<3	<3
12	可吸附有机卤化物（AOX）（以 Cl 计）（mg/kg 干污泥）	<500	<500

7.《城镇污水处理厂污泥处置　分类》（GB/T 23484—2009）

城镇污水处理厂污泥处置分类见表 4.27。

表 4.27　城镇污水处理厂污泥处置分类

序号	分类	范围	备注
1	污泥土地利用	园林绿化	城镇绿地系统或郊区林地建造和养护等的基质材料或肥料原料
		土地改良	盐碱地、沙化地和废弃矿场的土壤改良材料
		农用[a]	农用肥料或农田土壤改良材料
2	污泥填埋	单独填埋	在专门填埋污泥的填埋场进行填埋处置
		混合填埋	在城市生活垃圾填埋场进行混合填埋（含填埋场覆盖材料利用）
3	污泥建筑材料利用	制水泥	制水泥的部分原料或添加料
		制砖	制砖的部分原料
		制轻质骨料	制轻质骨料（陶粒等）的部分原料
4	污泥焚烧	单独焚烧	在专门污泥焚烧炉焚烧
		与垃圾混合焚烧	与生活垃圾一同焚烧
		污泥燃料利用	在工业焚烧炉或火力发电厂焚烧炉中作燃料利用

[a] 农用包括进食事物链利用和不进事物链利用两种。

8.《电镀污泥处理处置　分类》（GB/T 38066—2019）

电镀污泥处理处置方法分类见表 4.28。

表 4.28　电镀污泥处理处置方法分类

序号	处理处置分类	处理处置方式	备注
1	电镀污泥资源化回收	利用火法或湿法回收金属单质，合金或金属盐	热化学法、火法冶炼等工艺提取电镀污泥中的有价金属、回收金属或合金
			酸浸法、氨浸法、萃取、电解等提取电镀污泥中的金属离子，回收盐或金属单质
			湿法与火法联合，回收金属或金属盐
2	电镀污泥材料利用	水泥窑协同处置	满足 GB/T 30760—2024 要求，作为水泥窑制水泥的部分原料或添加剂
		建材利用	制成建筑材料或建筑材料添加料，如制砖、生化纤维板等
		制轻质骨料	添加其他原料制成轻质骨料，如陶粒等
		制合金	预处理后作为冶金高炉配料，制成合金
		制磁性材料原料	作为生产铁氧体、磁性探伤粉的部分原料
		制陶瓷	预处理后作为制陶瓷的部分原料
3	电镀污泥焚烧	污泥燃烧利用	利用危废焚烧炉掺烧
4	电镀污泥熔融处置	高温熔融玻璃化	无回收利用价值的电镀污泥利用冶金炉，等离子体炉等高温设备进行无害熔融玻璃化处置
5	安全填埋	直接填埋	符合 GB 18598—2019 中危废填埋入场要求填埋
		处理后填埋	经稳定化、固化后符合 GB 18598—2019 中危废填埋入场要求后填埋

知识拓展

污泥是否是危废？

第一类，单纯用于处理城镇生活污水的公共污水处理厂，其产生的污泥通常情况下不具有危险特性，可作为一般固体废物管理。第二类，专门处理工业废水（或同时处理少量生活污水）的处理设施产生的污泥，可能具有危险特性，应按《国家危险废物名录》、国家环境保护标准《危险废物鉴别技术规范》（HJ 298—2019）和危险废物鉴别标准的规定，对污泥进行危险特性鉴别。第三类，以处理生活污水为主要功能的公共污水处理厂，若接收、处理工业废水，且该工业废水在排入公共污水处理系统前能稳定达到国家或地方规定的污染物排放标准的，公共污水处理厂的污泥可按照第一条的规定进行管理。但是，在工业废水排放情况发生重大改变时，应按照第二条的规定进行危险特性鉴别。第四类，企业以直接或间接方式向其法定边界外排放工业废水的，出水水质应符合国家或地方污染物排放标准；废水处理过程中产生的污泥，属于正在产生的固体废物，对其进行危险特性鉴别，应按照《危险废物鉴别技术规范》（HJ 298—2019）的规定，在废水处理工艺环节采样，并按照污泥产生量确定最小采样数。

典型的污泥判别

1. 生活污水处理厂产生的污泥

属于固体废物，不属于危险废物。根据《关于加强城镇污水处理厂污泥污染防治工作的通知》（环办〔2010〕157 号文件），该类废物在转移管理的过程中，“参照危险废物管理，建立污泥转移联单制度。”参照危险废物管理的意思是说，该类污泥不属于危险废物，但是要提高管理层级，尤其是要加强台账管理，防止运输过程中抛洒滴漏与非法倾倒。然而工业企业污水处理过程中产生的污泥，往往因其浸出毒性超标，或者含有其他有毒有害物质和其他危险特性，绝大部分应属于危险废物范畴（判定方法主要依据企业环评、行业规律、物料来源、专家认定、属性鉴别等）。

2. 生活垃圾焚烧产生的飞灰

属于危险废物（HW18）。但是在满足《生活垃圾填埋场污染控制标准》（GB 16889—2024）中 6.3 条要求后，进入生活垃圾填埋场填埋，不纳入危险废物管理；另一种情形是，如果经过预处理后，满足《水泥窑协同处置固体废物污染控制标准》（GB 30485—2013）有关要求的，协同处置过程也纳入豁免管理范畴。

3. 医疗机构污水处理过程中产生的污泥

大部分属于危险废物。《医疗废物管理条例》（国务院令第 380 号）规定，“医疗废物，是指医疗卫生机构在医疗、预防、保健以及其他相关活动中产生的具有直接或者间接感染性、毒性以及其他危害性的废物。”《医疗废物分类目录》（卫医发〔2003〕287 号）中的“感染性废物”中列有“其他被病人血液、体液、排泄物污染的物品”，医疗机构污水处理过程中产生的栅渣、沉淀污泥和化粪池污泥等，应列入此类。在新版《国家危险废物名录》中的废物代码为 841-001-01。

如果某医疗机构在环评时，对于废水处理工艺经过专门设计，并且已对污泥做出了属性判定，如果管理部门认为该类污泥应当纳入危险废物管理，则应通过危险废物鉴别程序进行最后判别。

五步法鉴别污泥是否危废

依据由环境保护部联合国家发改委、公安部发布自 2021 年 1 月 1 日起开始施行的《国家危险废物名录》和《危险废物鉴别标准　通则》（GB 5085.7—2019），结合住建部、环保部、科技部于 2009 年 2 月 28 日联合发布的《城镇污水处理厂污泥处理处置及污染防治技术政策（试行）》，五步即可判定污水污泥是否属于危险废物，如图 4.13～图 4.17 所示：

第一步　分类。

第二步　判定依据。

第三步　如何监管？

第四步　资源化利用。

第五步　哪些能够豁免？

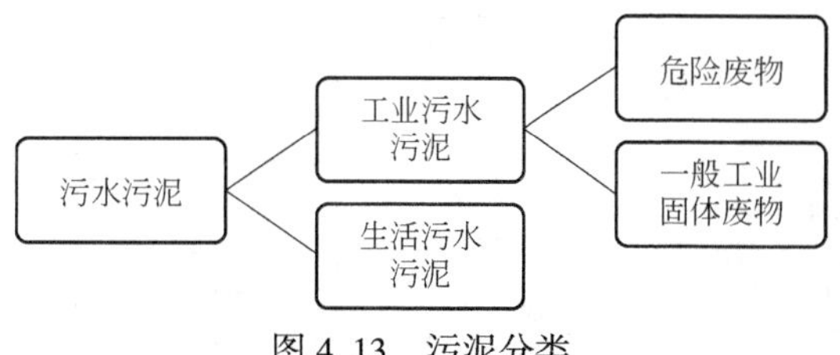

图 4.13　污泥分类

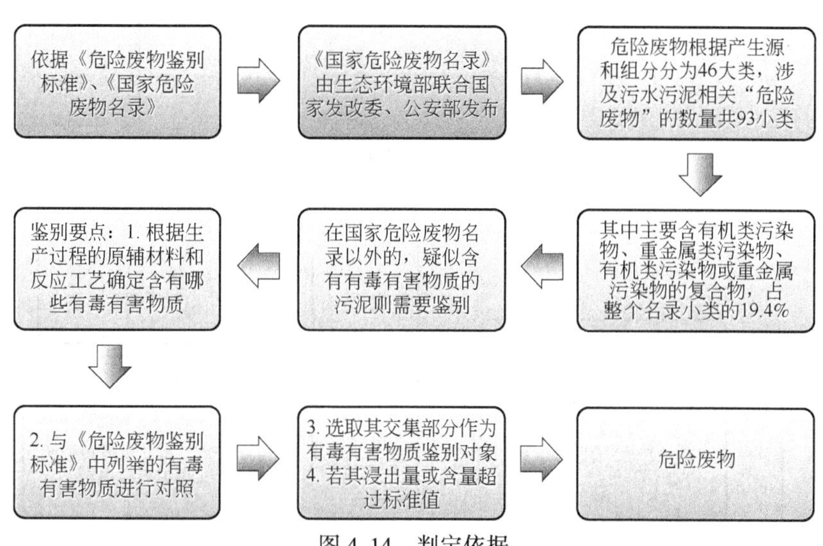

图 4.14　判定依据

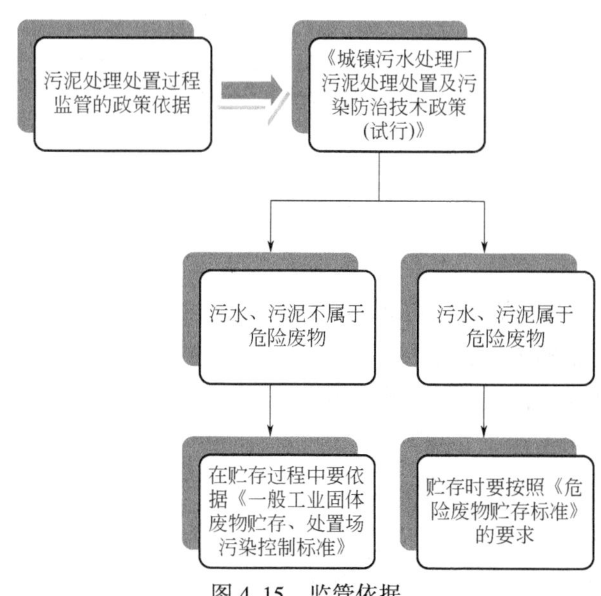

图 4.15　监管依据

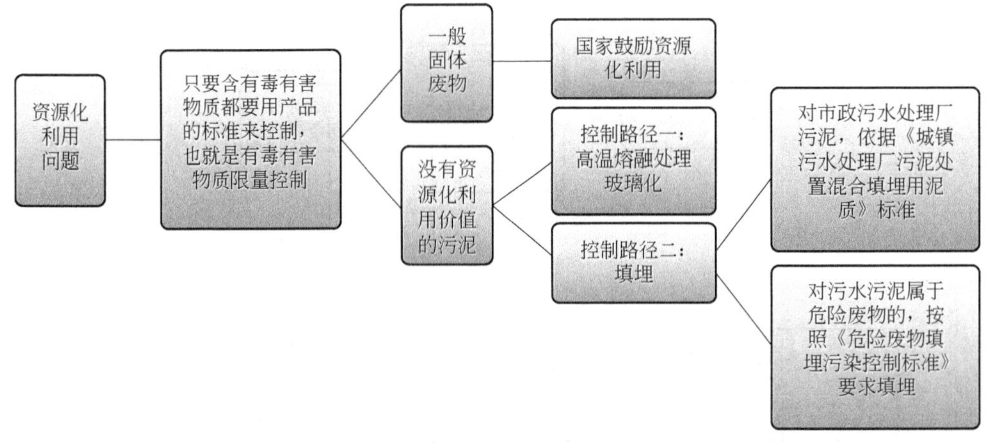

图 4.16　资源化利用途径

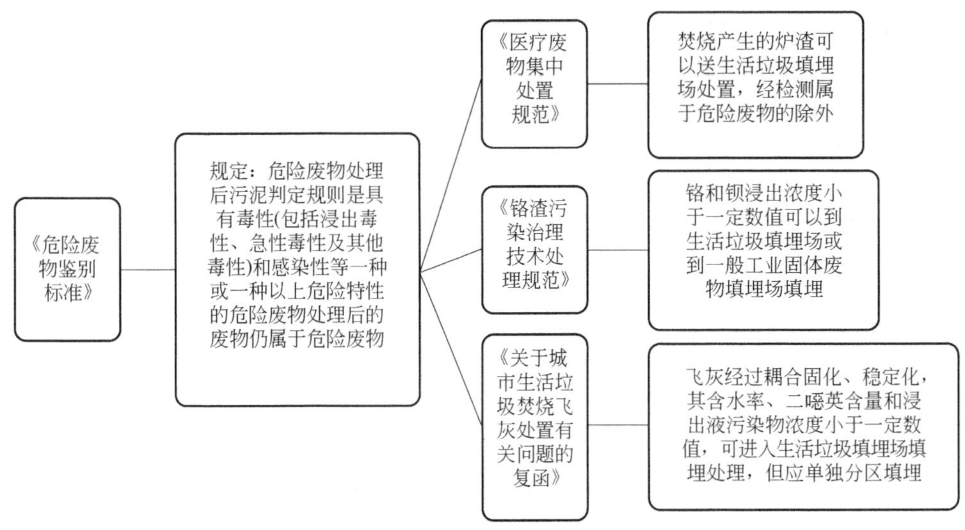

图 4.17　危废鉴别标准

巩固与提高

一、单选题

以下哪个选项不属于污泥处置八大国标？(　　)

A.《农用污泥污染物控制标准》

B.《城镇污水处理厂污泥处置　制砖用泥质》

C.《印染废水污泥处置　分类》

D.《电镀污泥处理处置　分类》

二、讨论题

污泥是否属于危险废物？如何进行鉴定？

任务 4.8 掌握污泥及污泥气体的测定

学习目标

1. 知识目标

（1）掌握污泥理化特性及污泥中所含常见重金属指标的测定和计算方法；

（2）了解各指标对污水及污泥处理系统的设计和运行控制的指导意义。

2. 技能目标

能够在实验室中独立完成污泥各项指标的监测工作、数据的处理以及报告的编制。

3. 素质目标

（1）帮助学生树立投身环保事业的崇高信念；

（2）增强学生的独立思考能力，使其体验成就感，提高学习兴趣；

（3）引导学生练就精益求精的工匠精神。

思政情境

实验操作过程中，任何一个反应条件的微弱改变和任何一个数据的不当处理，可能都会影响最终的实验结果，就无法获得准确可信的实验结果，可谓差之毫厘，失之千里。作为一名环保工作者，在今后的工作中我们一定要时刻牢记精益求精的工匠精神，确保实验结果的精准可靠。

相关知识

4.8.1 概述

目前，国内对于污泥及污泥气体的测定标准正在编制过程中。本章所介绍的测定方法，基于现有通用且可行的污泥各项指标测定方法，并借鉴土壤相关指标的测定方法和标准。

4.8.2 污泥的理化特性测定

1. 含水率的测定

将 60mL 蒸发皿放在烘箱内，以 105~110℃的温度烘 2h，取出后放在干化器内冷却半小时，用万分之一分析天平称重，记录重量 W_1 再用粗天平称 20g 污泥置于烘干后的蒸发皿中，用水浴锅蒸干。然后放入 105~110℃的烘箱内烘 2h，取出放入干燥器内冷却 0.5h，用万分之一天平称重，记录重量 W_2 代入式(4.3) 计算含水率：

$$m=\frac{20-(W_2-W_1)}{20}\times 100\% \tag{4.3}$$

式中　m——污泥含水率，%；

W_1——第一次称重（空蒸发皿重），g；

W_2——烘干后称重（蒸发皿重+样重），g；

20——所取污泥重量，g。

2. 挥发固体含量的测定

将测完含水率的污泥样放在电炉上碳化，并烧至不冒烟，再放入600℃高温炉中，灼烧30min，然后放冷或将温度降至110℃左右。取出，放入105～110℃的烘箱中烘30min。取出，放入干燥器干燥30min，然后称重记录重量 W_3，代入下式，求出挥发固体含量：

$$a=\frac{W_2-W_3}{W_2-W_1}\times 100\% \tag{4.4}$$

式中　a——挥发固体含量，%；

W_1——第一次称重（空蒸发皿重），g；

W_2——烘干后称重（蒸发皿重+样重），g；

W_3——灼烧后的蒸发皿重和加样重，g。

3. 比阻的测定

1）仪器

直径为10cm的古氏漏斗，漏斗底铺直径为9.4cm的快速滤纸；100mL计量管；U形测压计，如图4.18所示。

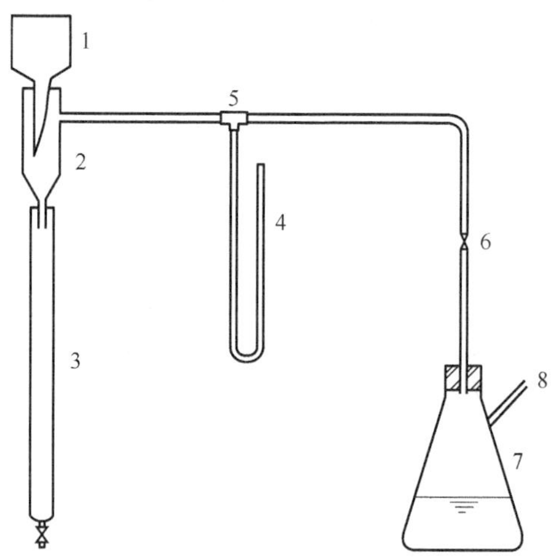

图4.18　比阻测定装置

1—古氏漏斗；2—抽滤器；3—100mL计量管；4—U形测压计；5—三通；6—调节阀；7—缓冲瓶；8—接真空泵

2）操作方法与分析计算

（1）测定污泥液样的干固体浓度 C_0。

（2）用少许蒸馏水润湿滤纸，开动真空泵，使滤纸紧贴漏斗底。

（3）关闭真空泵，放100mL污泥液样在漏斗内，使其依靠重力过滤约1min，记录计量管中的滤液量。此滤液量应在分析时减去。

（4）开启真空泵，至额定真空度时（如分别为 100mm、230mm、500mm 汞柱），作为零时间，记录适当时间间隔的滤液体积。在整个实验过程中，应不断调解压力，保持额定真空度，进行定压过滤，直至滤饼破裂，真空破坏或持续过滤 20min。

（5）测定滤液温度，滤饼干重。

（6）不同真空度，重复试验 3 次，每次误差值应小于±2%。

（7）对于每一个试验，由过滤时间 t，对应的滤液量 V，计算出$\frac{t}{V}$。在直角坐标纸上，以为纵坐标，V 为横坐标，点绘$\frac{t}{V}$-V 关系直线，可得直线的斜率 b。

（8）比阻计算公式为 $r=\frac{2PA^2b}{\mu\omega}$，$\omega$ 计算公式如下：

$$\omega=\frac{C_k C_0}{100(C_k-C_0)} \tag{4.5}$$

式中　ω——单位体积的滤液被介质截留的干固体质量，kg/m^3；

C_0——原污泥干固体浓度，g/mL；

C_k——滤饼干固体浓度，g/mL。

4.8.3　污泥的重金属测定

1. 污泥的预处理

（1）称干污泥 0.20g，先加少量水湿润浸泡，再加 5mL 硝酸加热消解，至棕色氮氧化物气体挥发完，在样品周边滴加少量水，再加 5mL 硝酸并滴加高氯酸至样品成灰白色。最后定容至 25mL 或者 50mL，澄清后（可离心分离固液），取上清液作为分析样品。

（2）称干污泥 0.20g，先加少量水湿润浸泡，再加 10mL 王水加热消解，至棕色氮氧化物气体挥发完，在样品周边滴加少量水，再加 2mL 过氧化氢（30%）至冒泡，最后定容至 25mL 或者 50mL，澄清后（可离心分离固液），取上清液作为分析样品。

2. 重金属化学提取分离法

（1）称污泥干固体 1g，置玛瑙研钵中研磨至 200 目。

（2）加 1mol/L $MgCl_2$ 8mL，用 HCl 调节混合液 pH 值至 7.0，在（18±0.5）℃下振荡 1h，离心分离后，取上清液待测可交换态重金属。

（3）剩余残留物中加入 4mL 去离子水，搅拌均匀再离心分离，之后将上清液弃除。

（4）经过（3）处理的残留物中加 1mol/L 草酸钠 8mL，用草酸溶液调节 pH 值至 5.0，在（20±0.5）℃下持续搅拌 1.5h 后偶尔搅动，共计 17.5h，离心分离后取上清液待测重金属碳酸盐态。

（5）同（3）。

（6）经过（5）处理的残留物中加含盐酸羟胺 0.04mol/L 的草酸溶液 20mL，用草酸调节 pH 值至 2.0，加热至（96±2）℃，偶尔搅动反应 1h，离心分离后取上清液待测重金属铁锰氧化结合态。

（7）同（3）。

（8）经过（7）处理的残留物中加 0.02mo1/L 的硝酸溶液 3mL，再加 30%（体积分数）H_2O_2 5mL，加硝酸调节 pH 值至 2.0，温度维持在（83±3）℃，偶尔搅动反应 1.5h。然后加 3mL 30%（体积分数）H_2O_2，加硝酸调节 pH 值至 2.0，偶尔搅动反应 1.1h，冷却达室温，再加含 3.2mol/L 草酸铵的硝酸溶液（20%体积分数）5mL，并将样品稀释为 20mL，室温下静置 9.5h，离心分离后取上清液待测重金属有机结合态。

（9）同（3）。

（10）经过（9）处理的残留物溶解于浓盐酸、浓硝酸、氢氟酸和高氯酸混合液，然后测定重金属的残渣态。

（11）离心分离时间每次均为 30min，转速为 10000r/min，使用的全部聚丙烯离心管及玻璃仪器均需用稀硝酸浸泡。

3. 铜的测定

1）二乙基二硫代氨基甲酸钠比色法

（1）原理。

铜与二乙基二硫代氨基甲酸钠生成黄棕色的胶体络合物，待颜色稳定 1h，如铜的含量超过 1mg/L，则溶液浑浊（此时需用蒸馏水稀释）。铅达 8mg，锌达 16mg，对此法无干扰。但高于此值时，溶液浑浊略有影响。铁含量超过铜含量的 50 倍时，铁络合物的棕色可能将铜络合物的色泽完全掩盖起来。

（2）仪器。

100mL 分液漏斗，50mL 有塞比色管，光电比色计或分光光度计。

（3）试剂。

① 二乙基二硫代氨基甲酸钠溶液：称取 1.0g 二乙基二硫代氨基甲酸钠，溶于蒸馏水中，稀释至 100mL。将溶液过滤。

② 乙二胺四乙酸二钠柠檬酸铵溶液：称取 20g 分析纯柠檬酸铵和 5g 分析纯乙二胺四乙酸二钠溶于蒸馏水中，稀释至 100mL。

③ 硫酸铜标准溶液：称取 0.3929g 分析纯硫酸铜 $CuSO_4 \cdot 5H_2O$，溶于蒸馏水中，稀释至 1000mL。吸取 10mL 稀释至 100mL。

④ 氨水：相对密度为 0.88。

⑤ 甲酚红溶液：称取 0.04g 甲酚红溶于 100mL 乙醇中。

⑥ 四氯化碳。

⑦ 0.08mol/L 氰化钾溶液：称取 0.52g 氰化钾溶于蒸馏水中，稀释至 100mL。

（4）操作步骤。

① 吸取预处理后的污泥液样 25~50mL（Cu^{2+}不超过 50μg）于分液漏斗中。

② 加 10mL 乙二胺四乙酸二钠柠檬酸铵溶液和两滴甲酚红指示剂。

③ 加入氨水直到溶液由红色变为淡红色，最后加数滴，使溶液略带浅紫红色为止，放冷。

④ 加 1mL 二乙基二硫氨基甲酸钠溶液，摇匀。

⑤ 加 10mL 四氯化碳，摇动分液漏斗 2min，用滤纸条擦去漏斗壁水分后，放出四氯

化碳层，用光电比色计（蓝色滤光片）或分光光度计（430nm 波长），测定光密度。

⑥ 标准曲线制备：取铜标准液 0mL、0.5mL、1.0mL、3.0mL、5.0mL，分别置于 5 支 50mL 比色管中，用蒸馏水稀释至 50mL，按分析方法（3）以下各步骤进行。并绘出标准曲线，本法稳定 1h。

计算

$$C_{cu}=\frac{A\times1000}{V} \tag{4.6}$$

式中 C_{cu}——污泥液样的铜含量，mg/L；

V——污泥液样体积，mL；

A——查标准曲线得相应浓度，mg。

（5）注意事项。

① 配制标准试剂以及稀释用水，都需用经全玻蒸馏器蒸馏的重蒸馏水。市售蒸馏水中往往含铜量较高，不应直接使用。

② 氰化钾有剧毒，使用时需注意。

2）火焰原子吸收分光光度法

（1）原理。

污泥液样中的铜，在空气—乙炔火焰中原子化，产生的原子蒸气吸收从铜空心阴极灯，射出的特征波长 324.7nm 的光，吸光度的大小与火焰中铜基态原子浓度成正比。

（2）仪器。

原子吸收分光光度计（配有空气—乙炔燃烧器和铜空心阴极灯）。

（3）试剂。

① 铜标准溶液：称取 1.000g 分析纯金属铜或者相当量的金属氧化物溶于少量蒸馏水中，加 10mL 浓硝酸，用蒸馏水稀释至 1000mL，吸取 10mL 再稀释至 1000mL。此溶液 1mL 含 10μg 铜。吸取此种溶液 10mL，稀释至 100mL，则此溶液 1mL 含 1μg 铜。

② 0.5mol/L 盐酸溶液：量取 42mL 分析纯浓盐酸，稀释至 1L，混匀。

（4）操作步骤。

① 标准曲线的绘制：吸取铜标准溶液 0mL、5.0mL、10.0mL、15.0mL、20.0mL、25.0mL 分别置于 6 个 100mL 容量瓶中，用盐酸溶液稀释至刻度，混匀。进行测量前，根据待测元素性质，参照仪器使用说明书，对测量所用光谱带宽、灯电流、燃烧器高度、空气—乙炔流量比进行最佳工作条件选择。然后，于波长 324.7nm 处，使用空气—乙炔氧化火焰，以铜含量为 0 的标准溶液为参比溶液，调节原子吸收分光光度计的吸光度为 0 后，测定各标准溶液的吸光度。每次测定之后，应用水喷雾洗涤燃烧器。以各标准溶液的铜含量（μg/mL）为横坐标，相应的吸光度为纵坐标，绘制标准曲线。

② 污泥液样测定：将试液不经稀释或吸取一定量试液置于容量瓶中，用盐酸稀释后作为测定用的试液溶液（待测溶液铜含量必须小于 25μg/mL）。按照标准曲线的测定方法，测得试液吸光度，在工作曲线上查出相应的铜浓度 C_{Cu}（μg/mL）。

$$C_{Cu}=\frac{AN}{1000} \tag{4.7}$$

式中 A——查标准曲线所得到浓度，μg/mL；

N——污泥液样稀释倍数。

4. 镉的测定

1）二硫腙分光光度法

（1）原理。

镉和二硫腙产生红色络合物，用氯仿萃取比色。由于不同的离子和二硫腙作用的 pH 值不同，以及对某些化合物的络合作用强弱不等，故可借以分离汞、铜、铅、锌等干扰物。但污泥样中干扰物的浓度太高时，对测定仍有影响。

本法最低能检出 0.5μg 的镉。

（2）仪器。

125mL 分液漏斗；光电比色计或分光光度计。

（3）试剂。

① 镉标准溶液：称取 0.1000g 纯金属镉，溶于 25mL 分析纯盐酸（20mL 蒸馏水加 5mL 浓盐酸）中，溶解后移入 1000mL 容量瓶中，用蒸馏水稀释至刻度。此种溶液 1mL 内含有 0.1mg 镉。取此液 10mL 于 1000mL 容量瓶中，加 10mL 浓盐酸，以蒸馏水稀释至刻度。此液 1mL 含 0.001mg 镉。

② 氯仿：分析纯氯仿重蒸。

③ 酒石酸钾钠溶液：称取 250g 分析纯酒石酸钾钠 $NaKC_4H_4O_6 \cdot 4H_2O$，溶于蒸馏水中，稀释至 1000mL。

④ 氢氧化钠—氰化钾溶液甲：称取 400g 分析纯氢氧化钠和 10g 氰化钾，溶于蒸馏水中，稀释至 1000mL 该溶液可稳定 1~2 个月。该溶液有剧毒，使用时应特别小心。

⑤ 氢氧化钠—氰化钾溶液乙：称取 400g 分析纯氢氧化钠和 0.5g 氰化钾，溶于蒸馏水中，稀释至 1000mL。该溶液可稳定 1~2 个月。该溶液有剧毒，使用时应特别小心。

⑥ 盐酸羟胺溶液：称取 20g 分析纯盐酸羟胺 $NH_2 \cdot OH \cdot HCl$，溶于蒸馏水中，稀释至 100mL。

⑦ 酒石酸溶液：称取 20g 分析纯酒石酸，溶于蒸馏水中，稀释至 1000mL，储于冰箱中。

⑧ 二硫腙标准溶液：取 100mL 提取用的二硫腙溶液，用氯仿稀释至 1000mL 用棕色瓶装，储于冰箱中。

（4）操作步骤。

① 吸取适量污泥液样，调节 pH 值为中性。加蒸馏水至 25mL，置于 125mL 的分液漏斗中。若其中含镉量小于 0.5μg，需先将水样用盐酸酸化，并蒸馏浓缩。最后调节体积至 25mL。

② 于分液漏斗中，加 1mL 酒石酸钾钠溶液，5mL 氢氧化钠—氰化钾溶液甲，1mL 盐酸羟胺。每加一种试剂，都需摇匀。加 15mL 提取用的二硫腙溶液，振摇 1min，此步骤应迅速进行。

③ 将二硫腙氯仿溶液放入另一已加有 25mL 冷酒石酸钾钠的分液漏斗中，用 10mL 氯仿洗涤第一分液漏斗后，将氯仿也放入第二分液漏斗中，注意勿使水溶液进入第二分液漏斗。

④ 将第二分液漏斗摇荡 2min，弃去二硫腙氯仿溶液，并加 5mL 氯仿，再振荡后弃去氯仿层。

⑤ 向分液漏斗中的水溶液中分别加入 0. 25mL 盐酸羟胺溶液、15. 0mL 二硫腙标准溶液、5mL 氢氧化钠—氰化钾溶液乙，立即振荡 1min。

⑥ 擦干分液漏斗中颈管内壁，并塞入一块玻璃棉（塞到活塞之下），将二硫腙标准溶液放入 1cm 比色皿中，用氯仿调零，用光电比色计（绿色滤光片）或分光光度计（用 518nm 波长）测定光密度。在标准曲线上求出含镉量。

⑦ 在水样测定同时配制一套标准色管，即吸取 0mL、2. 0mL、4. 0mL、6. 0mL、8. 0mL、10. 0mL 镉标准溶液，分别加入 6 支 50mL 比色管中，加蒸馏水至 25mL。以下测定步骤与水样相同。测出光密度后，绘制标准曲线。

$$C_{\mathrm{Cr}}=\frac{V\times 0.001\times 1000}{M} \tag{4.8}$$

式中　C_{Cr}——污泥中的镉含量，mg/kg；

V——相当镉标准溶液体积，mL；

M——相当污泥克数，g。

（5）注意事项。

① 二硫腙与 Cr^{3+} 生成金属络合物反应十分灵敏，所用试剂、蒸馏水都应经过除铜处理。所用的仪器也需仔细洗涤［除一般清洗方法外，尚需用 5%（体积比）盐酸浸泡除镉］。

② 二硫腙与 Cr^{3+} 生成金属络合物反应速度较慢，并与溶液的 pH 值有关。所以在操作中，要严格控制 pH 值。振荡时，振荡的强度、时间和比色前放置的时间要尽可能一致，否则不能获得准确结果。

2）火焰原子吸收分光光度法

（1）原理。

污泥液样中的镉，在空气—乙炔火焰中原子化，产生的原子蒸气吸收从镉空心阴极灯射出的特征波长 228. 8nm 的光，吸光度的大小与火焰中镉基态原子浓度成正比。本法最低能检出 0. 5μg。

（2）仪器。

原子吸收分光光度计（配有空气—乙炔燃烧器和镉空心阴极灯）。

（3）试剂。

① 镉标准溶液：同“4、镉的测定”中镉标准溶液的配制。

② 0. 5mol/L 盐酸溶液。

（4）操作步骤。

① 标准曲线的绘制：同铜的标准曲线的绘制，波长改为 228. 8nm。

② 污泥液样测定：将试液不经稀释或吸取一定量试液置于容量瓶中用盐酸稀释后作为测定用的试液溶液（待测溶液铜含量必须小于 2μg/mL）。按照标准曲线的测定方法，测得试液吸光度，在工作曲线上查出相应的铜浓度 C_{Cu}（μg/mL）。

计算
$$C_{\mathrm{Cu}}=\frac{AN}{1000} \tag{4.9}$$

式中　A——查标准曲线所得到的浓度，μg/mL；

N——污泥液样稀释倍数。

5. 汞的测定

1）冷原子吸收光度法

（1）原理。

用硝酸、硫酸和过量的高锰酸钾将样品消解，使汞全部转化为二价汞，多余的高锰酸钾用盐酸羟胺还原，然后用氯化亚锡将二价汞还原成原子汞，在 253. 7nm 波长处进行测定。

本方法的最低检出限为 0. 005mg/kg（按称取 2g 试样计算）。

（2）仪器。

冷原子吸收测汞仪。所用的玻璃器皿均需用 50%V/V 的硝酸浸泡，用水洗净。

（3）试剂。

除另有规定外，均使用分析纯试剂和去离子水。

① 硫酸（H_2SO_4，ρ=1. 84g/mL），优级纯。

② 硝酸（HNO_3，ρ=1. 40g/mL），优级纯。

③ 盐酸（HCl，ρ=1. 19g/mL），优级纯。

④ 5%（m/V）高锰酸钾溶液：称取 50g 重结晶处理后的高锰酸钾（$KMnO_4$），用水溶解后稀释至 1000mL。

⑤ 10%（m/V）盐酸羟胺溶液：称取 10g 盐酸羟胺（$NH_2OH \cdot HCl$），用水溶解，稀释至 100mL，通入纯氮气以驱除微量汞。

⑥ 20%（m/V）氯化亚锡溶液：称取 20g 氯化亚锡（$SnCl_2 \cdot 2H_2O$）于烧杯中，加入 20mL 盐酸，加热至完全溶解，用水稀释至 100mL，通入纯氮气，驱除微量汞。

⑦ 0. 05%（m/V）重铬酸钾溶液：称取 0. 5g 重铬酸钾（$K_2Cr_2O_7$，优级纯），溶于 1000mL 5%（V/V）硝酸溶液中。

⑧ 汞贮备溶液（100mg/L）：称取经充分干燥过的氯化汞（$HgCl_2$）0. 1354g，用重铬酸钾溶液溶解后，移入 1000mL 容量瓶中，再用此溶液稀释至标线。

⑨ 汞标准溶液（0. 1mg/L）：准确吸取一定量的汞贮备液，用重铬酸钾溶液逐级将此溶液稀释而成。用时现配。

（4）操作步骤。

空白试验：取与污泥液样等量的去离子水，按②、③步骤随同试样做空白试验。用所得吸光度查得空白值。

① 污泥液样消解：量取污泥液样 10～50mL 作为试料，移入 50mL 或 100mL 比色管中，依次加入 1mL 硝酸、2. 5～5. 0mL 硫酸，摇匀，加 5mL 高锰酸钾溶液，摇匀，置于 80℃左右水浴中，每隔 10min 振摇一次，如发现高锰酸钾褪色，需继续添加，始终保持消解液成紫红色。消解 1h 后取下冷却，临近测定时，边摇边滴加盐酸羟胺溶液使消解液褪色，用水定容至 50mL 或 100mL，取 10mL 移入测汞仪的汞蒸气发生瓶。

② 向汞蒸气发生瓶中，加入 1mL 氯化亚锡溶液，测定吸光度。

③ 确定汞含量：从测得的吸光度扣除空白吸光度后，在工作曲线上查出样品的含量。

④ 工作曲线的绘制：分别取标准溶液 0mL、1. 0mL、2. 0mL、3. 0mL、4. 0mL、5. 0mL

于 100mL 容量瓶中，加入约 50mL 水，加入 1mL 硝酸、5mL 硫酸，摇匀，再加 5mL 高锰酸钾溶液摇匀，放置数分钟，滴加盐酸羟胺使溶液的紫红色褪去，定容至 100mL。取 10mL 注入汞蒸气发生瓶中，加入 1mL 氯化亚锡溶液，逐个测量吸光度，分别扣除零标准的吸光度，绘制吸光度对汞含量（mg/L）的工作曲线。

$$C_{Hg}=C\frac{V}{V_0} \tag{4.10}$$

式中　C_{Hg}——汞的浓度，mg/L；

C——工作曲线上查得的浓度，mg/L；

V——污泥液样体积，mL；

V_0——消解后定容体积，mL。

2）二硫腙法

（1）原理。

汞和二硫腙在酸性溶液中生成橙色络合物，其色度与汞浓度成正比。多数金属离子均有干扰作用。但可用乙二胺四乙酸二钠隐蔽。

（2）仪器与试剂。

250mL 分液漏斗，250mL 玻璃磨口回流装置，光电比色计或分光光度计。配制试剂和稀释水样，均用重蒸馏水或去离子水。

① 汞标准液：称取分析纯试剂硝酸汞 0.1618g 或氯化汞 0.1354g，用 2mL 1∶1 硫酸湿润，加蒸馏水 10mL 溶解，然后移入 100mL 的容量瓶中，用蒸馏水稀释至刻度。1mL 该溶液含 1mg 汞。使用前稀释成 1μg/mL。

② 0.002%二硫腙—四氯化碳溶液：称取 0.2g 二硫腙溶解于四氯化碳中，稀释至 100mL。溶液需贮藏于棕色玻璃瓶中。在使用前，再用四氯化碳稀释 100 倍。使用时，将该溶液再稀释 10 倍，成浓度为 0.002%的二硫腙四氯化碳溶液。

③ 硫酸：1∶1 分析纯。

④ 高锰酸钾溶液：取分析纯高锰酸钾，配制成饱和溶液。

⑤ 盐酸羟胺溶液：称取 10g 分析纯盐酸羟胺溶于 100mL 蒸馏水中，0.002%二硫腙四氯化碳溶液洗涤至不变色。

⑥ 乙二胺四乙酸二钠溶液：称取 2g 分析纯乙二胺四乙酸二钠溶于 100mL 蒸馏水中。

⑦ 硫氰酸铵溶液：称取 2g 分析纯硫氰酸铵溶于 100mL 蒸馏水中。

（3）操作步骤。

① 称取 2g 经预处理的污泥，加 100mL 蒸馏水于回流装置中，其中含汞量不超过 10μg。

② 加 5mL 1∶1 硫酸，10mL 饱和高锰酸钾溶液，若颜色消失或在回流时褪色，应再加 2mL 高锰酸钾。

③ 接冷凝管回流 10min 冷却。

④ 加 2mL 盐酸羟胺，使颜色褪尽，放置数分钟，加 1mL 2%的硫氰酸铵，摇匀。

⑤ 去铜：每次用 10mL 0.002%二硫腙四氯化碳溶液萃取 2~3 次，合并萃取液于盛有 50mL 1mol/L 硫酸溶液的分液漏斗中，再加 4mL 1.5%硫代硫酸钠溶液，猛烈振荡 2min。此时汞已转入酸液层中。弃去下层有机溶液，将酸液置于三角烧瓶中，加入 2mL 饱和高

锰酸钾溶液，煮沸 5min。冷却后加 2mL 10%盐酸羟胺。用 10mL 0.002%二硫腙四氯化碳溶液萃取放出下层溶液，用 1cm 比色皿，用光电比色计（绿色滤光片）或分光光度计（505nm）测吸光度。

⑥ 标准色列制备：分别取汞标准液 0mL、0.5mL、1.0mL、3.0mL、5.0mL、7.0mL、10.0mL，分别加入 7 支 200mL 比色管中，各加蒸馏水至 100mL，以下同操作方法②~⑤。测定吸光度后，绘制标准曲线。

$$C_{Hg}=\frac{A\times1000}{V} \tag{4.11}$$

式中 C_{Hg}——汞的浓度，mg/L；

A——标准曲线上查得的相应浓度，mg；

V——污泥液样体积，mL。

6. 总铬的测定——二苯碳酰二肼分光光度法

1）原理

在碱性条件下，用高锰酸钾将水样中铬离子全部氧化为六价铬，然后与二苯基碳酸二肼作用产生红紫色，再与标准系列比较。亚汞及汞离子与二苯基碳酸二肼产生一种蓝色或紫蓝色干扰物。但在控制的酸度下，反应不灵敏；铁超过 1mg/L，产生黄色干扰，可在氧化中和后用阳离子交换树脂去除。

2）仪器

50mL 比色管、250mL 三角烧瓶、光电比色计或分光光度计。

3）试剂

铬标准溶液：称取 0.1414g 在 105~110℃温度下烘干的分析纯重铬酸钾溶于蒸馏水中，稀释至 500mL。1mL 该溶液含 0.1mg 铬。使用时取 10mL 稀释至 100mL，则浓度为 0.01mg 铬/mL。

（1）2.5%高锰酸钾溶液。

（2）1mol/L 氢氧化钠溶液。

（3）1mol/L 硫酸溶液。

（4）二苯基碳酸二肼：称取 0.1g 化学纯二苯基碳酸二肼加入 50mL 95%乙醇，使之溶解，再加 200mL 已放冷的 1∶9 硫酸，贮于冰箱中。此试剂应为无色液体，变色后不应再使用。

4）操作步骤

（1）吸取适量预处理后的污泥液样，调节 pH 值至中性，加蒸馏水稀释至 50mL，加玻璃珠数粒，再加 0.5mL 1mol/L 氢氧化钠溶液，2.5%高锰酸钾溶液至呈明显的紫色，煮沸 5~10min，若煮沸中高锰酸钾颜色褪尽，应继续加至有明显紫色为止。

（2）沿瓶壁加入 95%乙醇 2mL，继续加热煮沸至溶液变成棕色沉淀。

（3）取下三角烧瓶，待完全冷却后加 0.5mL 1mol/L 硫酸使溶液呈中性，摇匀过滤，用热蒸馏水洗涤数次，合并滤液与洗液于 50mL 的比色管中，稀释至刻度。

（4）另取 6 个三角烧瓶，分别加入六价铬标准溶液 0mL、0.1mL、0.3mL、0.5mL、0.7mL、1.0mL，加入 50mL 蒸馏水，然后按上述步骤处理。

(5) 向样品及各三角烧瓶中各加 2.5mL 二苯基碳酸二肼溶液，15min 后用分光光度计（540nm）测定其吸光度，绘制标准曲线。

(6) 六价铬测定：测定时不经高锰酸钾氧化，直接加入二苯基碳酸二肼试剂即可。总铬减去六价铬即得三价铬量。

$$C_{Cr}=\frac{A\times1000}{V} \tag{4.12}$$

式中　C_{Cr}——污泥液中铬的浓度，mg/L；

A——标准曲线上查得的相应浓度，mg；

V——污泥液样体积，mL；

注意：测定时所用的玻璃仪器不能用重铬酸钾洗液洗涤。

7. 铅的测定

1) 火焰原子吸收分光光度法

(1) 原理。

污泥液样中的铅，在空气—乙炔火焰中原子化，产生的原子蒸气吸收从铜空心阴极灯射出的特征波长 283.3nm 的光，吸光度的大小与火焰中铜基态原子浓度成正比。

(2) 仪器。

原子吸收分光光度计（配有空气—乙炔燃烧器和铅空心阴极灯）。

(3) 试剂。

① 铅标准溶液：称取 1.5985g 分析纯硝酸铅溶于少量蒸馏水中，加 10mL 浓硝酸，用蒸馏水稀释至 1000mL，吸取 10mL 再稀释至 1000mL。此溶液 1mL 含 10μg 铅。吸取此种溶液 10mL，稀释至 100mL，则此溶液 1mL 含 1μg 铅。

② 0.5mol/L 盐酸溶液：量取 42mL 分析纯浓盐酸，稀释至 1L，混匀。

(4) 操作步骤。

① 标准曲线的绘制：同铜的火焰原子吸收分光光度计法中标准曲线的绘制，波长为 283.3nm。

② 污泥液样测定：将试液不经稀释或吸取一定量试液置于容量瓶中用盐酸稀释后作为测定用的试液溶液（待测溶液铅含量必须小于 25μg/mL）。按照标准曲线的测定方法，测得试液吸光度，在工作曲线上查出相应的铜浓度 C_{Pb}（μg/mL）。

$$C_{Pb}=\frac{AN}{1000} \tag{4.13}$$

式中　A——查标准曲线所得到的浓度，μg/mL；

N——污泥液样稀释倍数。

2) 二硫腙比色法

(1) 原理。

在 pH 值 8~9 时，二硫腙与铅生成红色络合物。

大多数金属离子的干扰，都能用控制 pH 值，加入隐蔽柠檬酸铵及氰化钾的方法去除。三价铁会氧化二硫腙，可加入盐酸羟胺使其还原。

(2) 仪器。

125mL 分液漏斗，光电比色计或分光光度计。

（3）试剂。

① 二硫腙储备液：取二硫腙 200mg，溶于 100mL 氯仿中，滤入棕色瓶。

② 二硫腙 A 液：取储备液 50mL 于分液漏斗中，用 1∶100 氨水 100mL 分两次洗提二硫腙，弃去氯仿层，合并水层，再用四氯化碳 30mL 分 3 次洗涤水层杂质，弃去有机层。然后加浓盐酸 2mL，此时二硫腙析出沉淀，再以四氯化碳 250mL 分 3 次溶解提取。储于棕色瓶中，放置冷暗处。

③ 二硫腙 B 液：取二硫腙 A 液一定量，加四氯化碳稀释到透光滤为 70%（510nm、1cm 比色皿）。

④ 50%柠檬酸铵溶液：取柠檬酸铵 50g 溶于 50mL 水中，加麝香草芬兰指示剂 5 滴，滴加浓氨水至绿色，移入分液漏斗，用二硫腙 A 液每次 5mL 提取除铅，直到提取液为绿色，再用氯仿洗出残余的二硫腙，洗到氯仿层不显绿色。最后用四氯化碳 10mL 洗除残留氯仿，放入量筒加水到 100mL。

⑤ 10%氰化钾：取氰化钾 10g 溶于 20mL 水中，用二硫腙 A 液，按上法除铅后，加水至 100mL。

⑥ 10%盐酸羟胺溶液：取盐酸羟胺 10g 溶于 35mL 水中，加麝香草酚蓝 2 滴，然后滴加浓氨水至绿色，用二硫腙 A 液，按上法除铅后，滴加浓盐酸至黄色，最后加水至 100mL。

⑦ 1∶2 氨水，必要时重蒸纯化。

⑧ 麝香草酚蓝指示剂：取麝香草酚蓝 0.1g 加乙醇 100mL 溶解，过滤。

变色范围：pH 值在 1.2~2.8 红→黄；pH 值在 8.0~9.6 黄→绿→蓝。

⑨ 标准铅溶液：称取 1.5985g 分析纯硝酸铅溶于少量蒸馏水中，加 10mL 浓硝酸，用蒸馏水稀释至 1000mL，吸取 10mL 再稀释至 1000mL。1mL 该溶液含有 10μg 铅。吸取此种溶液 10mL，稀释至 100mL，则此溶液浓度为 1μg/mL。

（4）操作步骤。

① 取预处理后的污泥液样 50mL（Pb 超过 10μg 时，少取污泥液样）于分液漏斗中。另取分液漏斗 2 个，一个加铅标准溶液 5mL，加蒸馏水至 50mL；另一个分液漏斗加蒸馏水 50mL 做空白试验。

② 向 3 个分液漏斗中各加 50%柠檬酸铵 1mL，10%盐酸羟胺 1mL，麝香草酚蓝指示剂 3 滴，滴加 1∶2 氨水至绿色，再加 10%氰化钾 2mL，摇匀。加二硫腙 B 液 5mL 振荡 2min，分层后经过漏斗脚中的少量脱脂棉，弃去初滤液数滴后，滤入 1cm 比色皿，放置 20min，以试剂空白为零，用光电比色计（绿色滤光片）或分光光度计（510nm 波长）测光密度。

$$C_{Pb}=\frac{5C_1}{C_2M} \tag{4.14}$$

式中 C_{Pb}——铅的浓度，mg/kg；

C_1——样品读数；

C_2——标准读数；

M——相当污泥克数，g；

5——标准溶液铅，μg。

8. 锌的测定——二硫腙分光光度法

原理：在 pH 值在 4. 0~5. 5 的乙酸盐缓冲介质中，锌离子与二硫腙形成红色螯合物，用四氯化碳萃取后，在波长 535nm 处进行比色测定。

很多金属能与二硫腙显色反应，在 pH 值在 4. 0~5. 5 时，硫代硫酸盐能抑制上述金属离子的干扰。由于锌的环境本底值较高，应特别注意在测定时的污染。

9. 砷的测定——二乙基二硫代氨基甲酸银分光光度法

1）原理

在酸性条件下，五价砷被碘化钾、氯化亚锡及初生态氢还原为 AsH_3，用二乙基二硫代氨基甲酸银的吡啶溶液吸收，生成红色可溶性胶态银，可在波长 540nm 处，测定其吸光度。

2）仪器

分光光度计、定砷仪，所有使用的玻璃仪器必须用浓硫酸—重铬酸钾洗液洗涤。

3）试剂

① 盐酸（分析纯）。

② 抗坏血酸（分析纯）。

③ 无砷锌粒。

④ 0. 5%二乙基二硫代氨基甲酸银吡啶溶液：将 1. 25g 二乙基二硫代氨基甲酸银溶解于吡啶中，并稀释至 250mL，贮存于棕色瓶内，可使用 2 周。

⑤ 15%碘化钾溶液。

⑥ 氯化亚锡盐酸溶液：溶解 40g 氯化亚锡于 25mL 水和 75mL 盐酸的混合液中。

⑦ 乙酸铅棉花：溶解 50g 乙酸铅于 250mL 水中，将脱脂棉浸入此溶液，取出后挤干，贮存于密闭容器内。

⑧ 砷标准贮备液：0. 1mg/mL。

⑨ 0. 0025mg/L 砷标准溶液：吸取 2. 50mL 砷贮备液于 100mL 容量瓶中，用水稀释至刻度。临用时配制。

4）操作步骤

① 分别移取 0mL、1. 0mL、2. 0mL、3. 0mL、4. 0mL、6. 0mL、8. 0mL 的标准溶液于 100mL 锥形瓶中。加入 10mL 盐酸，并加入一定体积的水，使总体积达到 40mL 左右，然后加入 2mL 碘化钾和 2mL 氯化亚锡溶液，摇匀，放置 15min。

② 将少量乙酸铅置于连接管中，以吸收硫化氢、二氧化硫等。吸收 5. 0mL 二乙基二硫代氨基甲酸银吡啶溶液于 15 球吸收器中，装置保持密封。

③ 称取 5g 锌粒于锥形瓶中，迅速连接好仪器。反应 45min 后，移去 15 球吸收器，充分摇匀红色的溶液。以砷含量为 0 的标准溶液为参比，于波长 540nm 处测定吸光度，并做出标准曲线。

④ 污泥液样测定：移去一定体积的污泥液样于 100mL 的锥形瓶中，铵标准曲线的做法测定其吸光度，并从标准曲线上查得相应的浓度。

4.8.4 污泥的消化气体——硫化氢的测定

1. 碘滴定法

1）原理

管道中排出的硫化氢被锌氨络盐溶液吸收，在一定酸度条件下被过量碘溶液氧化，剩余的碘溶液用硫代硫酸钠溶液滴定。

2）测定范围

适用于硫化氢浓度为（100～2000）$\times10^{-6}$ 的气体。氧化及还原性气体均干扰测定。

3）操作步骤

（1）用内装 50mL 吸收液的两个吸收瓶串联，以 1L/min 流量，避光采样 10～20L［吸收液配制：500mL 1%硫酸锌（$ZnSO_4 \cdot 7H_2O$）溶液与 300mL 2%氢氧化钠溶液混合后，在不断搅拌下加入 70g 硫酸铵，待氢氧化锌沉淀溶解后，加水至 1L］。

（2）采样后，样品转入锥形瓶内。加入 50mL 0.05mol/L 碘溶液、3mL 盐酸，放置 10min。用 0.05mol/L 硫代硫酸钠标准溶液滴定至溶液呈淡黄色，加入淀粉指示剂 1mL，继续滴定至蓝色消失。

（3）另外，取 100mL 吸收液按上述步骤做空白试验。

（4）配制 0.1mol/L 硫代硫酸钠溶液，用碘酸钾（105℃，烘干 2h）基准试剂直接标定，然后用水稀释 0.05mol/L 硫代硫酸钠溶液，作为滴定用标准溶液。

计算

$$C=\frac{0.56(b-a)f}{V_s}\times1000 \tag{4.15}$$

$$C'=C\times\frac{1}{10000} \tag{4.16}$$

式中 C——气样中硫化氢的浓度，10^{-6}；

C'——气样中硫化氢的浓度，%；

a——滴定试样时，0.05mol/L 硫代硫酸钠溶液的消耗量，mL；

b——做空白试验时，0.05mol/L 硫代硫酸钠溶液的消耗量，mL；

f——0.05mol/L 硫代硫酸钠溶液的浓度校准系数；

V_s——换算成标准状况下的气样采样量，L。

2. 亚甲基蓝分光光度法

1）原理

管道中排出的硫化氢被锌氨络盐溶液吸收，与 P-氨基二甲基苯胺及氯化铁溶液反应，生成亚甲基蓝。根据颜色深浅，做比色测定。

2）测定范围

适用于硫化氢浓度为（5～1000）$\times10^{-6}$ 的气样（如浓度超过 1000×10^{-6}，可用吸收液稀释分析试样溶液，以供分析）。

3）操作步骤

（1）当硫化氢浓度在（5～100）$\times10^{-6}$时，用内装50mL吸收液的两个吸收瓶串联，以0.1～0.5L/min流量采气1～10L。当硫化氢浓度在（100～2000）$\times10^{-6}$时，用10mL吸收液，以0.1L/min流量，采气0.1～1L。避光进行（吸收液配制同“碘滴定法”）。

（2）采样后，样品转入250mL容量瓶，加水至标线，作为分析用试样。取20mL试样溶液于25mL容量瓶中，加入2mL 0.1%P-氨基二甲基苯胺及氯化铁溶液［0.1g P-氨基二甲基苯胺-2-盐酸溶于100mL硫酸（1+3）中］，加盖倒转缓慢混合。混匀后立即加入1mL 0.1%氯化铁溶液［1g氯化铁（$FeCl\cdot6H_2O$）溶于100mL硫酸（1+99）中］，用水稀释至标线。常温下，显色30min，用1cm比色皿，在波长670nm处测定吸光度。用吸收液做空白对照。

（3）配制1%硫化钠溶液，用碘量法标定其浓度，用吸收液稀释，配成1mL 0.5mol/L（0℃，101.32kPa）的标准溶液。分析样品时，取20mL此溶液，同样品操作步骤，测定吸光度。

$$C=\frac{0.5(A/A_s)(250/50)}{V_s}\times1000 \tag{4.17}$$

$$C'=C\times\frac{1}{10000} \tag{4.18}$$

式中　C——气样中硫化氢的浓度，10^{-6}；

C'——气样中硫化氢的浓度,%；

V_s——换算成标准状况下的气样采样量，L；

A_s——标准显色液吸光度；

A——试样显色液吸光度。

4）注意事项

（1）用硫化钠配制标准溶液时，应先用水洗去表面不纯物。硫化氢标准溶液极不稳定，标定后立即配置标准显色管液系列。

（2）显色过程中，在混匀时避免振摇。

（3）硫化物受阳光照射易分解，应避光采样及保存样品。

巩固与提高

判断题

1. 污泥的比阻越大，过滤性能越差。（　　）
2. 污泥中金属含量的测定可以直接进行测定，无须做预处理。（　　）
3. 污泥的消化气体只有硫化氢一种。（　　）

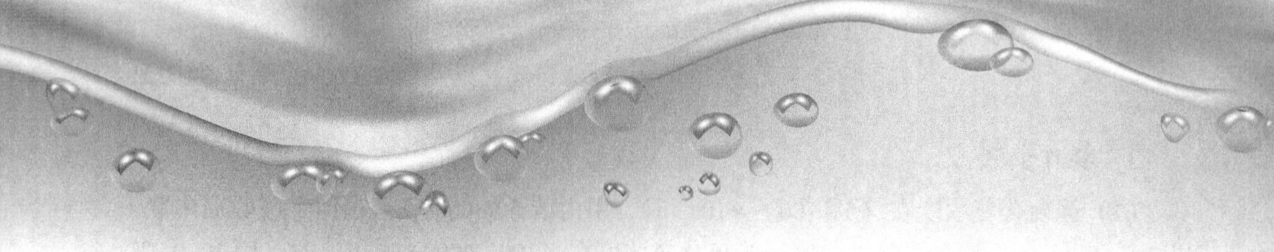

项目五　PLC应用技术

任务 5.1　初识 PLC 自动控制系统

学习目标

视频 32　初识 PLC 自动控制系统

1. 知识目标

（1）了解 PLC 的概念及其发展历程；

（2）了解目前业界的主流 PLC 品牌；

（3）掌握 PLC 的分类、功能及其特点。

2. 技能目标

（1）熟练掌握 PLC 结构形式、控制规模的分类划分标准和依据、代表性产品及其应用场景；

（2）能够选择符合业界生产环境具体要求的相关产品。

3. 素质目标

（1）培养学生对 PLC 课程及 PLC 应用前景有充分的了解和充分的自信；

（2）激发学生对 PLC 程序编制的兴趣和热情。

思政情境

PLC 的硬件和软件之间的关系，充分反映了辩证唯物主义思想。 PLC 硬件是基础。没有硬件，谈不上软件的运行，更谈不上实现复杂的自动控制功能。它就像现实社会的社会物质基础一样；而 PLC 系统软件，以及由我们所编写的 PLC 控制程序，则是“灵魂”，是上层建筑。没有软件来运行我们加入其中的逻辑， PLC 硬件就只是一堆“废铜烂铁”，没有任何使用价值。

另外，从国外和国产 PLC 品牌目前发展状况的阐述的对比，我们可以看到，目前西方某些发达国家为了遏制中国的发展，对我们国家的各项技术卡脖子，从孟晚舟事件，到光刻机的垄断，再到“实体清单”，无所不用其极。因此，我们从学生时代，就应该对“自主可控，安全高效”，摆脱西方国家钳制，打破技术壁垒的发展理念有深刻认识。

相关知识

5.1.1　PLC 简介

早期的可编程控制器，主要代替继电器，实现逻辑控制。因此可将其称为可编程逻辑控制器（Programmable Logic Controller），就是 PLC。国际电工委员会对可编程序控制器的定义为：可编程序控制器是一种数字运算操作的电子系统，专为在工业环境应用而设计。它采用一种可编程的存储器，用于其内部存储程序、执行逻辑运算、顺序控制、定时、计数与算术操作等面向用户的指令，并通过数字或模拟式输入/输出控制各种类型的机械或生产过程。

PLC 系统脱胎于继电器、接触器控制系统。传统的继电器、接触器系统，按照硬件接线本身的逻辑，实现控制功能。当控制系统的工艺或者对象发生改变的时候，原有的接线和控制柜需要更换。接触器控制系统的接线通用性，灵活性比较差。现代的 PLC 自动控制系统，采用现代的大规模的集成电路，可靠性更高。当控制系统的工艺或对象发生改变时，只需在 PLC 的端子上接入相应的控制线，并通过编程器或电脑等修改程序，即可应对控制系统功能的改变，还有复杂度提高的需求。

20 世纪 60 年代末，美国的制造业蓬勃发展。特别是汽车制造业竞争激烈，汽车型号快速更新，这要求它的工业生产线不断地相应改变，生产线控制系统也要随之变化，传统的继电器、控制器严重束缚了生产的变化。1968 年，美国通用汽车公司要求制造商为其装配线提供一种新型的通用程序控制器，并提出了十项招标指标，这就是著名的“GM 十条”。

1969 年，美国数字设备公司（DEC）对此做出响应，研制成功了世界上第一台可编程控制器（PLC），并在美国通用汽车公司（GM）的汽车生产线上首次应用成功，实现了工业生产的自动化。目前，PLC 集电控、电仪、电传于一体，性能更加优越，已经成为自动化工程的核心设备。

PLC 的应用面非常之广，功能强大，不仅在一般的机械设备和生产系统中作为自动控制系统使用，在大型的工业网络，也占有重要地位。

5.1.2　PLC 基本功能和特点

1. PLC 基本功能

1）逻辑控制功能

逻辑控制又称为顺序控制或条件控制，它是 PLC 应用最广泛的领域。逻辑控制功能实际上就是位处理功能，使用 PLC 的“与”（AND）、“或”（OR）、“非”（NOT）等逻辑指令，取代继电器触点的串联、并联及其他各种逻辑连接，进行开关控制。

2）定时控制功能

PLC 的定时控制，类似于继电—接触器控制领域中的时间继电器控制。在 PLC 中有许多可供用户使用的定时器，这些定时器的定时时间可由用户根据需要进行设定。PLC

执行时根据用户定义时间长短进行相应限时或延时控制。

3）计数控制功能

PLC 为用户提供了多个计数器，PLC 的计数器类似于单片机中的计数器，其计数初值可由用户根据需求进行设定。执行程序时，PLC 对某个控制信号状态的改变次数（如某个开关的动合次数）进行计数，当计数到设定值时，发出相应指令以完成某项任务。

4）步进控制功能

步进控制（又称为顺序控制）功能是指在多道加工工序中，使用步进指令控制在完成一道工序后，PLC 自动进行下一道工序。

5）数据处理功能

PLC 一般具有数据处理功能，可进行算术运算、数据比较、数据传送、数据移位、数据转换、编码、译码等操作。中、大型 PLC 还可完成开方、PID 运算、浮点运算等操作。

6）A/D、D/A 转换功能

有些 PLC 通过 A/D、D/A 模块完成模拟量和数字量之间的转换、模拟量的控制和调节等操作。

7）通信联网功能

PLC 通信联网功能是利用通信技术，进行多台 PLC 间的同位链接、PLC 与计算机链接，以实现远程 I/O 控制或数据交换。可构成集中管理、分散控制的分布式控制系统，以完成较大规模的复杂控制。

8）监控功能

监控功能是指利用编程器或监视器对 PLC 系统各部分的运行状态、进程、系统中出现的异常情况进行报警和记录，甚至自动终止运行。通常小型低档的 PLC 利用编程器监视运行状态；中档以上的 PLC 使用 CRT 接口，从屏幕上了解系统的工作状况。

2. PLC 的特点

1）可靠性高、抗干扰能力强

继电器—接触器系统通过大量的机械触点的开合动作以及各种复杂的线路连接，来实现控制功能。触点通断过程中，会因为产生电弧或机械磨损，影响设备寿命，可靠性比较差。而 PLC 适应了芯片高度集成化的发展，采用大规模集成电路进行设计，比机械触点的继电器可靠性高。尽量减少外在的硬件暴露，以软代硬，通过软件代替和实现继电器接触器系统的相当一部分硬件功能，从而使硬件故障率大为降低，提高了系统的可靠性。I/O 端口采用光电隔离等措施，使工业现场的外电路和 PLC 内部电路进行隔离，在高温、高湿、高压、高电磁环境的工业现场，PLC 抗干扰能力显示出优势，能够很好地适应恶劣的生产环境。

2）灵活性好，扩展性强

如前所述，继电器—接触器系统通过改变硬件接线的方式，来实现不同的生产工艺控制要求，灵活性和效率都比较差。一旦生产工艺发生了改变，则需要通过重新接线来应对。而 PLC 控制系统，仅需要极少量的控制线的改变和接入。主要的系统控制功能的变化，可以通过编写程序来得以实现，如果发现问题，还可以短时间内随时对程序进行修改。这样一来，就极大地缩短了系统上线时间和故障检修时间，提高了效率。如果需要新的功能，只需要加入相应的硬件控制模块即可。

3）控制速度快，稳定性强

继电器—接触器系统依靠机械触点开合实现控制，触点的动作需要毫秒级的响应速度。PLC 控制系统采用程序指令控制半导体电路实现，响应速度在微秒级，而且系统有严格的同步机制，不容易出现问题，稳定性强。

4）延时调整方便，精度高

继电器—接触器系统通过时间继电器完成时间控制，作为硬件的时间继电器准确性和灵活性比较差，而且容易受到外部环境干扰。PLC 控制系统靠内部的计时器元件实现控制，精度高，受环境影响小。

5）系统设计安装快，维护方便

继电器—接触器系统，因为其硬件本身的固有缺点，无论是设计、施工还是调试，都需要按照一定的次序进行，工期长，效率低。而 PLC 因为用软件来实现大部分功能，设计施工中硬件接线和程序编制可以同步进行，甚至可以异地进行，最后加以整合调试即可上线，因此安装快，维护方便。

5.1.3 PLC 的分类

PLC 品种较多，规格不一，可以按照流派、结构形式、控制规模等进行分类。

1. 流派

世界上有 200 多个 PLC 厂商、400 多种产品。这些产品根据地域的不同，主要分为三个流派：美国流派、欧洲流派和日本流派。美国和欧洲的 PLC 技术是在相互隔离的情况下独立研发的。所以美国和欧洲的 PLC 产品有明显的差异性。日本的 PLC 技术主要是从美国引进的，对美国的 PLC 产品有一定的继承性。但美国和欧洲以大中型的 PLC 产品而闻名，而日本的主推产品是小型 PLC。

1）美国流派

美国流派主要厂商有以下几个：其中 A—B 就是艾伦—布拉德利，它是罗克韦尔自动化公司的知名品牌。它的 PLC 产品的规格齐全，种类丰富，属于主流产品。当然其他的还有通用电气、莫迪康、德州仪器、西屋等。

2）欧洲流派

欧洲流派主要是德国的西门子公司、AEG 公司，法国的 TE 公司，这些是欧洲著名的 PLC 制造商。其中德国的西门子，它的产品以性能精良而久负盛名，在中大型的 PLC 产品领域，和美国的 A—B 公司是可以齐名的。

3）日本流派

日本流派有很多厂商，比如说三菱、欧姆龙、松下、富士、日立等，在世界小型的 PLC 市场上占有 70%以上的份额。三菱公司很早进入中国市场，在我国的销量不小。

国内的 PLC 生产厂家有 30 家，还没有形成规模化的品牌产品，主要还是以如西门子、三菱、欧姆龙这些外资品牌为主。2020 年，它们在国内的 PLC 市场上占有率高达 81%~83%；中大型 PLC 占有率在 95%以上。有相当部分国产品牌以仿制、来件组装或“贴牌”方式生产，本土 PLC 厂商的市场占有率不足两成。国内品牌主要有和利时、深圳汇川和无锡信捷等。

根据以上信息，我们会很自然想到实体清单、华为孟晚舟事件、美国芯片垄断等。“十四五”规划中明确提出我国要建立“自主可控、安全高效”的现代化产业体系，就是要在关键技术领域做到自主可控，避免对国家安全造成威胁。作为新一代的大学生，有责任、有义务担负起这样的重任。

2. 结构形式

PLC 有整体式、模块式和混合式三类。

1）整体式

整体式是将电源、CPU、I/O 接口等，装配在一个箱体里边，形成一个整体。这种形式有结构比较紧凑、体积小、重量轻、安装方便等这些优点。但它的主机的 I/O 的点数固定，使用不太灵活，一般小型或超小型的 PLC 上采用。

2）模块式

模块式又称为积木式，它是将一些独立的模块，比如 CPU 等，装在一个机架里边。这种结构的 PLC 具有配置灵活、装配方便、便于扩展等优点。一般大中型的 PLC 采用模块式的结构。

3）混合式

混合式相当于是将两者一个结合。主要是比如说西门子的 S7-200、300 等就是这种。相当于混合式的。

3. 控制规模

按控制规模分为小型机、中型机和大型机。所谓控制规模，主要是指 PLC 的控制器的 I/O 总点数。

1）小型机

I/O 点数在 256 点以下的属于小型机，比如西门子的 S7-200。小型机通常在单机或者小规模生产过程中使用。I/O 总点数等于或小于 64 点的称为超小型或微型 PLC。

2）中型机

I/O 点数在 256 到 2048 点之间的是中型机，比如说西门子的 S7-300，还有欧姆龙 CQM1H 系列。

3）大型机

I/O 点数在 2048 以上的 PLC 称为大型机，比如说西门子的 S7-400、欧姆龙的 CS1 等属于大型机，一般部署在更大规模的生产环境里面。

5.1.4 西门子 PLC 产品

西门子公司的 PLC 产品在我们国家占有很大的市场份额，无论是在工业、环境、科研、教学，还是竞赛设备优先选用方面。

西门子公司是欧洲最大的电子和电气制造商，它生产的PLC在国际上都处于领先的地位。

西门子公司生产的第一代PLC产品是1975年投放市场的SIMATIC S3系列PLC。1979年，西门子将微处理器技术应用于PLC中，研发了SIMATIC S5系列产品。20世纪末，在S5系列的基础上，开发出了S7系列PLC产品。

S7系列PLC主要由S7-200、S7-200CN、S7-200 SMART、S7-300、S7-400、S7-1200和S7-1500组成，下面介绍部分常见型号。

S7-200 SMART是于2012年7月发布的PLC产品，是西门子收购并开发的小型PLC S7-200的升级版。该PLC是西门子调研中国市场后，主要针对中国市场投放的PLC产品。

S7-200 SMART是我国中小型企业普遍使用的PLC产品，其结构紧凑，还有很高的扩展性，价格低廉，指令系统比较强大，适用于各行各业。

S7-300 PLC定位于中端离散化自动控制系统中使用的控制器模块。

S7-400 PLC则定位于高端离散和过程自动化系统中使用的控制器模块。

S7-1200 PLC是西门子于2009年推出的小型PLC，其产品定位在S7-200和S7-300之间，属于低端离散自动化系统和独立自动化系统中使用的小型控制器模块。

2013年，西门子又推出了S7-1500 PLC，定位于中高端系统。

值得一提的是，西门子除了S7系列PLC，还有C7、M7等PLC产品。特别是M7-300/400除了采用与S7-300/400相同的结构，又兼容了计算机体系结构，因此，可以采用C/C++等编程语言编程，从而可以吸引大量普通高级语言用户加入PLC编程领域中来。

知识拓展

PLC发展简史

1. 工业自动控制的新宠——PLC的诞生

与大部分来自实验室或军用转化民用产品不同，PLC的诞生契机来自美国通用汽车（General Motors Company，GM）的一个实际项目需求。在20世纪60年代，全球半导体产业的快速发展拉开了信息时代的序幕，领先的汽车企业已经采取了流水线生产模式。当时通用汽车有一个位于美国密歇根州名为Hydra-Matic的部门，该部门设计了诸多长而复杂的生产线用于加工和组装零件。

在每次针对不同车型进行生产线调整时，Hydra-Matic部门都饱受继电器、接触器控制系统修改难、体积大、维护不方便以及可靠性差等问题的困扰，忍无可忍的Hydra-Matic部门在1968年6月对外界发布了一份仅有4页纸的设计规范招标书，希望通过一个全新的控制系统取代继电器工作，这份招标要求就是后来被人们所熟知的“通用十条”。

一石激起千层浪，通用汽车的这份“香饽饽”很快吸引了7家公司应标，但最后只有3家公司提供了实际原型机进行项目测试，它们分别是数字设备公司（DEC）、信息仪表公司（3-Ⅰ）和贝德福德协会（Bedford Associates）。

最被看好的第一位竞争者DEC公司成立于1957年，针对通用汽车的要求，DEC公司不负众望在 1969 年 6 月率先开发并交付了第一台原型机 PDP-14，由一个控制单元和几个外部接口盒组成。然而令人遗憾的是，当 Hydra-Matic 部门修改 PDP-14 程序时，不仅需要将应用程序发回 DEC 公司，还需要将修改好的内存板发还给工厂，这个往返处理过程需要消耗约一周的时间，这个缺点也成为后来 PDP-14 被通用汽车取代掉的主要原因。

第二位竞争者 3-Ⅰ一直和 Hydra-Matic 的计算机部门保持着业务往来，其推出的控制设备 PDQ-Ⅱ具有高级逻辑运算功能的明显优势，如图 5.1 所示。然而与当时的其他计算机一样，当 PDQ-Ⅱ重新编写程序，用户必须借助一个布尔程序，使用微型计算机接口以电传打字机打孔纸带的方式，利用特殊的加载器加载处理。但当时除了计算部门可以高效完成指令修改，Hydra-Matic 其他电气部门照样难以修改程序，因此 PDQ-Ⅱ同样无法被通用汽车接受。

图 5.1　世界上第一台 PLC——PDQ-Ⅱ原型机

最后一位竞争者 Bedford Associates 是于 1964 年联合成立的一家新英格兰控制系统工程公司。面对通用汽车的招标文件，公司创始人成立了 Bedford Associates 的第七家控制公司，命名为 Modicon，并在 1969 年底研发推出了“084”型号 PLC。

由于 Modicon 084 编程相对简单，用户只要插入编程单元并选择适当的软件模块，然后键入梯形图即可快速进行编程，并且梯形图中关于逻辑编程的相关符号，基本来源于电气工程中描述顺序操作的功能指令，这使广大的电气工程师和电工能够非常快速地上手，因此 Modicon 084 获得了 Hydra-Matic 部门电路系统小组的青睐。此外，Modicon 084 安装在硬质外壳内，提高了安全等级，这也是 DEC 的 PDP-14、3-Ⅰ的 PDQ-Ⅱ所无法比拟的，很快 Modicon 084 就替代了 PDP-14 和 PDQ-Ⅱ，成为通用汽车的唯一选择，并在后续服役超过了 10 年时间。

可以看到，DEC 的 PDP-14 作为第一台用于现场测试的原型机，一直被业界公认为世界上第一台 PLC，而 3-Ⅰ的 PDQ-Ⅱ虽然速度和运算能力很强，但还是与 DEC 类似，在编程转换方面存在明显缺陷。Modicon084 虽然不是第一个安装的测试原型机，但另辟蹊径推出了梯形图的编程方式，俘获了当时一众电气工程师的芳心，成功替代前两者取得竞标胜利，也牢牢地奠定了其在自动化领域的地位。

对于当时的自动化控制市场而言，PLC 的出现是一个划时代的产品，如果按照德国工业 4.0 的演进路径，PLC 的应用是工业 3.0 启动的标志。从功能上看，无论是 PDP-14、PDQ-Ⅱ还是 Modicon 084，开发的初衷主要还是继电器控制装置的替代物，用于实现原先由继电器完成的顺序控制、定时、计数等功能，其优点是简单易懂、便于安装、体积小、能耗低、能重复使用等。虽然在硬件形态上当时 PLC 仍被归类于“计算机家族”，但在材质和 I/O 接口等方面做了改进以适应工控现场要求。在软件编程上，当时的 PLC 首创了特有编程语言——梯形图语言，并一直沿用至今。

2. 百舸争流，PLC 高速发展期

正所谓“一枝独秀不是春，百花齐放春满园。”Modicon 084 的胜出使这一场持续两年的招标竞争落下了帷幕，而属于 PLC 的高速发展时代才刚刚开始。其后 Modicon 一直在自动化行业不断突破，1979 年推出了工业通信网络 Modbus，1997 被施耐德电气公司收购后，成为旗下第 4 个主要品牌。

当初竞争失利的 3-Ⅰ则意识到自身缺少增强核心竞争力的资源，于是投靠了当时以变阻器、继电器和电动机控制而闻名的 Allen-Bradley（A-B）。1985 年，A-B 被罗克韦尔国际集团（Rockwell International）收购，最终罗克韦尔自动化形成了针对不同 I/O 点数的 Micro Logix、Compact Logix 和 Control Logix 系列 PLC 产品。值得一提的是，可编程逻辑控制器（Programmable Logic Controller，PLC）的命名方式最早是被 A-B 采用，并将“PLC”作为其产品的注册商标。

回顾 PLC 的发展历程，可以看到整个 PLC 市场百花齐放，由于微处理器的出现，PLC 在功能性方面大大增强，被快速应用到钢铁、石油、化工、电力、建材、机械制造、汽车、制药、食品饮料、轻纺、交通运输等各个领域。在硬件方面，除了保持原有的开关模块以外，还增加了模拟量模块、远程 I/O 模块、各种特殊功能模块，并扩大了存储器的容量，提供一定数量的数据寄存器。在软件方面，除了保持原有的逻辑运算、计时计数外，还增加了算术运算、过程控制、数据处理、网络通信等功能，适用包括 IEC 61131-3 规范（国际电工委员会于 1993 年 12 月所制定）的梯形图、顺序功能图、功能块图、结构文本语言和指令表五种编程语言。

巩固与提高

一、单选题

1. PLC 是以下哪种系统的简称？(　　)

A. 个人计算机　　B. 单片机　　C. 可编程序控制器　　D. 个人数字助理

2. 西门子 S7-200 系列 PLC 属于（　　）。

A. 微型机　　B. 小型机　　C. 中型机　　D. 大型机

3. 下列哪个不属于 PLC 主流产品派系？(　　)

A. 美国派系　　B. 欧洲派系　　C. 日本派系　　D. 亚洲派系

4. 哪种西门子 PLC 产品是针对中国的 OEM 市场研发的新一代 PLC？(　　)

A. S7-200 smart　　B. S7-300　　C. S7-400　　D. S7-1200

二、判断题

1. 控制在完成一道工序后，PLC 自动进行下一道工序，属于 PLC 的步进控制功能。(　　)

2. PLC 属于继电器接触器升级产品，两者原理相同，结构接近。(　　)

3. PLC 是自动控制系统，所以只能进行数字量的计算、传输。(　　)

任务 5.2 探究 PLC 硬件体系结构

学习目标

视频 33 探究 PLC 硬件体系结构

1. 知识目标

（1）了解 PLC 硬件体系结构；

（2）熟悉 PLC 实物模块的组成部分；

（3）理解、掌握 PLC 工作原理。

2. 技能目标

结合学生前期学习的计算机文化基础等课程，对照 PLC 自身特点，掌握 PLC 硬件体系结构，并可以参照硬件体系结构图，辨析 PLC 实物各部位和模块与之对应关系，对 PLC 工作原理有基本的了解，能够在接下来的编程部分学习中，理解梯形图各逻辑元件的工作方式。

3. 素质目标

（1）培养学生克服较难理解的 PLC 硬件结构学习中的畏难情绪；

（2）将探究硬件结构与将要实现的功能联系起来，更具学习的主动性和自信心。

思政情境

PLC 硬件体系结构中，以 CPU 为核心，其他部件，包括存储器、输入输出系统、通信模块、扩展模块等，协调工作，共同完成控制功能。而总线则起到了上通下达的作用，在不同部件之间传递信息。这与在我们国家社会主义制度中，以中国共产党为核心，各民主党派、各个社会机构以及人民群众的社会政治架构的正确性、优越性和高效性有异曲同工之妙。

相关知识

5.2.1 PLC 硬件体系结构

1. 中央处理器——CPU

它是 PLC 的核心部件，由运算器和控制器组成。它的主要功能，是接收用户程序、进行系统诊断、解释执行程序以及完成通信外围的功能。它的通信以及与内存的数据交换，是通过总线，包括控制总线、地址总线和数据总线进行的。

中央处理器就如同人的大脑和心脏，负责整个 PLC 系统的各个部件的协调运转，用户程序指令的完成，也是在这里进行的。它可以接受上位机或编程器中，用户编写的程序。在 PLC 运行阶段，从存储器中读取用户指令并执行。根据程序的逻辑，结合从输入映像寄存器中获取的各端子传送过来的外部信号，并把用户数据的算术运算结果进行整合，最终产生相应的控制信号。

2. 存储器

PLC 中的存储器主要有系统程序存储器、用户程序存储器以及工作数据存储器。

第一部分是系统程序存储器。系统程序存储器主要用于存放系统程序。这些程序不是用户的程序，而是相当于操作系统或者监控程序，它是在 PLC 出厂以前就已经固化到只读存储器 ROM 里面了，是无法由一般用户进行更改的。系统程序又分为系统管理程序、用户程序解释程序，以及标准程序模块和系统调用程序三类。

系统管理程序，负责整个 PLC 系统的正常运行，包括运行管理（主要是各种资源的合理分配）、存储空间管理以及系统自诊断管理三个方面。

用户程序解释程序，主要是将用户编写的程序，翻译为机器语言，使得 CPU 能够理解并执行用户指令。

标准程序模块和系统调用程序，主要在程序进行某些输入输出处理或者某些运算，比如数学函数的运算时，通过调用已经编写好的系统相应模块，也就是标准子程序，提高运行速度。

实质上，以上的系统程序，被存储在 EPROM 或者 EEPROM 中。一般情况下不允许改写。但是在 PLC 生产厂商升级固件时，可以将其升级到更新的版本，以剔除原系统中的 BUG，增强已有功能或者实现尚未实现的功能。

第二部分是用户程序存储器。用户程序存储器主要用来存放用户的应用程序，用户程序存放在读写存储器 RAM 中，可以用锂电池进行供电，或者用大电容来供电，程序保存时间根据不同的供电设备和使用情况而定。

第三部分是工作数据存储器。工作数据存储器主要用来存储工作数据。比如说用户程序中使用的 ON/OFF 状态，输入、输出以及内部节点和线圈的状态，还有数值数据等。

3. 输入输出单元

输入输出单元通常称为 I/O，输入接口主要用来接收和采集用户、输入设备发出的信号。输入信号主要有两种类型，一种是按钮、选择开关、行程开关等的开关量输入信号；另一种是电位器、测速发电机等各种变送器送来的模拟信号，需要进行相应的转换。输出接口将经过 CPU 处理的信号，通过光电隔离和功率放大处理，转换成外部设备所需要的驱动信号，包括数字量输出和模拟量输出从而驱动外部的各种执行机构或者设备，比如说接触器、指示灯、报警器、电磁阀、电磁铁、调节器和调速装置等。

4. 扩展接口

当 PLC 的 I/O 端子数受到限制，而需要更多的端子数的时候，可以通过扁平电缆线将 I/O 扩展接口和 PLC 基本单元相连。增加 PLC 的 I/O 端子数，从而适应控制系统的需求。其他很多智能单元也是可以通过这个接口和 PLC 的基本单元相连。

CPU 模块的工作电压较低，一般为直流电 5V，而其外部的输入输出电路电压都比较高，比如常见的交流电 220V。如此大的电压或者电流，会引起 PLC 内部元件的损坏。因此，在输入输出电路中，加入了光电耦合器、光电晶闸管或者继电器等装置，用来隔离内外部电路，保证 PLC 的运行安全和增加抗干扰能力。

5. 通信接口

通信接口用于数据通信，主要可实现人机对话。PLC 通过通信接口可以与打印机、监视器、其他 PLC 和计算机这些设备进行相应的通信。目前，这种通信往往通过专用电缆，比如 RS485 接口，或者以太网接口来实现。

6. 电源模块

电源模块给 PLC 提供交流、直流电源动力。PLC 电源将外部输入的电压转换成为满足 PLC 内部的处理器、存储器等电路需要的直流电压。另一方面，可以为外部输入元件提供直流 24V 标准电源。

5.2.2 PLC 实物组成

1. 导轨固定卡口

PLC 作为一种工业控制计算机，主要作用是在工业现场对设备进行控制。为了稳定运行和避免出现故障，需要牢固安装在专用的机柜中。导轨固定卡扣可用于把 PLC 装到相应的架子上，为接下来的接线等操作提供方便。安装完成以后，可以关闭电柜门，防止外界不良环境影响到内部的 PLC 设备。

2. 端子

PLC 上面有数字量输入接线端子，下边有数字量输出接线端子。端子是连接 PLC 内部和外部的接口，可以将外部开关、按钮和各类传感器获取的信号，输入到 PLC 内部，以供程序读取进行逻辑判断；或者将程序输出的控制指令，通过端子以及连接端子的电缆线，发送至设备，以实现控制功能。

3. 各类指示灯

良好的产品设计，不仅要有强大的功能、稳定的工作状态，而且要及时地给使用者提供足够的信息，让使用者了解设备的各种运行状态，做出相应的判断。

当有数据或者信号传输的时候，它会闪动提示状态信息。目前，CPU 模块面板上，主要提供三组指示灯。以 S7-200 SMART PLC 为例，第一组是输入和输出状态指示灯。当输入或输出端子处有信号输入或信号输出时，相应的指示灯就会亮起，否则就熄灭。这不仅可以帮助我们判断，哪些端子有或无信号，而且在调试阶段，还可以帮助我们排查程序运行中有没有逻辑错误，或者是否有硬件接线错误等。

第二组为 CPU 状态指示灯，主要由 RUN、STOP 和 ERROR 三个指示灯组成。它们可以提示 CPU 是处于运行程序状态、停止运行程序或者是系统出现故障等情况。

最后一组为以太网状态指示灯。该组指示灯类似路由器上相应的指示灯，展示 PLC 与其他设备的通信状况。

4. 扩展模块接口

可以根据不同的 PLC 型号，扩展一定的功能模块。扩展模块充分展示了 PLC 模块化设计的优势。当输入输出点数不够，或者 PLC 的主模块不具备某些功能时，通过购买和加入新的模块，就可以使点数或功能得以扩展。

比如，CPU 模块只能处理数字量，而现实使用中，会用到大量的模拟量信息，比如压力、温度、pH 值等信息。通过购买并加入模拟量输入和输出模块，可以将这些模拟量信息进行数字化转换，转变为 PLC 能够接受的数字量，或者把输出的数字量信息，转换为模拟量信号，来控制设备运转。这就是 A/D、D/A 转换的功能。

5. 通信接口

有 RS485 接口，这是比较传统的接口。现在有的 PLC 加入了以太网接口，可以通过网线把 PLC 和计算机相连，以太网的速度，要远远超过传统串口的速度，下载程序可以瞬间完成，而且接线方便，线材价格低廉，很容易购买。因此，越来越多的 PLC 都将以太网连接作为自身的标准配置。

5.2.3 PLC 的工作原理

1. PLC 工作流程

加电以后，首先进行内部处理，就是要进行系统的自检、自诊断。如果 PLC 正常，就继续往下进行，进行相应的处理。如果不正常，那么它就存放诊断错误的结果，判断是致命错误还是非致命错误。如果是致命错误，那么 CPU 会强制进入 STOP 也就是停止状态；如果正常，则开始输入处理，就是输入的传送，包括从端口接收数据。其次是通信服务，包括外设、CPU 和总线服务，更新时钟，还有一些特殊寄存器。此外要确定 CPU 的运行方式，比如说要执行程序就是 RUN 运行，执行程序、处理程序，而最后可以由用户终止程序，也就是 STOP，如图 5.2 所示。

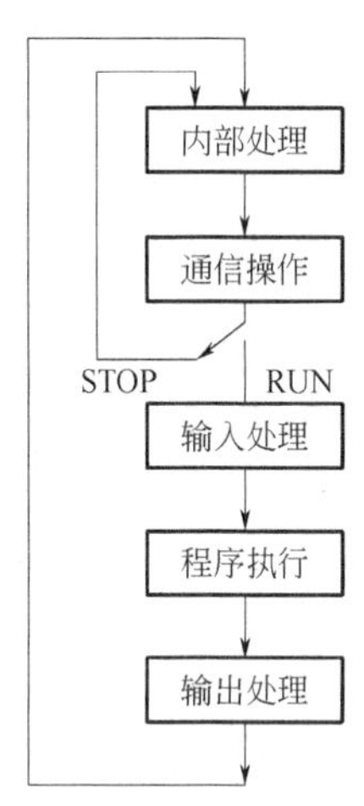

图 5.2 PLC 工作流程

2. PLC 运行方式与传统计算机的区别

传统的计算机，一般由等待命令或者中断的方式来运行的，比如说常见的键盘扫描、I/O 扫描。当有按键按下的时候，或者有 I/O 动作的时候，转入相应的子程序和中断服务程序；没有键按下的时候，继续等待。而 PLC，它是采用循环扫描的工作方式，也就是顺序扫描，不断循环。

因此，传统计算机运行程序的时候，执行到程序末端的结束指令以后，便退出程序，结束程序的运行。而 PLC 在没有中断和跳转指令的情况下，逐条逐句地执行程序指令，直到执行到程序末端以后，重新回到 0 号存储地址中存储的第一条用户指令，再一次执行，如此循环。每扫描（或者说执行）完一次程序，就完成一个扫描周期。

另外，对于外部得到的输入信号和程序产生的输出信号，PLC 会进行集中的批处理方式，处理完以后，再进行下一批信号的处理，每一个周期都要做完全相同的工作，与是否有输入输出以及其是否发生变化无关；而传统的计算机，是对信号进行实时处理的。

3. PLC 的扫描周期阶段

第一个阶段，输入采样阶段。这个阶段 PLC 以扫描方式按顺序将所有输入端子的输出状态进行采样，并将采样结果分别存入相应的输入映像寄存器里面。此时它的输入映像寄存器刷新，然后进入程序执行状态。外接的输入电路闭合时，对应的过程映像输入寄存器的状态为 1，也就是打开的状态，梯形图中对应的输入点的常开触点导通，常闭触点断开；外接输入电路断开时，对应的输入映像寄存器状态为 0，也就是关闭状态，梯形图中对应的输入点的常开触点断开，常闭触点导通。程序执行期间，即使它的输入状态发生变化，那么它的输入映像寄存器的内容也不会改变。如果输入状态的变化只是在下一个工作周期，那么输入采样阶段才会被重新采集到。需要注意的是，CPU 在正常扫描周期中，不会读取模拟量输入值。当程序需要访问模拟量输入时，将立即从模拟量模块中读取模拟量的转换值。

第二个阶段，用户程序执行阶段。在程序执行阶段，PLC 按照顺序对程序扫描执行，比如一般用梯形图。那么程序按照从上到下、从左到右的顺序来执行梯形图程序。当遇到跳转指令的时候，把根据跳转的条件是否满足来决定是否跳转。当指令里面涉及输入输出状态的时候，PLC 就从输入映像寄存器将上一个阶段采样的输入端子状态读出，然后从元件映像寄存器里边读出对应元件的当前状态。并根据用户程序进行相应的运算。最后将运算结果再存入到元件寄存器里边。对于元件映像寄存器来说，它的内容是随着程序的改变而改变的。程序执行过程中，即使外部信号发生了变化，过程映像输入寄存器的状态也不会改变。改变了的信号，将在下一个扫描周期的读取输入阶段被读入。

第三个阶段，输出刷新阶段。当所有的指令执行完毕以后，就进入输出刷新阶段，这个时候，PLC 将输出映像寄存器里面所有与输出有关的输出继电器的状态，转存到输出锁存器中，并通过一定的方式输出、驱动外部的负载，比如说电动机、灯泡等。

如上所述，执行用户程序时，是使用的输入/输出过程映像寄存器，而不是实际的 I/O 点，主要有以下原因：

（1）在整个程序执行阶段，各过程映像输入寄存器的状态保持不变，程序执行完以后，再用过程映像输出寄存器的值更新输出点，不易出现逻辑冲突，使系统更稳定。

（2）用户程序读写过程映像寄存器的速度要比读写物理 I/O 的速度快得多。

（3）访问物理 I/O，只能以位或字节进行访问，应用受到局限；而访问过程映像寄存器时，可以用位、字节、字、双字等访问，并在程序中根据需要加以利用，使编程灵活性得到很大程度的提高，可便于对其值进行批量读、写操作，进而可以同时控制多台设备。

PLC 在扫描周期（程序运行）阶段，不会将输出的值写入模拟量输出模块，当程序需要访问模拟量输出时，输出值被立即写入模拟量输出模块。

整个扫描时间通常由 CPU 的时钟速度、I/O 模块的数量以及程序的长度来确定。通常情况下，CPU 越高档，时钟速度越快，扫描周期就越短；模块数量越少，扫描时间越短；程序越短，扫描时间越短。一般 PLC 执行 1K 程序需要的扫描时间是 1~10ms。

PLC 有两种正常的工作状态，也就是运行（RUN）模式和停止（STOP）模式。运行模式执行用户程序，停止模式一般用于程序编制或者修改时。

扫描过程见图 5.3。

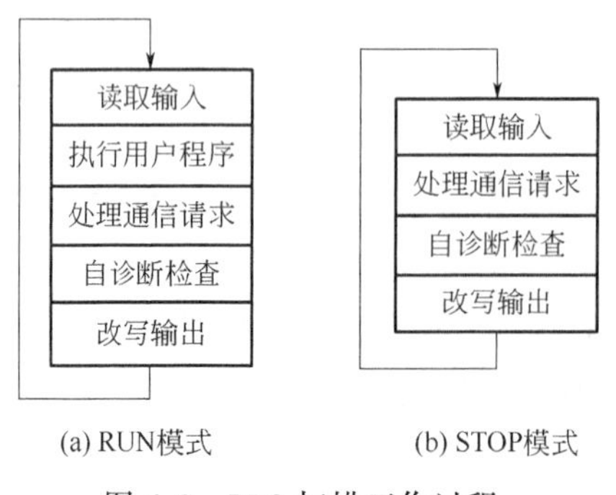

图 5.3 PLC 扫描工作过程

巩固与提高

一、单选题

1. 属于 PLC 核心部件的是（　　）。

A. 存储器　　B. 输入输出单元　　C. 通信接口　　D. 中央处理器

2. 当运行 PLC 程序时，面板上哪个指示灯点亮？（　　）

A. RUN　　B. STOP　　C. ERROR　　D. 随机

3. 当运行 PLC 发生故障时，面板上哪个指示灯点亮？（　　）

A. RUN　　B. STOP　　C. ERROR　　D. 随机

二、多选题

PLC 一个扫描周期包括（　　）。

A. 输入刷新阶段　B. 程序执行　　C. 输出刷新阶段　　D. 自检阶段

三、判断题

1. PLC 的工作原理和计算机一致，均为等待输入模式。（　　）

2. 系统程序存储器为 RAM 存储器。（　　）

3. 扩展接口的一个重要功能是提供更多的 I/O 端子数量。（　　）

任务 5.3　熟悉 PLC 编程软件环境

视频 34　熟悉 PLC 编程软件环境

学习目标

1. 知识目标

（1）初步认识 PLC 编程软件和仿真软件；

（2）学会安装主流的 PLC 编程软件和仿真软件；

（3）熟练掌握 STEP 7-Micro/WIN SMART 编程软件界面以及使用，了解博途软件基本功能。

2. 技能目标

熟悉主流 PLC 编程软件和仿真软件，特别是西门子 PLC 的主要产品对应的编程软件；学会安装编程软件，特别应当熟悉 STEP 7-Micro/WIN SMART 编程软件的界面以及熟练使用该软件进行梯形图程序的编写。

3. 素质目标

（1）培养学生对于和 PLC 硬件相关的软件开发兴趣；

（2）对于编程零基础的同学，通过对编程软件使用方面的讲解，使学生排除对未知领域的畏惧心理；

（3）了解 PLC 程序开发对于环境专业学生未来就业重要性，从而增强其学习的自主动力。

思政情境

仿真的概念，不仅仅用在 PLC 学习和工作时，更是在各行各业都有应用。它反映了“万物皆通”的思想。虽然不同的事务存在自己的特殊性，但是它们在某些基本甚至是哲学层面，有很大的相似性，甚至是相同的。这样一来，在某些条件不具备的情况下，我们可以积极思考，转换思路，另辟蹊径，也可以异曲同工。

另外，编写程序的调试过程，与学习、生活以及工作乃至整个人生中，创新、求证、失败、改进，完成自我，有着极高的相似性，学生要提高对过程重要性的理解，而非只着眼于目标的实现。

相关知识

5.3.1 PLC 编程相关软件简介

1. PLC 编程软件系统

PLC 是一种由软件驱动的控制设计。软件系统就如人的大脑一样，PLC 软件系统是 PLC 所使用的各种程序集合。为了实现某一控制功能，需要在特定环境中使用某种语言编写相应指令来完成。需要注意的是，不同厂商的 PLC 产品编程软件往往是不一样的。即使是同一厂商的产品，不同系列也可能会有所不同。

PLC 编程的相关软件包括两大类，一类是 PLC 编程软件，它是用于编写 PLC 程序的，比如说 STEP 7-Micro/WIN SMART；另一类是 PLC 仿真软件。就是在缺乏 PLC 真实的硬件的时候，可以通过仿真软件来模拟硬件，并通过调试程序，来发现程序有没有问题。等到有硬件的时候，再在硬件上实际运行。

2. 西门子 PLC 编程软件及仿真软件

西门子 PLC 产品门类齐全，对应的编程软件种类也比较多。

LOGO！是西门子的低端 PLC，其上有相应的键盘，可以直接输入指令。当然，也可以通过 LOGO！Soft Comfort 程序进行编写和编译程序。

西门子 S7-200 smart 使用的是 STEP 7-Micro/WIN SMART 这个软件。STEP 7-Micro/WIN SMART 软件占用空间少，只有几百兆的空间占用，对于计算机的硬件配置要求也不高，但是该软件功能强大，可以在 32 和 64 位的 Windows 系统上安装运行。

西门子 S7 300、400、1200、1500，使用一种叫做博途的软件。博途是工业级软件，比前者功能更强大，但它们的主要基本功能是一样的。博途软件是西门子主推的编程软件，该软件功能全面，是非常专业的编程软件，安装包大概就有十几个 G 大小，对计算机的软硬件要求非常高，而且安装过程比较复杂。目前，博途软件是未来西门子系列 PLC 主要的软件开发平台。

5.3.2 PLC 编程软件的安装过程

因为本课程是以 S7-200 SMART PLC 为例进行讲解的，所以，这里将对 STEP 7-

Micro/WIN SMART 软件做较为详细的介绍。

该软件可以从官方网站下载安装包。该安装包可能是以 rar 等压缩包格式提供，或者是 ISO 格式的光盘镜像文件。通过直接用软件解压缩，或者点击右键，用文件资源管理器挂载为虚拟光驱，都可以找到文件夹中的 setup. exe 安装程序进行安装。

首先双击安装包的安装程序，选择语言，可以选择中文或者是英文。选择语言过后，确定要安装。然后会有接受协议的画面，点击“同意”，就可以往下进行。接着选择安装目录，就可以继续安装过程。这里需要注意的是，尽量不要自行选择其他安装目录，至少选择的安装目录中，不要出现中文或者其他国家语言字符，保留英文字符状态为好。其中还有一个选择通信功能的过程。当进度条到 100% 以后，安装完成，重启电脑就可以使用了。

5.3.3　PLC 编程软件界面与基本窗口操作

1. 软件界面

STEP 7-Micro/WIN SMART 编程软件设计精巧，编程任务所需的各类功能齐全，并分门别类地安排在各菜单功能区和工具条当中，使用非常方便。该软件内嵌了梯形图、功能块图和语句表几种 PLC 常用编程语言，供熟悉各种语言的 PLC 编程人员使用。

整体界面见图 5. 4。

图 5. 4　STEP 7-Micro/WIN SMART 软件界面

在左侧，一般有项目树或者称作指令树；在中间是编程区；在上部，是一个条带型的功能区，有各种菜单和工具按钮，实现各种各样的功能。下部是状态栏、梯形图缩放工具等。

STEP 7-Micro/WIN SMART 这个软件总体的界面，有一些主要功能区域：菜单栏、功能区、项目树、程序编辑器等。其中有几个重要的功能区选项卡，见图 5.5，依次是文件、编辑、视图和 PLC。

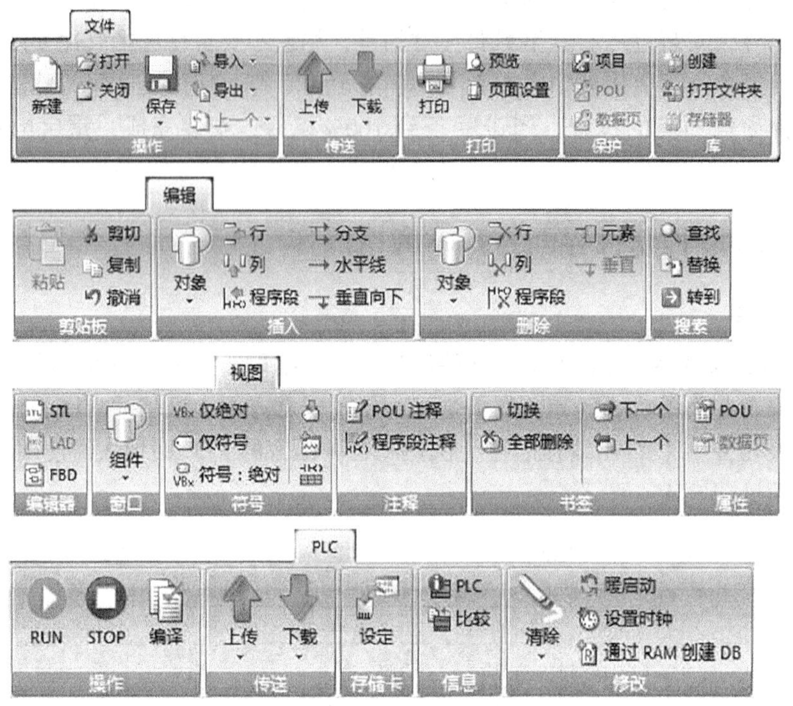

图 5.5　STEP 7-Micro/WIN SMART 重要功能区选项卡

2. 菜单栏

与几乎所有现代的软件界面类似，STEP 7-Micro/WIN SMART 摒弃了前一版 STEP 7-Micro/WIN 中的传统菜单模式，采用了带状菜单（Ribbon）的模式，避免了多级子菜单带来的访问命令效率低的问题，节省了屏幕空间，并且可以根据需要进行隐藏，最大限度地扩大了编程区域空间。

文件菜单及其功能区中，主要是与文件新建、打开、保存、关闭、打印等相关的操作，不再赘述。其中值得注意的是“导出”按钮。这一命令的功能，是为程序仿真服务的，下面仿真的讲解中会提及。点击按钮右侧向下黑色箭头，然后点击出现的“POU”按钮，即可导出用于仿真的中间文件。

编辑菜单的功能区，主要是 PLC 程序编制过程中经常用到的各种功能。除了通用的剪切、复制和粘贴以及查找替换等按钮外，还有梯形图程序中常用的插入分支、插入向下的垂直线，延长水平线等功能，使梯形图程序能够出现并联等逻辑连接，提高程序的复杂度，解决复杂问题。

视图菜单的功能区，可以实现在梯形图（LAD）、功能块图（FBD）和语句表（STL）几种编程语言之间进行切换，也可以选择在梯形图的编程元件上只显示地址、只显示符号或者两者同时显示等方式。另外，亦可选择是否显示和允许 POU 注释，是否显示和允许程序段注释等。

3. 快速访问工具栏

在缺省设置下快速访问工具栏中有与文件操作相关的几个功能按钮，可以快速实现文件的相关操作。但是该工具栏是一个“动态”的工具栏，也就是说，可以通过点击工具栏右边的下拉按钮，在出现的“自定义快速访问工具栏”菜单中的“更多命令”条目项，继续点击，打开“自定义”对话框，从而根据需要，增减快速访问工具栏上的功能按钮，实现对快速访问工具的定制。

4. 项目树

项目树主要用于组织项目。在项目树中，主要有两大功能模块。其一是项目组织，其二是分类指令。“项目”中，最重要的是“程序块”和“系统块”两部分。这是对程序进行组织以及对硬件配置进行组态的两大功能。

程序块由主程序（OB1）、可选的子程序（SBR_N）和中断程序（INT_N）组成，其中 N 为从 0 开始的数字，用户每增加一个子程序或者中断程序，则 N 加 1。主程序有且只有一个。主程序、子程序和中断程序，统称为 POU（Program Organizational Unit，程序组织单元）。

系统块用于给 S7-200 SMART CPU、信号板和扩展模块组态，设置各项参数。系统块应该与实际安装的硬件完全一致，并且通过电缆或网线，将该组态下载到 PLC 中。

在项目树中以及项目树上方的导航栏中，还有符号表、状态图表、通信等工具，对于 PLC 程序编制、调试和数据传输，有重要的作用。符号表允许编程人员用符号（简短的说明性文字）作为元件地址的替代，出现在编程区的梯形图元件上方，这可以增加程序的可读性和可维护性。符号表中符号为全局变量，可以用于程序组织单元中的所有位置。状态图表通过表格或者趋势线，对用户关心和指定的变量状态进行监视、修改和强制程序执行操作，这对于程序的调试非常有价值。

5. 状态栏

状态栏和其他软件类似，位于主窗口底部，提供软件执行期间的各种信息。在用户编辑程序时，状态栏显示编辑器的模式信息，比如，是插入模式还是覆盖模式等。还可以显示 PLC 的在线状态信息，包括是否在运行中、是否与计算机或者其他 PLC 建立了连接等。

6. 帮助功能

1）在线帮助

STEP 7-Micro/WIN SMART 编程软件提供了强大而全面的在线帮助系统，可以帮助用户快速对需要帮助的主题提供实时的帮助。无论是项目树、指令树上的各个文件夹和其子项，还是某个窗口，或者是工具栏上的某一个按钮，甚至是编程区内用户拖拽上去的编程元件，只要在这些元素上按下帮助键（F1），软件就会立即根据具体的对象，提供与之相关的帮助文档。

2）帮助菜单

帮助菜单结构如图 5.6 所示。

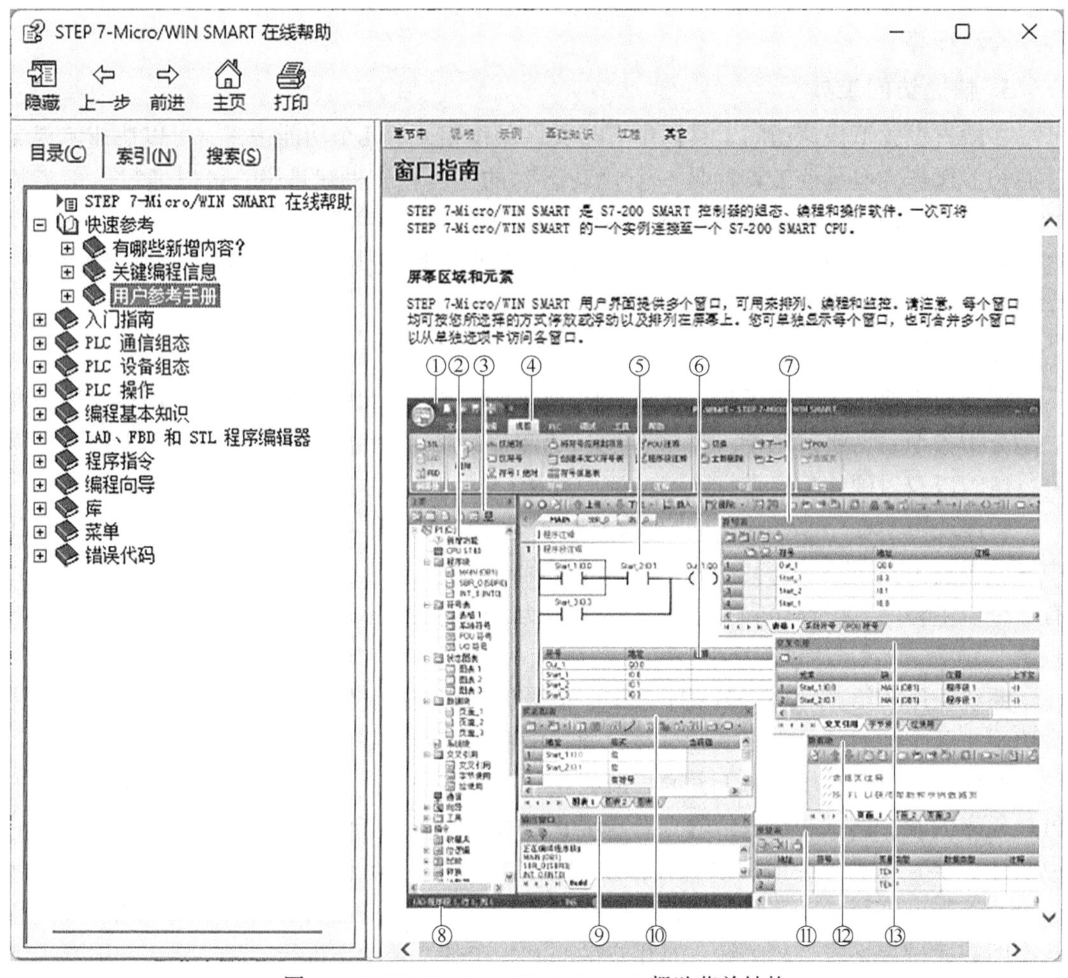

图 5.6　STEP 7-Micro/WIN SMART 帮助菜单结构

单击“帮助”菜单功能区的“信息”区的“帮助”按钮，可以打开帮助窗口。

点击左侧的目录选项卡，会列出分门别类的帮助主题。这些主题可以当作一本书来进行阅读。

中间的“索引”选项卡，提供了按照字母次序排列的帮助主题关键词，双击某一个关键词，在右侧的帮助内容区域会出现与此有关的帮助信息。

在“搜索”选项卡输入要查的关键词，然后单击“列出主题”按钮，会列出所有查找到的主题，双击该主题，即可在右侧区域显示相关帮助。

单击“帮助”菜单功能区的“Web”区域的“支持”按钮，将打开西门子的全球技术支持网站，可以在该网站根据产品类型搜索阅读有关信息，获得最权威和最新的信息。

另外，在文件和 PLC 选项卡中，都有“上传”“下载”这样的功能按钮，这是将 PLC 程序在计算机和 PLC 之间传输的功能按钮。要特别注意，这里的下载，与一般理解的是不一样的。一般所说“下载”，是指把数据信息传到电脑上。这里所说的“下载”，是把编写并编译好的 PLC 程序传输到和电脑相连的 PLC 中等待执行，而不是相反。在

PLC 这个选项卡里边，还要特别注意到有 RUN、STOP、编译等按钮，分别代表启动 PLC 程序、停止 PLC 程序以及将梯形图等源程序转换为目标代码。

7. 窗口的基本操作

1）激活窗口

STEP 7-Micro/WIN SMART 编程软件具有较高的可定制性。也就是说，软件界面上的各种编程工具元素的位置、大小甚至组件都可以一定程度上根据用户的需要进行“个性化设置”。软件的操作上也有很大的灵活性。

前已述及，快速访问工具栏中的命令按钮，就是可以由用户进行增删的。软件的各个工具面板和功能区中的分组命令，也可以根据软件窗口的大小，自动调整其显示或隐藏方式，甚至改变功能按钮的类型，以适应不同大小的软件窗口。

一些重要的窗口，比如符号表、功能图表、系统块、数据块、通信等，在项目树、导航工具栏、视图菜单功能区中，都有对应的按钮用于打开。这样使用户在多种场景和操作时，都能够很方便地访问需要的功能，而不必专门进入或回退到相应的页面才可访问，提高了操作效率。

2）窗口浮动和停靠

各个窗口元素，都可以在浮动和停靠方式之间切换，或者以某种方式排列在屏幕某个位置。通过单击并拖动窗口的标题栏，移动鼠标，窗口就可以独立出来并变为浮动，和鼠标光标一起移动。可以同时让多个窗口在软件区域任意位置浮动。

当拖拽窗口时，软件界面的正中央和上下左右四周会出现 8 个带有三角形箭头的方块，这种方块称作定位器。当拖动标题栏的鼠标靠近某一定位器方块时，定位器箭头方向位置会出现阴影区，标明了窗口拟被放置的位置，松开鼠标时，窗口便出现在阴影位置。

3）窗口合并

符号表、状态图表、数据块、交叉引用、输出窗口以及项目树这些窗口，可以如前述一样产生浮动效果，成为独立窗口摆放在界面任意位置，也可以进行合并，成为选项卡标签，为界面腾出大量空间用于编程。

以符号表为例，拖动它进入其他窗口标题栏区域，或者进入拟合并的窗口下（标示了窗口名称的选项卡所在的位置），该窗口将与其他窗口合并，以“窗口选项卡”的形式存在。如果用户点击该选项卡，则成为当前窗口。

5.3.4　PLC 编程软件与仿真软件的协作使用

对 S7-200（SMART）来说，使用 STEP 7-Micro/WIN SMART 编程软件与第三方的 S7-200 仿真程序配合进行编程和仿真工作。对于 S7-300、400、1200、1500 等 PLC，使用西门子官方功能强大的博途软件及内置 PLCSIM 仿真程序进行相关操作。

1. 仿真程序概览

对于前者，因为仿真软件无法对源程序进行编辑，因此，PLC 程序首先要在编程软件里完成。在 STEP 7-Micro/WIN SMART 中进行梯形图程序编写以后，首先要对程序进行编译。这个过程，一方面是将源程序文件翻译为 PLC 能够识别并执行的机器码；另一方面，也是一个排错的过程。如果使用的是实物 PLC 的话，编译中出现逻辑错误，则无法将程序下载到 PLC 中，而应该进行修改，直到编译后没有错误为止。如果不是 PLC 实物而是仿真的情况，编译错误时选择导出文件的话，会弹出“必须先通过编译才能导出程序代码”对话框，待程序修改正确并编译无误后，方可导出文件。导出文件的操作为，依次点击“文件”—“导出”—“POU”，打开“导出程序块”对话框，选择导出扩展名为“awl”的中间文件，然后在仿真软件中将其导入，进行仿真。

这里用到的仿真软件，可以仿真大量的 S7-200 指令，比如位逻辑指令、定时器计数器指令、比较指令、数据传送指令、逻辑运算指令、算术运算指令等。但是对于循环指令、高速计数器和通信指令则不支持仿真。

2. 仿真程序的使用

目前，使用最多的 S7-200 SMART PLC 仿真软件，是一位西班牙人编写的仿真程序，西门子官方没有发布支持 S7-200 SMART PLC 的仿真程序。

一般情况下，该软件是一个“绿色软件”。所谓绿色软件，是指解压缩以后，可以直接运行，而不需要安装的软件。在本例中，直接运行解压缩后目录中名为“S7-200 汉化版 . exe”的可执行程序即可。该软件界面见图 5. 7。

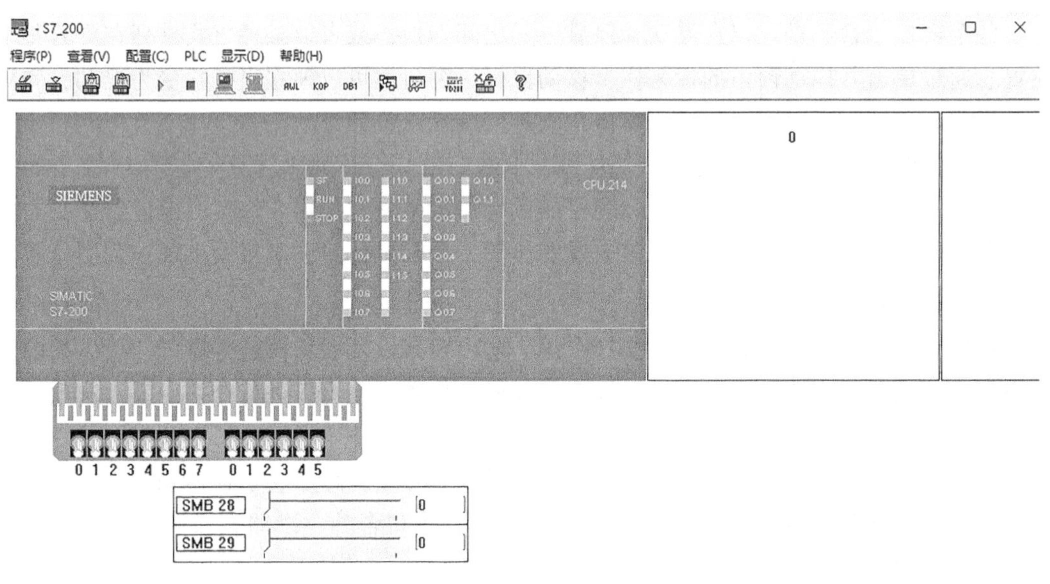

图 5. 7 S7-200 SMART PLC 仿真软件

仿真软件操作步骤如下：

首先，如前所述，运行仿真程序。然后在出现的界面中，点击屏幕中间的画面。在弹出的“密码 6596”对话框中，填入密码 6596，点击确定，即可进入仿真程序的工作界面了。

由于该仿真程序是为 S7-200 开发的，而目前已经在使用 S7-200 的升级版 CPU，也就是 S7-200 SMART，所以，在仿真程序中，需要选择“CPU 类型”，选择最接近 S7-200 SMART 的 CPU，也就是 CPU226。这可以通过点击“配置”菜单，然后在弹出的“CPU Type”对话框中，点击下拉列表框，选择“CPU226”来完成。

接下来，需要将工具栏中的“State Program”监控按钮按下，这样一来，在运行程序时，如果某元件变为导通状态，则该元件上会出现一个蓝色的方块，反之则没有。通过这种方式，我们能对程序运行情况一目了然。

最后，要导入以“awl”为扩展名的中间文件（导出方法前面编程软件使用部分已经提到)。

具体做法是，依次选择“程序”—“装载程序”菜单，或者点击工具栏第二个按钮“Load PLC”。

在弹出的“装载程序”对话框中，根据需要，选中“逻辑块”“数据块”“CPU 配置”中的几项或全部，点击“确定”，在打开的对话框中，浏览并找到“awl”文件，即可成功导入程序中间文件。这相当于将梯形图程序下载到了实物 PLC 中。

最后，点击工具条中的“RUN”或者“STOP”按钮，以开始运行和停止运行程序。

从案例教学编写、仿真运行 PLC 程序中可以看出，编写和调试程序，就是一个不断思维创新、试错、调试和改进的过程。通过源程序的编写，激发新思路，通过对错误提示的思考，修正自己思维逻辑的误区，最后实现自己的预设目标。这个过程，不仅适用于编程本身，在我们的其他科目的学习、生活经验积累和今后的工作中，都要有意识地大胆创新，小心求证，接受失败，改正错误，才能真正有所收获。

巩固与提高

一、单选题

1. 下列哪一项为梯形图编程？（　　）

A. STL　　B. LAD　　C. SFC　　D. FBD

2. 将 PLC 程序转换为二进制机器码的过程称之为（　　）。

A. 解析　　B. 解释　　C. 编译　　D. 分析

3. 下列对仿真程序正确的说法是（　　）。

A. 完全替代 PLC 硬件

B. 缺乏硬件时，一定程度上模拟 PLC 硬件调试程序

C. 均为原 PLC 厂商开发

D. 功能较弱，没有实际意义

4. 西门子 S7-300 系列 PLC 使用的编程软件是（　　）。

A. TIA 博途软件　　B. STEP 7-Micro/WIN SMART

C. PLCSIM　　D. WINCC

二、判断题

1. PLC 编程软件菜单中的“下载”按钮的作用是，将 PLC 中的程序下载到计算机

中。（　　）

2. S7-200 smart PLC 程序可以使用博图软件编写。（　　）

3. PLC 硬件中的信息可以和计算机软件同步。（　　）

任务 5.4　了解 PLC 基本指令

学习目标

视频 35　了解 PLC 基本逻辑指令

1. 知识目标

（1）掌握取触点指令里的常开指令；

（2）掌握取触点指令里的常闭指令；

（3）掌握线圈输出指令；

（4）理解和运用触点串联与并联指令。

2. 技能目标

学习、理解并熟练掌握 PLC 编程中最常用的常开、常闭、线圈指令，以及串并联的概念和运用方式，作为今后学习更多更丰富指令的基础；能够在编程软件中找到这些指令，并且正确放置在梯形图中。

3. 素质目标

培养学生了解几种常用基本位逻辑指令的工作方式和使用方法，激发学生编程的兴趣，鼓励学生在学习过程中与同学和老师沟通，在相互交流中学习新知识。

思政情境

在现代工业中， PLC（可编程逻辑控制器）是自动化控制的核心技术之一，其广泛应用推动了制造业的智能化与高效化。在学习 PLC 基本指令时，学生不仅需要掌握技术本身，还要认识到这些技术在实际工业生产中的重要作用。中国制造业正向智能制造和“工业 4.0”迈进，掌握 PLC 技术意味着掌握了未来工业自动化的“钥匙”。

相关知识

5.4.1　数据类型与寻址

1. 数制

数制也称为“计数制”，是用一组固定的符号和统一的规则来表示数值的方法。任何一个数制都包含两个基本要素：基数和位权。

目前，常用的进制有二进制、八进制、十进制和十六进制。理论上说，其他进制都是可以的，但是，因为计算机发展历史以及长期的生产实践，目前只有这几个进制是用得最多的。

我们生活中主要是使用十进制来计数的。但是数字计算机因为其本身硬件结构的原因，最高效和最方便的计数和计算使用的却是二进制。每个电路元件，最基本的两种状态，就是通电和断电，可以分别对应于 1 和 0 这两个数，所以，二进制能够在物理器件上有相应的对应关系，可以稳定地表示计数。

首先请大家记住一个口诀，那就是，“从右往左，从上往下，从零开始”。简单地说，计算机计数，或者标记某个位置，是从 0 开始计算的，而不是我们生活中惯常使用的从 1 开始。另外，对于存储介质来说，一般右面是低位，左边是高位，读取值的时候，是从右往左取的。同理，对字节等进行排位存取，是从上面往下面取值的。

既然计算机领域最经常使用二进制，计算机内部的数值就是用二进制来表示的，那么，这里有必要补充一下二进制的概念，它是如何表示开关量以及表示更多数值的。

2. 开关量

计算机中，存储数值的最小单元是“位”（bit）。一个位只能存储 0 或者 1 这两个数。生活中经常使用的电源开关，或者按钮，也是只有两个状态，那就是开或者关，或者说通电或者断电。所以，这种只有两种状态的量，我们称其为开关量，或者数字量。PLC 中的触点元件，如果其在内存中映射的位值为 1 时，表示该触点（端子）连接的外部开关闭合，端子处接收到了信号；反之就是没有接收到信号。对于输出线圈，比如 Q 线圈输出，如果对应的内存位值为 1 时，则通电输出，驱动设备运转；否则没有输出，设备没有动作。

3. 一般数值

计算机不止能表示 0/1 这样的开关量，它可以而且必须能够表示任意的数值，也就是大于 1 的数。这就需要通过多个“位”，组成一个系列，通过二进制与十进制的对应关系，来转换为任意大小的数值。

所谓二进制，就是“逢二进一”，这是其进位规则。每一个二进制位都有一个权值，从右往左的第 n 位（从 0 位开始，前已述及）的权值是 2^n，第 3 位到第 0 位的权值分别为 8、4、2、1，所以，二进制数又称为 8421 码。

二进制与十进制数之间的转换，是最基本的计算机应用知识，各种书籍和网上有不少这方面的内容，请大家自行查阅，这里不再赘述。总之，二进制、八进制、十进制、十六进制之间都可以用类似的方法互相转换。具体需要使用哪一进制来表示数，是根据需要而定的。

在 PLC 中输入数据时，最简单的方式就是直接输入十进制数。但是某些情况下，比如要进行位运算等操作，直接输入二进制数或者十六进制数，更为方便。此时，可以在输入的数据前，加上 2#或者 16#，这样一来，PLC 会自动识别数值，将其输入到相应的区域，以提供给程序使用。

4. 数据类型

在生活中，我们进行数据计算时，是基本不分数据类型的。而包括 PLC 在内的计算机领域，因为内部对数据是以二进制方式存储的，不同类型的数据，存储的容量和格式各有不同。比如，5 这个整数和 5.0 这个实数，存储所需容量完全不同，存储格式也不一样。因此数据之间在进行运算时，只能同种类型的才能直接运算。不同类型的数据，需要进行数据类型转换，转换为同类型数据后才能进行运算。

数据类型定义了数据的长度和表示方式，在 PLC 领域，数据类型有如下几种。

1）位

位的数据类型为布尔类型（BOOL）。布尔类型也称开关量，只有 1 和 0 两个值。布尔类型的数据，往往与 PLC 的端子在内存中的映射，也就是前面提到的输入输出映像寄存器有关。变量的地址由字节地址和位地址组成，前面冠以存储器标识符，共同标识出某端子在内存中的实际位置。比如 I0.1，最前面的 I，就是存储器标识符，表示是在输入映像寄存器内；前面的 0 代表第 0 个字节，后面的 1 代表这一字节从右往左数的第二位（从最右侧的第 0 位开始）。字节地址和位地址中间用英文句点分隔，这种访问被称为“字节.位”寻址方式。

按照这种位地址方式编址的存储区有：输入映像寄存器（I）、输出映像寄存器（Q）、位存储器（M）、特殊存储器（SM）、局部变量存储器（L）、变量存储器（V）以及顺序控制继电器（S），见图 5.8。

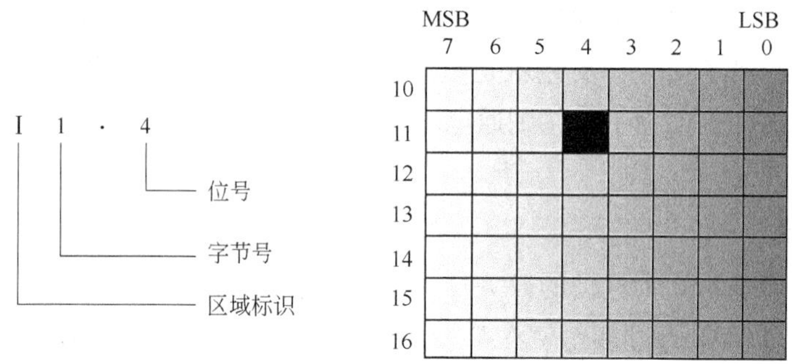

图 5.8 位地址编址存储区

MSB—最高有效位；LSB—最低有效位

2）字节

一个字节（byte）由八个位（bit）组成。字节地址格式可以表示为“区域标识符+字节长度符 B+字节号”组成。比如，输入地址 IB2，就是指 I2.0~I2.7 这八个位组成的一个字节的数据。

3）字和双字

相邻的两个字节组成一个字（word），字地址格式可以表示为“区域标识符+字长度符 W+起始字节号”，且起始字节为高有效字节。如 IW2 是由 IB2 和 IB3 这两个字节组成。

（1）字的取值范围为 16#0000~16#FFFF。相邻的两个字组成一个双字（Double Word），双字地址格式可以表示为“区域标识符+双字长度符 D+起始字节号”，且起始字节为最高有效字节。比如 ID2 是由 IB2~IB5 这四个字节组成，也可以说由 IW2 和 IW4 两个字组成。

（2）双字的取值范围为 16#0000 0000~16#FFFF FFFF。字和双字都是无符号数。

4）16 位整数和 32 位双整数

16 位整数（Integer，INT）和 32 位双整数（Double Integer，DINT），都是有符号数，分别占用 2 个字节和 4 个字节。整数的取值范围为-32768~32767，双整数的取值范围为：-2147483648~2147483647。

5）32 位浮点数（实数）

浮点数又称为实数（REAL），它由尾数部分和指数部分组成。占用一个双字的空间，也就是四个字节的大小。最高位（31 位）为浮点数的符号位，最高位为 0 时为正数，为 1 时为负数；8 位指数占 23~30 位；因为根据规定，尾数的整数部分始终为 1，所以只保留了尾数的小数部分（占用 0~22 位）。

浮点数用很小的 4 字节的存储空间占用，可以表示非常大或者非常小的数值。这些数据主要是用来进行算术运算。模拟量的输入和输出值一般为整数值，所以，在进行相关量（比如温度、压力、pH 值等）的计算中，需要把整数类型的数据通过转换指令转换为浮点数，才能进行运算；运算后的结果，需要反过来，转换为整数进行输出。

6）ASCII 码字符

ASCII 码（美国信息交换标准代码）是由美国国家标准局（ANSI）制定的，它已经被国际标准化组织（ISO）定为国际标准（ISO 646）。标准 ASCII 码用 7 位二进制数来表示所有的英语大小写字母、数字 0~9、标点符号以及在美式英语中使用的特殊控制字符。其中数字 0~9 的 ASCII 码为十六进制数 30H~39H，英语大写字母 A~Z 的 ASCII 码为 41H~5AH，英语小写字母 a~z 的 ASCII 码为 61H~7AH。

7）字符串

字符串数据类型（STRING）是由若干个 ASCII 码字符组成。第一个字节定义字符串的长度（0~254），后面的每个字符占一个字节。字符串变量最多 255 个字节的长度。字符串主要用来传达一些人类可以识别的信息。

5. 数据区划分

PLC 在系统程序的管理下，将用户程序存储器的数据划分为若干个区域。每个区域对应不同的功能元件，用来存储工作数据和作为寄存器使用。存储器类型为 EEPROM 和 RAM。这些数据分区主要有：输入继电器 I（输入映像寄存器）、输出继电器 Q（输出映像寄存器）、模拟量输入继电器 AI（模拟量输入映像寄存器）、模拟量输出继电器 AQ（模拟量输出映像寄存器）、辅助继电器 M（内部标志位存储器）、特殊标志位继电器 SM（特殊标志位寄存器）、变量继电器 V（变量存储器）、局部变量存储器 L、状态继电器 S（顺序控制继电器存储器）、定时器 T（定时器存储器）、计数器 C（计数器存储器）、高速计数器 HC、累加器 AC 等。

值得注意的是，在 PLC 中，这些工程上被称为“继电器”的元件，并非是真实的硬件，而是与其对应的存储器中的相应存储单元。

1）输入映像寄存器 I，输出映像寄存器 Q

输入映像寄存器是 PLC 接受外部输入信号的接口。在每个扫描周期开始时，CPU 对物理输入点进行采样，将获得的数据在输入映像寄存器中保存起来备用。

外部输入电路接通时，对应的过程映像寄存器的值为 1，也就是 ON 的状态，反之为

0，也就是 OFF 的状态。输入端可以接常开触点或常闭触点，也可以接多个触点组成的串并联电路。

需要注意的是，输入映像寄存器中的数值，只能通过外部开关或传感器信号来驱动，不能由内部指令改写，这是符合逻辑的。因为 PLC 就是通过实际的外部状态，通过程序逻辑判断，来对设备进行相应控制的。如果能够随意通过内部指令改写输入映像寄存器的值，有可能会导致不可预料的后果。

输入映像寄存器有无数个常开和常闭触点供编程时使用。在编程时，只能出现输入继电器触点（常开/常闭），不能出现线圈。

输入映像寄存器可以采用位、字节、字和双字来存取。

2）模拟量输入映像寄存器 AI，模拟量输出映像寄存器 AQ

S7-200SMART 的 AI 模块可以将温度、压力等模拟量数值转换为一个字长（16 位）的数字量。用区域标识符（AI）、表示数据长度的字标识符（W）和字节的起始地址共同标识出其地址，可以从该地址存取模拟量数值。模拟输入量为 1 个字长，一般从偶数字节开始。所以常规用法是，从偶数字节地址，比如 AIW0、AIW2、AIW4 等进行存取。模拟量输入值为只读，不能由用户程序指令直接写入。

S7-200 SMART 的 AQ 模块将长度为一个字的数字量，按照比例，转换为现实中存在的模拟量，用区域标识符（AQ）、表示数据长度的字标识符（W）和字节的起始地址共同标识出其地址，可以将转换后的模拟量数据写入该地址。模拟输出量为 1 个字长，一般从偶数字节开始，所以常规用法是，从偶数字节地址，比如 AQW0、AQW2、AQW4 等进行存取。模拟量输出值为只写数据，用户程序不能读取模拟量输出值。

3）内部标志位存储器 M

内部标志位存储器 M 是一种重要的编程元件，它类似于继电器控制系统中的中间继电器，所以有时候也被称作辅助继电器。内部标志位存储器主要用来存储中间状态或其他信息，它不能直接驱动外部负载，而只能通过输出映像寄存器的外部触点驱动负载。

与其他元件类似，它有位格式和字节、字与双字等几种格式，以适应不同场合使用需求。位格式表示方法为：M[字节地址].[位地址]，比如 M1.2。字节、字与双字格式表示方法为：M[长度标识][起始字节地址]，比如 MB16、MW16、MD16。

内部标志位存储器的常开与常闭触点在 PLC 内部编程时可以无限次使用。但是在 S7-200 CPU 中，其本身地址空间较小，只有 32 个字节，也就是 M0.0～M31.7 的地址空间。当其本身不够用时，可以考虑用 V 变量存储器代替。

4）特殊标志位寄存器 SM

特殊标志位寄存器在 CPU 与用户程序之间搭起了一座桥梁，使它们之间可以进行信息的交换。可以利用这些特殊的位标记，选择和控制 S7-200 SMART PLC 的一些特殊功能。

特殊标志位 SM 可以用位格式和字节、字与双字格式来表示。位格式表示方法为：SM[字节地址].[位地址]，比如 SM0.2。字节、字与双字格式表示方法为：SM[长度标识][起始字节地址]，比如 SMB16、SMW16、SMD16。

SM 的每一个位的值，都有其特殊的规则，也是由系统来确定的，不能由用户随意改写。例如，SM0.0，该位始终是 ON 的状态；SM0.1，在第一个扫描周期，CPU 将该位设置为 TRUE，此后将其设置为 FALSE；SM0.4，该位提供一个时钟脉冲。周期时间为 1min 时，该位有 30s 的时间为 FALSE，有 30s 的时间为 TRUE。该位可简单轻松地实现延时或提供一分钟时钟脉冲；SM0.6，该位是一个扫描周期时钟，其在一次扫描时为 TRUE，然后在下一次扫描时为 FALSE。在后续扫描中，该位交替为 TRUE 和 FALSE。该位可用作扫描计数器输入。

5）变量存储器 V

变量存储器 V（Variable）可以用来存储程序执行过程中控制逻辑操作的中间结果，也可以用来保存与工序或任务相关的其他数据，所存变量主要是全局变量，也就是其值在全局都有效，同一个存储器可以在任一个程序分区中被访问。用于进行各种算术运算或逻辑运算。变量存储器有很大的存储空间，对于西门子 S7-200 SMART PLC 来说，基本单元的变量寄存器区域有 VB0～VB8191 共 8192 个字节的容量。

变量继电器有位格式和字节、字与双字等几种格式。位格式表示方法为：V[字节地址].[位地址]，比如 V1.2。字节、字与双字格式表示方法为：V[长度标识][起始字节地址]，比如 VB16、VW16、VD16。

6）局部变量存储器 L

局部变量存储器 L 和变量存储器 V 很相似，但是只存储局部变量。所谓全局有效，是指一个存储器可以被所有 POU 所读取，而局部存储器和特定的程序相关，也就是只会被创建它的程序所读取。

S7-200 SMART 共有 64 个字节的局部存储器，编址为 LB0.0～LB63.7。其中 60 字节用作临时存储器或者为子程序传递参数。PLC 运行时，可以根据需求动态分配局部存储器，当执行主程序时，64 个字节的局部存储器分配给主程序，而分配给子程序或中断服务程序的局部变量不存在；当执行子程序或中断程序时，将局部存储器重新分配给相应程序，不同程序的局部存储器不能互相访问。如果是用梯形图或者功能块图编程，STEP7-Micro/WIN SMART 保留局部变量存储器的最后 4 个字节。

需要注意的是，局部存储器在分配时，PLC 对它不进行初始化，所以初值可以是任意值。当在子程序调用中传递参数时，在被调用子程序的局部存储器中，由 CPU 替换其被传递的参数值。局部存储器在参数传递过程中不传递值在分配时不被初始化，可能包含任意值。L 可以作为地址指针。

局部变量存储器有位格式和字节、字与双字等几种格式。位格式表示方法为：L[字节地址].[位地址]，比如 L1.2。字节、字与双字格式表示方法为：L[长度标识][起始字节地址]，比如 LB16、LW16、LD16。

7）顺序控制继电器 S

顺序控制继电器 S 又称为状态元件，用于顺序控制或步进控制。有效编制范围为：S0.0～S31.7。

状态存储器有位格式和字节、字与双字等几种格式。位格式表示方法为：S[字节地址].[位地址]，比如 S1.2。字节、字与双字格式表示方法为：S[长度标识][起始字节地址]，比如 SB16、SW16、SD16。

8）定时器 T

定时器 T（定时器存储器）相当于继电器系统中的时间继电器。它是 PLC 内部累计时间增量的重要编程元件，主要用于延时控制。其分辨率（时基增量）分为 1ms、10ms、100ms 三种。每个定时器有两个变量。

一个是当前值，它是一个 16 位有符号整数，用于存储定时器所累计的时间值。另外一个是定时器位，按照当前值和预置时间值的比较结果进行置位和复位操作。可以用定时器地址来存取这两种形式的定时器数据。使用的是哪个值，取决于所使用的指令。如果使用的是位操作指令，则取的是定时器位值，来判断定时器是否导通；如果使用的是字操作指令，则取的是定时器当前值。

通常定时器的时间设定值是由程序或者外部根据需要设定。若定时器的当前值大于或等于设定值时，定时器位被置 1，常开触点闭合，常闭触点断开；反之亦然。

定时器的存取格式为：T[定时器号]，比如 T37。

9）计数器 C

计数器 C（计数器存储器）可以累计输入端脉冲电平由低到高的次数（上升沿）。S7-200 SMART PLC 有加计数器、减计数器和加减计数器三种类型的计数器。计数器的当前值为 16 位有符号整数，用来存放累计的脉冲数；用计数器地址来访问计数器的当前值和计数器位。带位操作数的指令访问计数器位，带字操作数的指令访问当前值。

计数器的存取格式为：C[定时器号]，比如 C37。

10）高速计数器 HC

高速计数器 HC 用于累计比 CPU 扫描速度更快的高速运动（脉冲）事件计数，它独立于 CPU 的扫描周期，其工作原理与普通计数器基本相同。高速计数器的当前值为 32 位双字长的有符号整数，并且是只读数据。单脉冲输入时，标准型基本模块的计数器最高频率可达到 200kHz，而经济型基本模块的计数器的最高频率为 100kHz。S7-200 SMART 基本单元提供了 4 路高速计数器 HC0~HC3。

11）累加器 AC

累加器 AC 是用来暂存数据、计算的中间结果、子程序传递参数、子程序返回参数等，它可以像存储器一样使用读写存储区。S7-200 SMART PLC 提供了 4 个 32 位累加器 AC0~AC3，可按字节、字或双字的形式存取累加器中的数据。按字节或字为单位存取时，累加器只使用了低 8 位或低 16 位，被操作数据长度取决于访问累加器时所使用的指令。

6. 寻址方式

西门子 PLC 将信息存储在不同的存储单元，每一个单元都有唯一的地址，就像每个人都有不同的住址一样。系统允许用户以字节、字、双字的方式存取信息。使用数据地址访问数据被称为寻址。指定参与的操作数据或操作数据地址的方法，称为寻址方式。西门子 S7-200 SMART PLC 有立即数寻址、直接寻址和间接寻址三种寻址方式。

1）立即数寻址

数据在指令中以常数形式出现，取出指令的同时也就取出了操作数据，这种寻址方式称为立即数寻址。常数可分为字节、字、双字型数据。CPU 以二进制方式存储常数，指令中还可用十进制、十六进制、ASCII 码或浮点数来表示。

2）直接寻址

在指令中直接使用存储器或寄存器元件名称或地址编号来查找数据，这种寻址方式称为直接寻址（绝对寻址）。直接寻址可按位、字节、字、双字进行寻址，直接寻址指定了存储器的区域、长度和位置，比如 VW10 指定了该变量是 V 存储区中 16 位的字，地址以 10 开始。常见的直接寻址关键字见表 5.1。

表 5.1　直接寻址关键字

关键字	说明	举例
I/IB/TW/ID	过程映像区输入信号	I0.0、IB1、IW2 和 ID2
Q/QB/QW/QD	过程映像区输出信号	Q0.0、QB1、QW2 和 QD2
PIB/PIW/PID	外部设备输入	PIBI、PIW2 和 PID2
PQB/PQW/PQD	外部设备输出	PQB1、PQW2 和 PQD2
M/MB/MW/MD	位存储区	M0.0、MB1、MW2 和 MD2
L/LB/LW/LD	本地数据堆栈区	L0.0、LB1、LW2 和 LD2
T	定时器	T3
C	计数器	C5
FC/FB/SFC/SFB	程序块	FC1/FB2/SFC3/SFB1
DB	数据块	DB1

3）间接寻址

间接寻址在指令中给出的不是操作数的值或者操作数的地址，而是给出一个被称为指针的双字存储单元的地址，指针里存放的是真正的操作数的地址。在循环程序中，经常用到存储器间接寻址。

地址指针可以是字或者双字，定时器、计数器、数据块、功能块的编号范围小于 65535，可以使用字指针。其他的地址要用到双字指针。间接寻址不能访问单个位（bit）地址、HC、L 存储器和累加器 AC。如果要用双字格式的指针访问一个字、字节或者双字存储器，必须保证指针的位编号为 0。

间接寻址常用于循环程序和查表程序。用循环程序来累加一片连续的存储区中的数值时，每次循环累加一个数值。应在累加后，修改指针中存储单元的地址值，使指针指向下一个存储单元，为下一次循环运算做好准备。没有间接寻址，就不能编写循环程序。

使用间接寻址时，首先要建立指针，然后利用指针存取数据。

（1）建立指针。指针为 32 位的双字，在西门子 S7-200 SMART PLC 中，只能用 V、L 或 AC 作为地址指针。生成指针时需使用双字节传送指令，指令中的内存地址（操作数）前必须使用“&”，表示内存某一位置的地址。例如：MOVD &VB200，AC1——这条指令是将 VB200 的地址送入累加器 AC1 中建立指针。

（2）利用指针存取数据。指针建立好后，利用指针来存取数据。存取数据时同样需使用双字节传送指令，指令中操作数前必须使用“ * ”，表示该操作数作为地址指针。例如，执行上条指令后，再执行“MOVD * AC1，AC0”后，将 AC1 中的内容为起始地址的一个字长数据送到 AC0 中。

5.4.2 基本位逻辑指令

基本位逻辑指令是直接对输入/输出进行操作的指令，S7-200 SMART PLC 的基本位逻辑指令主要包括基本位操作指令、块操作指令、逻辑堆栈指令、置位与复位指令、立即 I/O 指令、边沿脉冲指令等。其中最重要、最基础的指令是基本的位操作（逻辑）指令。下面介绍一部分指令。

1. 常开指令概念及工作方式

常开触点对应的存储器地址位为 1 时，表示该触点闭合，所以有时候我们把它叫作动合触点。简单言之，没有检测到信号的时候，它是断开的，形不成通路；但是一旦有了信号，它就闭合了，形成通路。这个符号，它看起来确实好像是断开的样子，像一个绝对值的符号，两边各一个短线，看起来是断开的。注意有一个误区，就是容易认为这个元件始终是断开的，这是错误的。换言之，即使通电闭合了，那么在梯形图上看，它还是断开的样子。此为难点。

常开指令见图 5.9。

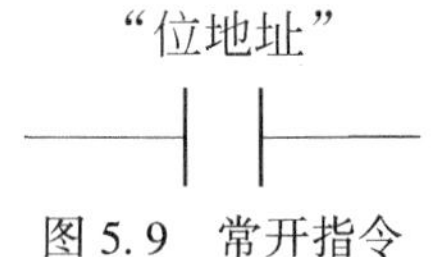

图 5.9 常开指令

常开指令上方的“位地址”部分，也就是可以使用的操作数为：I、Q、M、SM、T、C、V、S。它们决定了常开触点的通断状态。当这些“操作数”有信号，或者说导通时，常开触点导通；当“操作数”没有信号，或者说断开时，常开触点也断开。

2. 常闭指令概念及工作方式

常闭触点对应的存储器地址位为 1 时，表示该触点断开。而是 0，也就是没有信号过来的时候，它是闭合的，这和常开元件是反着的。所以常闭触点有时候也被称为动断触点。简单理解的话，就是没有检测到信号的时候。它是闭合的，形成通路；一旦有了信号，检测到信号，它就断开了，通路就断掉。

这个指令的符号，比动合触点多了一个斜杠，看起来好像闭合了的样子。请大家注意的是，也有一个类似的误区，会认为这个元件一直是闭合的，那就错了。也就是说即使有信号断开了，但是在梯形图上它还是闭合的样子。

常闭指令见图 5.10。

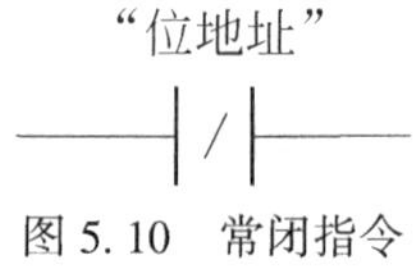

图 5.10 常闭指令

常闭指令上方的“位地址”部分，也就是可以使用的操作数为：I、Q、M、SM、T、C、V、S。它们决定了常闭触点的通断状态。当这些“操作数”有信号，或者说导通时，常闭触点断开；当“操作数”没有信号，或者说断开时，常闭触点导通。

3. 线圈输出指令

当触点对应的存储器的地址位为 1 时，被驱动操作数置位 1，反之为 0，它的符号，就是好像是一个两边带短线的小括号。需要注意的是，就是线圈指令也是一个开关量，所以它的通断电状态和上面提到的触点一样，是可以被检测的。我们可以利用这一点形成一个程序的自锁功能。在梯形图程序里，自锁和互锁是非常重要的两个概念。

4. 触点串联和并联指令

触点串联指令又称为逻辑与指令，它包括常开触点串联和常闭触点串联。这个与指令，它使用的操作数是 I、Q、M、L、D、T、C。这些是一些软元件，可以与它们进行逻辑运算，如图 5.11 所示。图中，上面是两个常开触点的串联，下面是常开触点和常闭触点的串联，这是串联指令。

指令名称	LAD
常开触点串联指令	<位地址> 
常闭触点串联指令	<位地址> 

图 5.11　触点串联指令

触点并联指令称逻辑或指令，它包括常开触点并联和常闭触点并联，它的操作数是 I、Q、M、L、D、T、C。从图 5.12 中可以看出，是从下边伸出一个线上去了，形成这样一个类似电路的并联的样子，以此来表达“或”的概念。

指令名称	LAD
常开触点并联指令	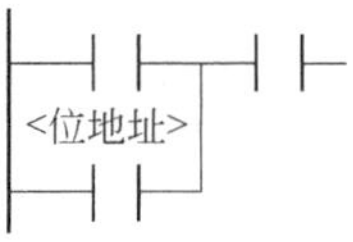 <位地址>
常闭触点并联指令	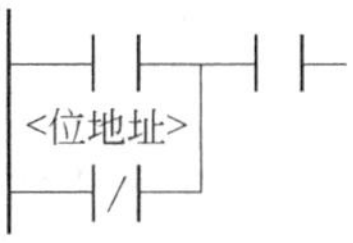 <位地址>

图 5.12　触点并联指令

程序逻辑上的“与”和“或”的概念，不需要单独的元件，只需要通过串联或者并联，就可以实现这两种最基本也是最重要的逻辑判断。

5. 逻辑非指令

逻辑非指令又称信号流取反指令。它的作用就是对逻辑串在这个 RLO 值进行取反。RLO 就是逻辑运算结果，对它进行取反。

逻辑非指令在现实的自动化控制中有非常多的应用，比较典型的应用是对一个开关量进行不断地取反操作，实现交替运行的效果。

6. 复位指令与置位指令

在梯形图程序编写过程中，某些逻辑元件（如延时接通型计时器）可以通过左侧的其他元件的通断实现自身置位或复位的动作；有一些元件自身带有复位或置位结构（如几种计数器）。但是也有一些元件，本身并不具有复位能力，比如保持型的延时接通定时器，这时，就需要专用的复位指令帮助其复位。而置位操作，可以达到输出元件的保持效果，而且还可以实现一次性驱动若干输出线圈或者其他一组元件导通，非常方便。

所谓置位，就是将元件的状态位置 1，使元件处于“导通”状态；而“复位”，即是将元件的状态位置 0，并将当前值（如果有的话）归零，如图 5.13 所示。左图为置位指令，右图为复位指令。

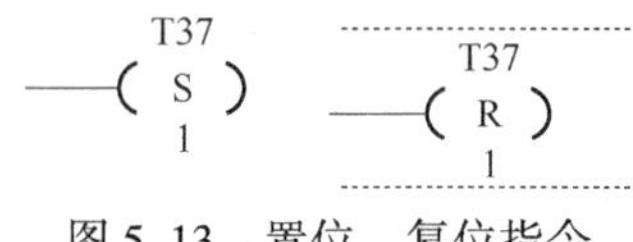

图 5.13　置位、复位指令

7. 位逻辑指令举例

该部分主要通过两地控制一盏灯的程序进行讲解，可以参考教学视频进行学习。图 5.14 是编制好的“两地控制一盏灯”的梯形图程序。

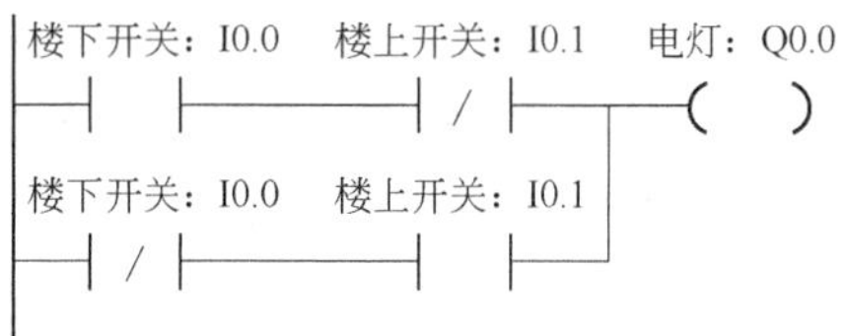

图 5.14　两地控制一盏灯梯形图程序

“两地控制一盏灯”程序的现实背景是这样的：在楼下和楼上（比如复式楼）楼梯中间有一盏灯，各有一个开关控制灯的亮灭。天黑以后，当我们准备上楼时，首先扳动开关，让照亮楼梯的灯亮起；等我们上楼以后，我们扳动开关，让这盏灯熄灭。我们要下楼时也是类似的过程。

首先我们做一个规划，楼下楼上各有一个开关。楼下的开关和 PLC 的 I0. 0 端子相连，楼上的开关和 PLC 的 I0. 1 端子相连。由输出端子 Q0. 0 控制灯泡的亮灭。

既然两个开关都可以控制这盏灯，而且一个打开灯，另外一个关灯的话，那么它们首先应该串联在一起。一个端子的开关闭合，常开触点导通，把灯打开，同时另外一个端子开关在没有动作的情况下能保证灯亮，那么这个端子连接的一定是常闭触点。

如果反过来也是一样的操作的话，应该是两者反过来（常开常闭调换）串联，并且与上面提到的“电路”并联。

所以，如图 5.14 所示：

准备上楼，按下楼下开关，楼下开关闭合，I0. 0 有信号，则其常开触点导通；又因为楼上开关当前是断开状态，所以 I0. 1 没有信号，所以其常闭触点也导通；两者都导通，则线圈 Q0. 0 加电，驱动灯泡亮起。

上楼以后，按下楼上开关，楼上开关闭合，I0.1 有信号，则其常闭触点断开，虽然 I0.0 的常开触点依然导通，但因为是串联，能流无法通过并到达线圈 Q0.0，所以灯泡不亮。

再次准备下楼，再次按下楼上开关，楼上开关断开，I0.1 无信号，则其常闭触点导通，此时 I0.0 的常开触点也是导通状态（因为还未重新按下楼下开关），所以 Q0.0 加电，灯泡亮起。

再次到楼下以后，按下楼下开关，楼下开关断开，则其常开触点断开，即使 I0.1 的常闭触点此时导通，但因为是串联，能流无法到达线圈，线圈 Q0.0 不加电，则灯泡不亮。

如此往复。

5.4.3　定时器指令

传统的继电器—接触器控制系统中，一般使用延时继电器进行定时（延时）。通过调节延时调节螺钉设定延时时间的长短，非常不方便、数量有限，而且也不够精确。而 PLC 控制系统中，通过内部软元件定时器来进行定时操作，实现不同需求的定时功能。PLC 定时器使用灵活，有无数对常开、常闭触点供编程者使用。它的内部结构，主要有三个“变量”，这也会体现在它的使用当中。其一是 16 位当前值寄存器，用来存储当前计时的值；其二是 16 位预置值寄存器，用来存储预置时间值（PT）；其三是状态位，用来反映定时器本身的通断状态。

1. 定时器基本知识

PLC 的定时器，类似于生活中使用的秒表，起到计时的作用。但是与秒表不同的是，PLC 程序中，定时器的触发一般不是通过按动开始按钮等来完成的，而主要是通过外部环境的某种输入条件得到满足以后来触发计时。并且计时的目的也有所差异。PLC 中的定时器的计时操作，主要用来进行延时。在编程时，给定时器输入预置时间值，计时器被激活后，其当前值按一定的单位增加，当其当前值达到预定值时，触发某种操作，以此来满足定时逻辑控制的需要。

西门子 S7-200 SMART PLC 提供了 3 种定时器：接通延时定时器（TON）、保持型接通延时定时器（TONR）和断开延时定时器（TOF）。

定时器在梯形图上，使用符号 T 和一个 0～255 的数字构成，这表明，西门子 S7-200 SMART PLC 一共提供了 256 个定时器给程序员使用。其中，T32、T96、T33～T36、T97～T100、T37～T63、T101～T255 这些定时器分配给 TON 和 TOF 型定时器；T0、T64、T1～T4、T65～T68、T5～T31、T69～T95 分配给 TONR 型定时器。

1）定时器的延时时间

按照计时时间间隔（时基）的不同，可以将定时器分为 1ms、10ms、100ms 三种类型，可以根据需要选用。当选定某个编号的定时器后，其时基随之确定。

定时时间和时基以及预置时间值 PT 都有关系。定时器当前的计数值，可以简单理解为，每隔一个时基的间隔，该值加一。当前值增加到预置时间值时，定时器的状态将发生变化。这样一来可以得到，定时时间（以毫秒计）= 预置值(PT)×时基。

2）定时器的刷新方式

1ms 定时器采用中断的方式每隔 1ms 刷新一次，其刷新与扫描周期和程序处理无关，因此当扫描周期较长时，在一个周期内可刷新多次，其当前值可能被改变多次。

10ms 定时器在每个扫描周期开始时刷新，由于每个扫描周期内只刷新一次，因此每次程序处理期间，当前值不变。

100ms 定时器是在该定时器指令执行时刷新，下一条执行的指令即可使用刷新后的结果。在使用时要注意，如果该定时器的指令不是每个周期都执行，定时器就不能及时刷新，还可能导致出错。

通常定时器可采用“字”和“位”两种方式进行寻址。若按“字”访问定时器时，返回定时器当前值；按“位”访问定时器时，返回定时器的位状态，即是否到达定时值。

2. 定时器指令介绍

1）接通延时定时器（TON）

S7-200 SMART PLC 的接通延时定时器在梯形图中的标志为 TON，位于元件的右上角；使能输入端 IN，位于元件的左上角；时间设定值（预置值）PT，位于元件的左下角；对应编号定时器的时基值，位于元件的右下角。

当使能端 IN 为低电平，即使能端无效时，定时器的当前值为 0，定时器的状态位为 0，即定时器不导通。当使能端 IN 为高电平，即使能端有效时，定时器开始工作（计时），每过一个时基时间，定时器的当前值增 1。若当前值等于或大于定时器的预置时间值 PT 时，定时器时间到，其内部状态位置 1。其常开触点闭合，常闭触点断开，可以以此来进行逻辑控制。但此时当前值继续增加，直到计数到 32767，才停止。接通延时定时器梯形图如图 5.15 所示。

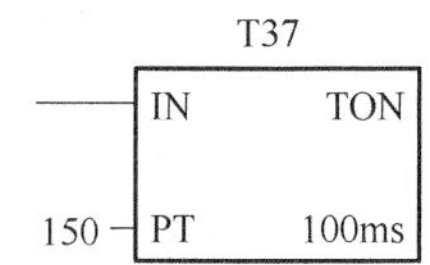

图 5.15　接通延时定时器梯形图

该定时器时基 100ms，延时接通时间为 15s。

2）保持型接通延时定时器（TONR）

S7-200 SMART PLC 的保持型接通延时定时器在梯形图中的标志为 TONR，位于元件的右上角；使能输入端 IN，位于元件的左上角；时间设定值（预置值）PT，位于元件的左下角；对应编号定时器的时基值，位于元件的右下角。

保持型接通延时定时器用于多次间隔的累计定时，它与一般的延时接通定时器从结构和工作原理上非常相似，但是它属于有“暂停键”的延时接通定时器，在使能端无效时，当前值仍能被保持；当使能端有效时，在原保持的当前值上继续递增计时。

具体过程为，当使能端 IN 为低电平，即使能端无效时，定时器的当前值保持为使能端无效前的数值，定时器的状态位也为使能端无效前的状态。当使能端 IN 为高电平，即使能端有效时，定时器开始工作（计时），从本次使能端有效前的当前值开始（即对上次数值有记忆能力），每过一个时基时间，定时器的当前值增 1。若当前值等于或大于定时器的预置时间值 PT 时，定时器时间到，其内部状态位置 1。其常开触点闭合，常闭触点断开，可以以此来进行逻辑控制。但此时当前值继续增加，直到计数到 32767，才停止。图 5.16 为保持型接通延时定时器的梯形图图示。

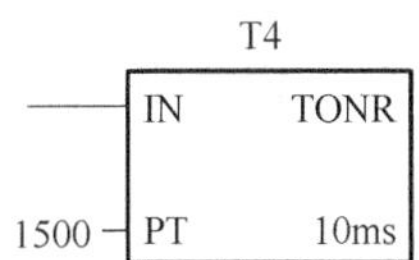

图 5.16　保持型接通延时定时器梯形图

需要注意的是，保持型接通延时定时器因为可以“记忆”使能端无效前的当前数值，所以，使能端无效无法使其自动复位，需要通过复位指令（R）对其进行复位。TONR 复位以后，状态位为 0，即断开状态，当前值为 0。保持型延时接通定时器如图 5.16 所示。

该定时器时基 10ms，延时接通时间为 15s。

3）断开延时定时器（TOF）

S7-200 SMART PLC 的断开延时定时器在梯形图中的标志为 TOF，位于元件的右上角；使能输入端 IN，位于元件的左上角；时间设定值（预置值）PT，位于元件的左下角；对应编号定时器的时基值，位于元件的右下角。

断开延时定时器用于断开或故障事件后的单一间隔定时，它与一般接通定时器从结构和工作原理上有一定相似性。但是它的通断状态，与使能端是否有效的关系，与接通型定时器相反。

具体过程为，当使能端 IN 为高电平，即使能端有效时，定时器的当前值为 0，或者由上一阶段的某个值复位为 0。定时器的状态位被立即置位为 1，也就是该定时器立即导通，但定时器当前并不开始工作（计时）。当使能端 IN 为低电平时，即使能端无效时，定时器开始工作（计时），当前值从 0 开始增加，每过一个时基时间，定时器的当前值增 1。若当前值等于或大于定时器的预置时间值 PT 时，定时器时间到，其内部状态位置 0。停止计时，当前值保持。其常开触点断开，常闭触点导通，可以以此来进行逻辑控制。延时断开定时器梯形图如图 5.17 所示。

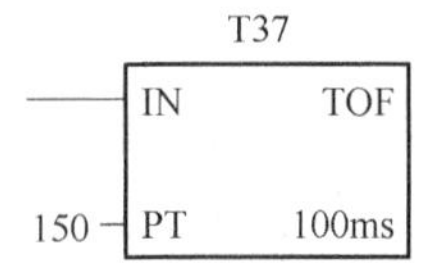

图 5.17　延时断开定时器梯形图

该定时器时基 100ms，延时断开时间为 15s。

5.4.4　计数器指令

1. 计数器基本知识

计数器利用输入脉冲上升沿累计脉冲个数，从而实现对工艺中生产的产品进行计数，或者对工艺过程的某个环节的循环运行次数进行计数，进而完成复杂的逻辑控制任务。其使用方法类似于定时器。编程时，输入端都应该有控制信号，根据设定值和计数器类型决定何时导通，进而控制任务。

西门子 S7-200 SMART PLC 提供了 3 种计数器：加计数器（CTU）、减计数器（CTD）和加/减计数器（CTUD）。其编号为 C0～C255 共 256 个计数器可供使用。这些计数器主要由设定值寄存器、当前值寄存器、状态位等组成。每种类型的计数器均有相应的指令。

2. 计数器指令介绍

1）加计数器（CTU）

S7-200 SMART PLC 的加计数器在梯形图中的标志为 CTU，位于元件右上角；使能端 CU，位于元件左上角；计数设定值 PV，位于元件左下角。因为计数需要通过使能端的无效到有效的上升沿切换来实现，所以，使能端无法使其复位。在元件的左中部，有一个复位端 R，其有效时（也就是被置 1 时），加计数器的当前值为 0，状态值也复位为 0，即不导通状态。

在复位端 R 无效时，使能端 CU 处每来一个上升沿脉冲，计数器的当前值加 1。如果当前计数值大于或等于设定值 PV，计数器的状态位置 1，也就是变为导通状态，直到复位端 R 有效对其复位，才会转为断开状态。如果不断有上升沿脉冲，当前计数值继续计数，直到当前值为 32767 为止。

加计数器梯形图如图 5.18 所示，该计数器的预置计数值为 5 次。

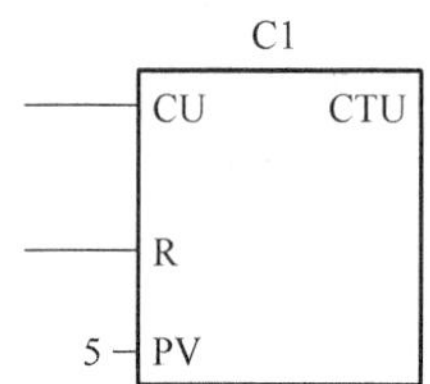

图 5.18　加计数器梯形图

2）减计数器（CTD）

S7-200 SMART PLC 的减计数器在梯形图中的标志为 CTD，位于元件右上角；使能端 CD，位于元件左上角；计数设定值 PV，位于元件左下角。因为计数需要通过使能端的有效上升沿切换来实现，所以，使能端无法使其复位。在元件的左中部，有一个装载端 LD（其实质上就是复位端），其有效时（也就是被置 1 时），减计数器的当前值被装载为预置值，状态值复位为 0，即不导通状态。

在装载端 LD 无效时，使能端 CD 处每来一个上升沿脉冲，计数器的当前值减 1。如果当前计数值减为 0 时，计数器的状态位置 1，也就是变为导通状态，直到装载端变为有效，对其复位，才会转为断开状态。

减计数器梯形图如图 5.19 所示，该计数器的预置计数值为 5 次。

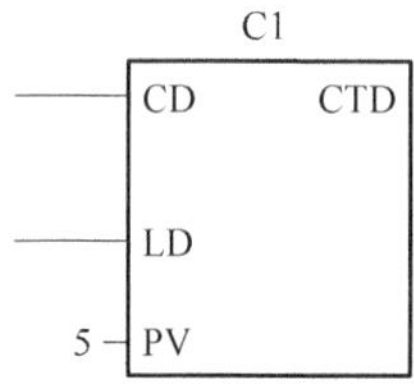

图 5.19　减计数器梯形图

3）加/减计数器（CTUD）

S7-200 SMART PLC 的加/减计数器在梯形图中的标志为 CTUD，位于元件的右上角。使能输入端可以认为有两个，一个是位于元件左上角的 CU，一个是位于其下的 CD；复位端 R，位于 CD 端下侧；计数设定值 PV，位于元件左下角。因为计数需要通过使能端 CU 或 CD 的有效上升沿切换来增减，所以，使能端无法使其复位。计数器元件需要通过复位端 R 进行复位操作。当其有效时（也就是被置 1 时），计数器的当前计数值置 0，状态值复位为 0，即不导通状态。

在复位端 R 无效时，使能端 CD 处每来一个上升沿脉冲，计数器的当前值加 1。如果当前计数值大于或等于预置值时，计数器状态位置 1，也就是变为导通状态；若使能端 CD 处每来一个上升沿脉冲，计数器的当前值减 1，如果当前计数值小于预置值时。计数器状态位置 0，也就是变为不导通状态。

在加计数过程中，当前计数值达到最大值 32767 时，下一个 CU 的输入使计数值变为最小值-32768；同样，在减计数过程中，当前计数值达到最小值-32768 时，下一个 CD 的输入使计数值变为最大值 32767。

加/减计数器梯形图如图 5.20 所示，该计数器的预置计数值为 5 次。

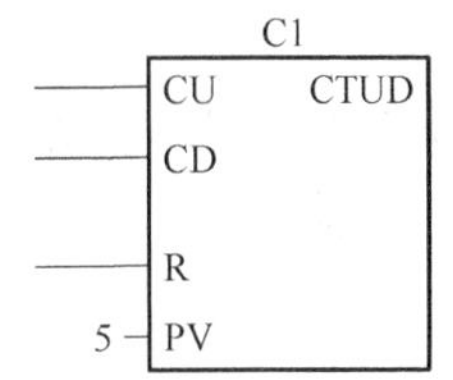

图 5.20 加/减计数器梯形图

巩固与提高

一、单选题

1. 常开触点对应的存储器地址位为“1”时，表示该触点（　　）。

A. 开启　　B. 闭合

C. 根据其他条件综合判断　　D. 随机开合

2. 常闭触点对应的存储器地址位为“1”时，表示该触点（　　）。

A. 开启　　B. 闭合

C. 根据其他条件综合判断　　D. 随机开合

3. 对于输出线圈元件，当通过电流时，操作数被（　　）。

A. 置位 1　　B. 复位 0　　C. 置位 0　　D. 复位 1

4. 常开常闭元件属于（　　）。

A. 开关量　　B. 信号量　　C. 数据量　　D. 模拟量

5. 表达逻辑“或”指令时，使用（　　）。

A. 串联　　B. 串并联　　C. 并联　　D. NOT 指令

二、判断题

1. PLC 中各种所谓“继电器”，其实属于软元件，沿用了继电器的类似功能的名称。（　　）

2. 常开和常闭触点的意思是，始终处于开或闭的状态。(　　)

任务 5.5　掌握 PLC 常用控制程序

学习目标

视频 36　掌握 PLC 常用控制程序

1. 知识目标

（1）掌握梯形图程序读图方法；

（2）理解并掌握梯形图程序编写规则。

2. 技能目标

（1）了解 PLC 编程中最广泛使用的梯形图程序的概念、编程逻辑以及基本元件的含义，学会识读已经编写好的梯形图程序；

（2）理解并掌握梯形图程序编写规则，规避不良或错误的编程习惯，编写正确、能顺利通过编译的梯形图程序。

3. 素质目标

培养学生对于梯形图程序基本概念的认知，了解其与继电器电路的联系和区别，端正编程学习和应用中的基本态度，提高规则意识。

思政情境

PLC 程序的编写，和完成其他任务一样，都需要一定的规则，所谓“没有规矩不成方圆”。规则意识贯穿在我们所做的每一件事当中。从本章的学习中，我们可以了解到：规则，并非随意地、无中生有地出现的，它往往是在长期生活生产活动中，通过实践经验积累，发现了某些会出现问题、错误甚至导致严重后果的行为，并通过对这些行为的观察和总结，得到的一些规避这些错误行为的正确、高效的行为路径，这才是规则的本质。

相关知识

5.5.1　梯形图控制程序

PLC 为编程人员提供了多种编程语言支持，用以满足不同编程人员不同的编程习惯、不同的专业背景和不同使用场景的需要。PLC 提供的编程语言主要有梯形图（LAD）、语句表（STL）、顺序功能图（SFC）、功能块图（FBD）等。其中使用最多的是梯形图语言。

1. 梯形图中的相关概念

1）编程元件

编程元件又称为软继电器。它们只是沿用了继电器—接触器系统中的各种相似功能物理继电器的说法，比如输入继电器、输出继电器、内部辅助继电器、时间继电器等，它们并不是真实的物理器件，而只是存储单元。这些内存单元值为 1 时，表示梯形图中对应的软继电器线圈得电或导通，其常开触点闭合，常闭触点断开；单元值为 0 时，对应的线圈或者触点状态相反。

2）能流

在梯形图中有一个假想的“概念电流”或“能流”（power flow）从左向右流动，这一方向与执行用户程序时的逻辑运算的顺序是一致的。能流只能从左向右流动。利用能流这一概念，可以更好地理解和分析梯形图。

2. 梯形图的逻辑解算

根据梯形图中各触点的状态和逻辑关系，求出与图中各线圈对应的编程元件的状态，称为梯形图的逻辑解算。梯形图中逻辑解算是按从左至右、从上到下的顺序进行的。解算的结果马上可以被后面的逻辑解算所利用。逻辑解算是根据输入映像寄存器中的值，而不是根据解算瞬时外部输入触点的状态来进行的。

3. 梯形图程序读图方法

1）继电器梯形图对照法

对于初学者，如果是电工或者电气工程师，对继电器接触器比较熟悉，可以用读取继电器接触器系统电路的读图法，按照从左至右、从上到下的原则，以及按照梯级顺序逐步找出负载的启动条件、停止条件进行读图。

2）逻辑关系分析法

通常我们的读图方法，是分析 PLC 的输入端、输出端，然后分析输入输出之间的逻辑关系。分析 PLC 控制系统的 I/O 配置和 PLC 接线图，查看信号和对应的输入继电器配置、输出继电器的配置及其所接的对应负载。

首先，分析 PLC 的输入端。根据 PLC 的 I/O 接线图的输入设备及其相应的输入继电器，读懂 PLC 输入端各点的输入指令的功能和意义。明确输入的是开关量还是物理量（比如温度、压力等）。找出相应编程元件，在梯形图里边找出输入继电器的动合触点、动断触点，并标注哪一个是启动、哪一个是停止。

然后分析 PLC 的输出端，根据 PLC 的 I/O 接线图的输出设备，读懂 PLC 输出端各点的输出信号，执行开关电器的功能和意义，明确我们输出的是开关量还是物理量。在梯形图里边找出这个输出继电器的程序段，做出标记和说明。

最后进一步分析输入输出的逻辑关系。分别控制执行相关的操作任务，并对照梯形图，一步一步地从左至右、从上到下，来进行分析读图。

3）单元分析法

将整个梯形图分解为若干个基本梯形图，然后对基本单元进行分析的方法，称为单元分析法。

（1）梯形图的 POU，就是主程序、子程序和中断程序，是梯形图的整体结构。可以利用单元分析法，把主程序看成一个基本单元，子程序看作一个单元，中断程序看成一个单元进行分析。

（2）结合 PLC 的 I/O 接线，把梯形图和指令表分解为与主电路的负载相对应的几个单元电路，一个独立负载为一个单元，然后由操作主令电器开始，查找追踪到主电路控制器（接触器、电磁阀等）动作为止。有些单元在这中间过程要经过许多编程元件及电路，查找起来比较困难，应结合其他方法综合分析。

（3）若独立负载为单元的梯形图，可能仍然很复杂，但是无论多么复杂的梯形图，都是由一些基本单元构成的。需要的话，还可以进一步分解，直至分解为最小基本单元电路。

（4）结合逻辑分析法，分析各单元之间的关系后，再综合分析，从而读整个梯形图。

5.5.2 梯形图程序编写规则

（1）梯形图从左边的母线开始，触点不能在线圈右侧。线圈接在最右或者右母线上。一般右母线不画出来。注意触点不能在线圈右侧，换句话说，就是线圈不能在触点左侧。

（2）线圈不能直接与左母线相连。左母线和线圈中间一定要有触点，可以用一个特殊标志位中间继电器或者内部标志位继电器的触点将中间接起来。

（3）避免线圈出现两次或两次以上。因为如果出现了两次以上，那么很容易引起误操作。出现两次或者两次以上的同一线圈被称为“双线圈输出”。

（4）梯形图顺序，应该按照从上到下、从左至右的原则，不能来回反复走。不符合此种顺序的逻辑，不能直接编程，需要通过分析，分解为其他形式的符合原则的逻辑来编程。

（5）多串联电路并联，串联触点多的回路放在上方，遵循上重下轻的原则。

（6）多并联电路串联，并联触点多的回路放在左方，遵循左重右轻的原则。这样编制好的程序，简单明了，指令条数减少，扫描周期短，运行速度快。

（7）梯形图的触点可串可并，但是线圈只能并不能串。

（8）PLC 编程语言中，输入映像寄存器（I）、输出映像寄存器（Q）、内部辅助继电器（M）、定时器（T）等元件的触点有无数多个，可以重复使用。不需要通过复杂的程序结构来减少触点的使用次数。

程序编制过程中所要遵循的规则，可以保证我们编写的程序能够符合程序语言本身的内在要求，让我们的程序更符合业务逻辑，从而顺利通过编译系统的检查，正确地运行，实现所需要的功能。事实上，无论是在学习过程中、日常生活中、工作中，还是在人际交往过程中，都应该树立规则意识，正所谓没有规矩不成方圆。遵守规则，能够使我们少犯错误；遵循规范，可以让我们做事更有效率，降低成本；敬畏秩序，才能使我们避免给自身和给他人带来不必要的风险，实现共赢。

5.5.3 梯形图启、保、停程序中的自锁程序举例

启、保、停控制程序是学习 PLC 编程时，最基本的一种示例程序；并且在实际的编程应用中，也是一种重要的控制程序。它主要的编程元件很简单，仅仅用到了触点和线圈这样最基本的编程元件。识读和编写启、保、停程序，主要是需要找出启动、保持和停止的条件。

假设一个场景：在污水处理厂，有一座调节池，用来调节水量和 pH 值。调节完毕以后，需要通过提升泵，将污水提升至曝气沉砂池内，进行后续单元的处理过程。

1. 控制要求

调节池内装有最低水位传感器，如果调节池内水量没有到达最低水位，不允许从调节池抽水（提升泵关闭）；另外，控制面板上有两个按钮，一个是提升泵开启按钮，另外一个是提升泵关闭按钮。需要说明的是，开启和关闭按钮，都是点动按钮。所谓点动按钮，就是按下按钮，接通电路；松开按钮，按钮复位，断开电路。

2. 设计步骤

第一步，根据以上控制要求，对输入/输出进行 I/O 分配，见表 5.2。

表 5.2　自锁程序 I/O 分配表

序号	符号	地址	注释
1	提升泵开启按钮	I0.0	
2	提升泵关闭按钮	I0.1	
3	最低水位传感器	I0.2	
4	提升泵	Q0.0	

第二步，分析需求，设计梯形图程序。

编程的过程，就是将对过程分析的自然语言，翻译为程序语言的过程。

有几个元件可以控制提升泵的开启和关闭。首先，开启按钮可以用来打开提升泵。开启按钮与 PLC 某个端子相连接，比如我们这里选择 I0.0 端子。对于提升泵开启（或关闭）起作用的，还有一个元件，就是最低水位传感器。如果水位没有达到最低水位触发传感器，传感器就不会向连接的端子发送信号，提升泵就不会开启，这是可以理解的，因为水位太低（或调节池无水），提升泵是不允许开启并空转的。该传感器我们选择连接 I0.2 端子。关闭提升泵按钮用来关闭提升泵，它与 PLC 的某个端子相连，这里我们选择 I0.1 端子。

这三个元件中，水位传感器和开启、关闭按钮，其中任何一个都应该可以立即关闭提升泵，所以，它们连接的触点应该是串联关系。开启按钮和水位传感器，当有信号的时候，会开启提升泵，所以这两者连接的应该是常开触点；而关闭按钮因为在没有按动的情况下，应该不影响提升泵工作，所以，它连接的应该是常闭触点。

开启水泵按钮是点动按钮。当按下按钮，提升泵会开启，但是松开按钮后，提升泵会立即停转。为了松开按钮后，提升泵依然工作，可以使用输出线圈的常开触点，与开启提升泵按钮并联，实现自锁功能，即“保持”功能。

3. 案例解析

提升泵启、保、停梯形图如图 5.21 所示。

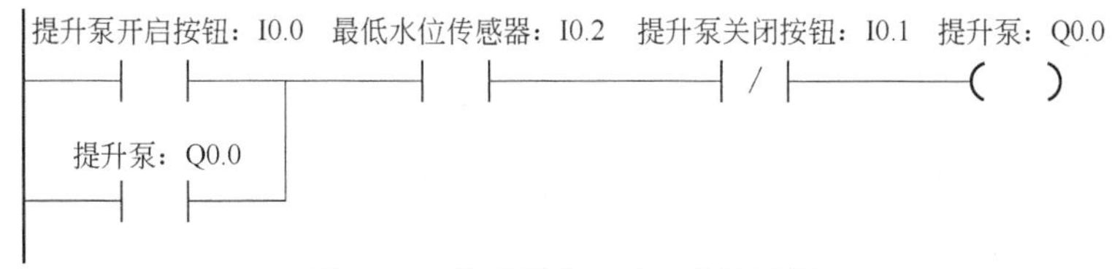

图 5.21　提升泵启、保、停梯形图

案例解析分为以下几个场景：

（1）按下启动按钮，与之连接的端子 I0.0 接收到信号，其常开触点闭合；此时因为没有按动关闭按钮，端子 I0.1 没有接收到信号，其常闭触点也闭合。但是由于此时水位还未达到最低水位，最低水位传感器没有被激发，所以端子 I0.2 没有接收到信号，其连接的常开触点断开。因为串联电路上，三个元件两闭一断，所以输出线圈没有驱动提升泵工作。

（2）按下启动按钮，与之连接的端子 I0.0 接收到信号，其常开触点闭合；此时因为没有按动关闭按钮，端子 I0.1 没有接收到信号，其常闭触点也闭合。此时水位因为进水阀不断进水，已经达到最低水位，最低水位传感器被激发，所以端子 I0.2 收到信号，其连接的常开触点闭合。因为串联电路上，三个元件都为闭合状态，所以输出线圈驱动提升泵工作。

（3）提升泵启动并工作以后，松开启动按钮。此时，上面串联的元件中，与启动按钮连接的端子 I0.0 失去信号，其常开触点断开，能流从串联线路的上端已经无法通过。但是因为此时线圈 Q0.0 已经有输出，并联的输出端子 Q0.0 的常开触点闭合，因此，能流可以从并联电路的下半部通过，经过传感器的常开触点、关闭按钮的常闭触点，到达线圈。所以，提升泵在松开按钮以后，可以保持运行状态。这就是启、保、停中的“保持”的含义。

（4）因为某些原因（比如进水阀关闭或者故障）导致进水量降低或者停止进水，而提升泵不断地抽水，会造成水位持续降低。当降到最低水位以下时，最低水位传感器不会再向输入端子 I0.2 发送信号，则 I0.2 的常开触点断开。能流无法达到线圈 Q0.0，会导致提升泵自动关闭。

（5）最后，在提升泵工作时，当按动了提升泵关闭按钮，I0.1 端子接收到信号，其常闭触点断开。此时，能流唯一的通路上，出现了断开的情况，因此，无法到达线圈 Q0.0，线圈失电，则无法继续驱动提升泵工作。同时，输出端子 Q0.0 的常开触点也将断开。“自保持”的状态被打破。

巩固与提高

一、多选题

1. 梯形图必须顺序执行，即从（　　）、从（　　）。

A. 左至右　　B. 上到下　　C. 右至左　　D. 下到上

2. 梯形图读图方法主要为：（　　）。

A. 分析 PLC 的输入端　　B. 分析 PLC 的输出端

C. 分析输入输出逻辑关系　　D. 按照自己的判断进行

二、判断题

1. 梯形图从最左边母线开始，触点不能在线圈右侧。（　　）

2. 多串联电路并联，串联触点多的在上（上重下轻原则）。（　　）

3. 多并联电路串联，并联触点多的在左（左重右轻原则）。（　　）

4. 左母线与线圈间未必一定有触点。（　　）

任务 5.6　学习 PLC 启、保、停经典互锁案例

学习目标

视频 37　学习 PLC 启、保、停经典案例

1. 知识目标

（1）理解 PLC 程序中自锁的概念和实现方式；

（2）融会贯通模块五所学到的知识，并增加互锁内容。

2. 技能目标

（1）通过经典启、保、停案例讲解，掌握 PLC 编程方法，将理论知识和实践操作结合起来；

（2）能够综合分析业务需求，形成业务逻辑，通过具体的程序代码实现相应功能目标。

3. 素质目标

作为 PLC 应用技术模块的综合应用任务学习，使学生明确自己学习这项技术的必要性，对交叉学科在专业实践中的重要性有深刻认识，并且通过案例学习，增强学生学习自信心以及在未来工作中的使命感。

思政情境

互锁程序之所以成为经典的 PLC 程序，一方面是它在现实的生产生活中应用非常多。另一方面，这种相互“制约”的现象，也是在生产中，甚至是在社会生活中都极为重要。有了制约机制，我们的技术更安全，我们的社会运行更顺畅。

相关知识

5.6.1　案例场景与需求概述

首先要了解启动、保持、停止的含义，它的程序需求和需求的程序化转换。

通过设置案例场景，并使用表格的方式，将 PLC 硬件和驱动的实物对应关系表示出来。案例的文字表述的需求为：按下正转按钮，电动机正转，此时按下反转按钮，不起作用；按下反转按钮，电动机反转，此时按下正转按钮，不起作用。

举例开车的场景，有电动机带动在往前跑，结果车子正在行进，突然按键，让它往回倒车，这是肯定不行的，会出事故的。无论正转还是反转，任何时候按下停止键，转动停止。把这个需求转化为更贴近编程的逻辑，即为：当检测到按下正转按钮，而且检测不到按下反转按钮，也检测不到按下停止按钮，那么正转开始，反之亦然。

5.6.2　梯形图启、保、停程序中的互锁程序举例

此部分主要根据具体案例场景进行讲解。其中特别将自锁和互锁的知识作为重点内

容。可以参考教学视频进行学习。

在实际的编程应用中，互锁也是一种重要的控制程序。与自锁程序一样，它主要的编程元件也仅仅用到了触点和线圈这样最基本的编程元件，并且一般互锁程序往往是搭配自锁程序使用的。

同样的，假设一个场景，我们需要控制一部小车运送物品。小车内的电动机驱动轮胎正转（往前开），或者反转（往后开），从而向两个方向运送货物。

1. 控制要求

控制面板上有三个按钮，分别是电动机正转按钮、电动机反转按钮和停止按钮。当按动（然后松开）正转按钮后，电动机开始正转，小车往前方移动，此时按动反转按钮，不起作用；当按动（然后松开）反转按钮后，电动机开始反转，此时按动正转按钮，不起作用。在任何时候（正转或者反转），按下停止按钮，电动机停转，小车停下。

2. 设计步骤

第一步，根据以上控制要求，对输入/输出进行 I/O 分配，见表 5.3。

表 5.3　互锁程序 I/O 分配表

序号	符号	地址	注释
1	电动机停止按钮	I0.0	
2	电动机正转按钮	I0.1	
3	电动机反转按钮	I0.2	
4	电动机正转输出	Q0.1	
5	电动机反转输出	Q0.2	

第二步，分析需求，设计梯形图程序。

对于电动小车（其实质就是电动机）的正转和反转，有几个元件可以对其控制。首先，电动机正转按钮可以用来启动电动机向正向开启转动，该按钮与 PLC 的某个输入端子相连接，比如这里选择 I0.1 端子；电动机反转按钮可以用来启动电动机向反向开启转动，该按钮与 PLC 的某个输入端子相连接，比如这里选择 I0.2 端子。在向任意方向运动过程中，按下停止按钮，则停止转动，该按钮与 PLC 的某个输入端子相连接，这里选择 I0.0。从中可以分析出，一方面，与关闭按钮连接的 I0.0，在梯形图中应该使用其常闭触点；另一方面，它与电动机正转按钮连接的 I0.1 端子的常开触点，在梯形图中应该是串联关系。

控制要求中提到的，在按下正转按钮、电动机正转过程中，按动反转按钮，应当不起任何作用（即不会出现正转过程中突然反转），这个在现实中是可以理解的，也是合理的，因为如果发生这种情况，不仅有可能造成电动机损坏，而且容易造成车辆倾覆等事故。这一需求，可以翻译为更贴近于程序语言的描述，那就是“当检测到按下了正转按钮，而且检测不到按下了反转按钮，同时检测不到按下停止按钮，则允许正转”，反转过程也是同样的原理，可以翻译为“当检测到按下了反转按钮，而且检测不到按下了正转按钮，同时检测不到按下停止按钮，则允许反转”。因此，从电动机正转的角度来看，需要满足三个条件。首先，要按下了电动机正转按钮；其次，没有按下电动机停止按钮；最后，还要保证没有检测到电动机正在反转。从这三个条件可以看出，电动机正转按钮连接的输入端子使用的是常开触点，电动机停止按钮使用的是常闭触点，还需要接入一个电动机反转输出 Q0.2 的常闭触点，来表示没有在反转。这三者是串联关系。

另外，因为电动机开启按钮（无论正转还是反转）都是点动按钮，因此，在松开按钮时，需要电动机的输出进行自锁（保持），运用上一节的自锁知识，需要一个电动机输出线圈的常开触点，与正转（或反转）按钮的常开触点并联，实现这一自锁功能。

3. 案例解析

启、保、停互锁程序（电动机正反转）梯形图如图 5.22 所示。

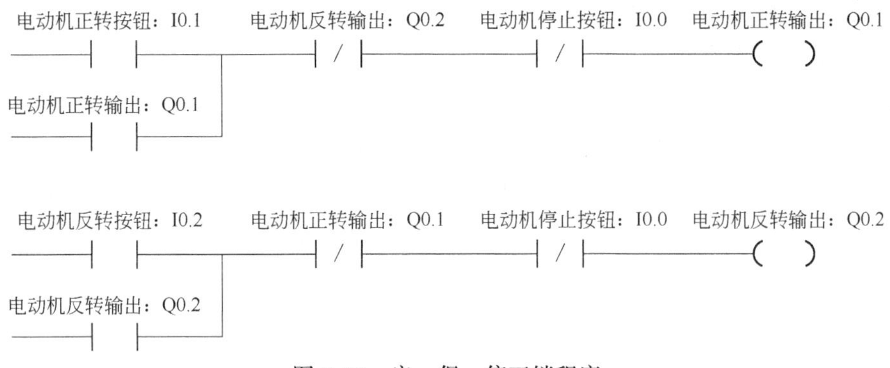

图 5.22　启、保、停互锁程序

案例解析分为以下几个场景：

（1）按下电动机正转启动按钮，与之连接的输入端子 I0.1 接收到信号，其常开触点闭合。

由于此时电动机并未反转，因此，电动机反转输出线圈 Q0.2 并未得电，其常闭触点闭合。同时，由于并未按下电动机停止按钮，其连接的端子 I0.0 没有收到信号，其常闭触点闭合。能流可以通过上述三个元件串联组成的“电路”，到达电动机正转输出线圈 Q0.1 处，所以该线圈加电，驱动电动机正向转动。

（2）按下电动机反转启动按钮的情形，与正转的一致，只是相关的触点不同，转动方向不同，不再赘述。

（3）电动机正转过程中，如果按下了反转按钮，从第二段程序可以看出，此时与之连接的输入端子 I0.2 接收到信号，其常开触点闭合；由于并未按下电动机停止按钮，其连接的端子 I0.0 没有收到信号，其常闭触点闭合。但是此时由于电动机正在正转，其输出线圈 Q0.1 得电，所以，其常闭触点断开。在同一“串联电路”上，两合一断，能流无法到达电动机反转输出线圈 Q0.2，不会出现反转的情况。同时由于电动机反转输出线圈 Q0.2 不得电，其在程序段 1 的常闭触点依然为闭合状态，不会导致正转停止。

（4）电动机反转过程中，按下正转按钮的情况与上述描述一致，不会引起反转过程中正转或停止等情况发生。

（5）同时由于梯形图中有“自锁”结构，所以，当松开“电动机正转按钮”或“电动机反转按钮”后，依然能够保持正转状态或反转状态。

（6）由于和电动机停止按钮连接的 I0.0 端子的常闭触点，在“正转电路”和“反转电路”中，都存在于和输出线圈串联的唯一通路上，所以，当按下电动机停止按钮后，其连接的输入端子I0.0接收到信号，其常闭触点断开，破坏了自锁状态，电动机无论在正转还是在反转，都将失电停止转动。

巩固与提高

一、多选题

1. 启、保、停的意思表示（　　）。

A. 启动、保持、停止

B. 自控系统中的典型控制电路

C. 基本的自控操作

二、判断题

1. PLC中，自锁的含义是线圈控制触点维持线圈自身的通电状态。(　　)

2. 互锁，说的是几个回路之间，利用某一回路的辅助触点，去控制对方的线圈回路，进行状态保持或功能限制。一般对象是对其他回路的控制。(　　)

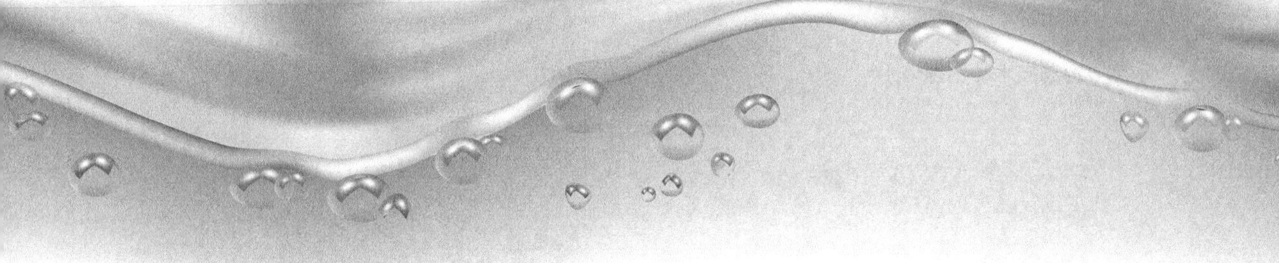

项目六　泵站维护

任务 6.1　了解泵的用途和分类

学习目标

视频 38　泵站的用途及分类

1. 知识目标

（1）掌握泵的定义；

（2）了解泵的用途；

（3）掌握泵的分类。

2. 技能目标

掌握水泵的定义，明确水污染控制中常用的水泵类型。

3. 素质目标

（1）培养学生对本专业的职业认同感；

（2）增强学生的动手能力，培养学生的团队合作精神。

思政情境

“工欲善其事，必先利其器”——《论语七则》。我们作为环境保护类专业的学生，要掌握专业技能，基本概念、理论知识必须扎实，基础要打好。

相关知识

6.1.1　泵的定义

泵（见图 6.1）是一种转换能量的机械，它把动力机旋转时产生的机械能传递给所抽送的液体，使液体的能量（位能、压能、动能）增加。泵主要用来输送水、油、酸碱液、乳化液、悬乳液和液态金属等液体，也可输送液、气混合物及含悬浮固体物的液体。通常把抽送的液体是水的泵，称为水泵。

人们日常生活中的高楼供水和消防专用管路供水、冬季取暖锅炉供水、石油化工企业的液体输送等，都是通过泵来提高液体的扬程，使其能达到一定的高度和压力。

图 6.1　泵的图片

6.1.2　泵的用途

在化工和石油企业的生产中，原料、半成品和成品大多是液体，而将原料制成半成品和成品，需要经过复杂的工艺过程，泵在这些过程中起到了输送液体和为化学反应提供压力、流量的作用。此外，还可以用泵来调节温度。

在农业生产中，水泵是主要的排灌机械。我国农村幅员辽阔，每年农村都需要大量的泵。据统计资料显示，农业用泵占其总产量一半以上。

在矿业和冶金工业中，水泵也是使用最多的设备。如矿井下的排水、选矿、冶炼、轧制过程中，都需要用泵来供水。

在电力部门中，热电厂需要大量的锅炉给水泵、冷凝水泵、循环水泵、灰渣液泵等。

在船舶制造工业中，每艘远洋轮上所使用的各种泵大多都在百台以上，其类型也是各式各样的。

在国防建设中，飞机襟翼、尾舵和起落架的调节，军舰和坦克炮塔的转动，潜艇的沉浮等都会用到泵。在一些国防尖端技术方面，如原子能发电站、核反应堆和火箭基地，不但需要泵，而且对泵有很多特殊的要求，如输送高温、高压和有放射性的液体，有的还要求无任何泄漏等。

此外，在其他行业中，如城市的给排水、内燃（蒸汽）机车的用油（水）、机床中的润滑和冷却、纺织工业中输送漂白液和染料、造纸工业中输送纸浆，以及食品工业中输送牛奶和糖类等，都需要用到大量的泵。

总之，无论是重工业还是轻工业，无论是国防建设还是军事装备，无论是尖端科学技术还是日常生活，到处都需要用到泵，到处都有泵在运行。所以水泵的用途是机械工业中重要产品之一，是发展现代工业、农业、国防、科学技术必不可少的机器设备，掌握其使用维护的知识和技能具有重要的现实意义。

6.1.3　泵的分类

1. 泵的分类

泵的类型很多，常见的有以下几种分类。

1）按工作原理和结构特征分类

按其工作原理和结构特征可分为三大类。

（1）容积式泵是利用泵内工作室的容积作周期性变化而提高液体压力，进行液体输送的机械。容积式泵根据增压元件的运动特点，基本上分为往复式和转子式（又称回转式）两类，每类容积式泵又可以细分为如图 6.2(a) 所示的几种形式。

（2）叶片式泵是一种依靠泵内作高速旋转的叶轮把能量传给液体，进行液体输送的机械。叶片式泵又可分为如图 6.2(b) 所示的几种类型。叶片式泵具有效率高、启动方便、工作稳定、性能可靠、容易调节等优点，其用途也最为广泛。

（3）其他类型的泵指上述两种类型泵以外的其他泵，如利用螺旋推进原理工作的螺旋泵、利用高速流体工作的射流泵和气升泵、利用有压管道水击原理工作的水锤泵等。

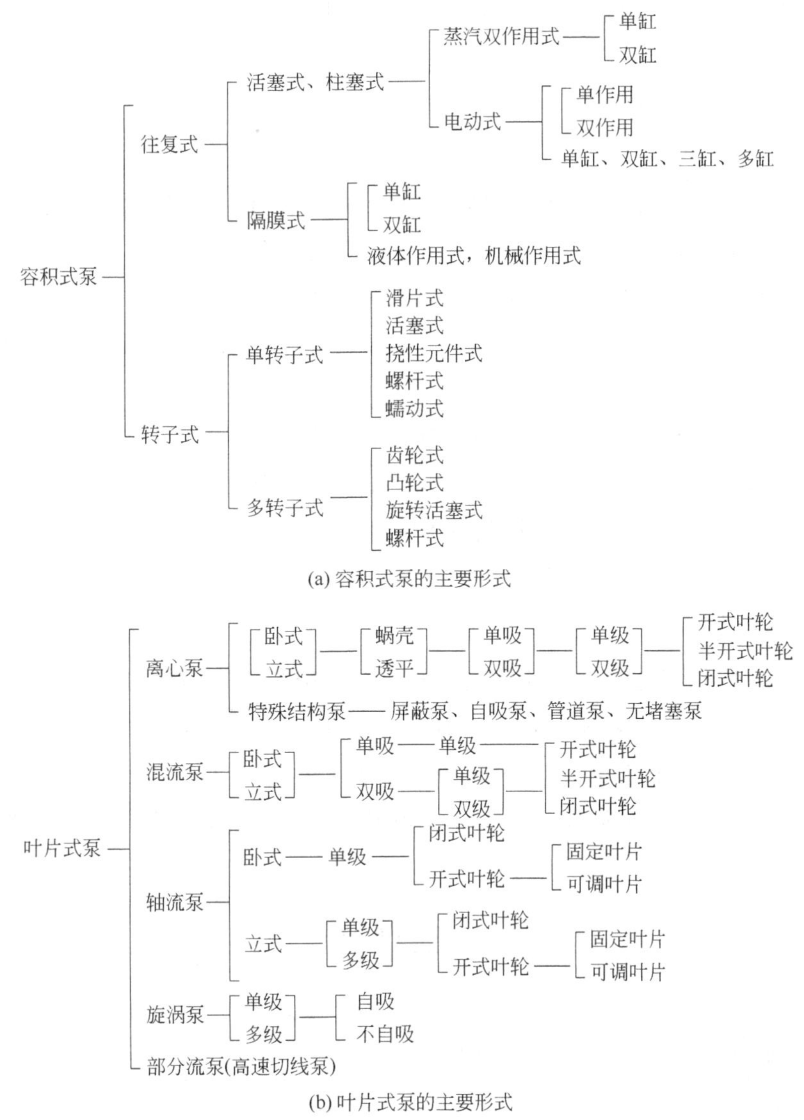

(a) 容积式泵的主要形式

(b) 叶片式泵的主要形式

图 6.2　泵的分类

2）按使用条件分类

（1）大流量泵与微流量泵：流量分别为 300m³/min 和 0.01L/h。

（2）高温泵与低温泵：高温高达 50℃，低温低至-253℃。

（3）高压泵与低压泵：出口压力低于 2MPa 的称低压泵，在 2~6MPa 之间的称中压泵，高于 6MPa 的称高压泵。

（4）高速泵与低速泵：高速高达 2400r/min，低速低至 5~10r/min。

（5）高黏度泵：黏度达数万泊（1P=0.1Pa·s）。

（6）计量泵：流量的计量精度达±0.3%。

3）按输送介质分类

（1）水泵：包括清水泵、锅炉给水泵、凝水泵、热水泵等。

（2）耐蚀泵：包括不锈钢泵、高硅铸铁泵、陶瓷耐酸泵、不透性石墨泵、衬硬氯乙烯泵、屏蔽泵、隔膜泵、钛泵等。

（3）杂质泵：包括液浆泵、砂泵、污水泵、煤粉泵、灰渣泵等。

4）按化工用途分类

（1）工艺（装置）用泵：包括进料泵、回流泵、循环泵、塔底泵、产品泵、输出泵、注入泵、燃料油泵、冲洗泵、补充泵、排污泵和特殊用途泵等。

（2）公共设施用泵：包括锅炉的给水泵、凝水泵、热水泵、余热泵和燃料油泵，凉水塔的冷却水泵和循环水泵，以及水源用深井泵、排污用污水泵、消防用泵、卫生用泵等。

（3）辅助用泵：包括润滑油泵、封油泵和液压传动用泵等。

（4）管路输送介质用泵：包括输油管线用泵和装卸车用泵等。

根据泵的不同分类，在水污染控制过程中，主要涉及污水和污泥的输送，污水泵为离心泵，污泥泵为螺杆泵，二者都属于杂质泵，也都属于公共设施用泵。

2. 泵的适用范围

各类泵的特性比较见表 6.1 各种类型的泵的适用范围是不同的，常用泵的适用范围见图 6.3 所示。由图可以看出，离心泵所占的区域最大。流量在 5~2000m³/h，扬程在 8~2800m，使用离心泵是比较合适的。因为，在此性能范围内，离心泵具有转速高、体积小、重量轻、效率高、流量大、结构简单、性能平稳、容易操作和维修等优点。

表 6.1 各类泵的特性比较

指标		叶片泵			容积式泵	
		离心泵	轴流泵	旋涡泵	往复泵	转子泵
流量	均匀性	均匀			恒定	
	范围（m³/h）	1.6~30000	150~245000	0.4~10	0~600	1~600

续表

指标		叶片泵			容积式泵	
		离心泵	轴流泵	旋涡泵	往复泵	转子泵
扬程	特点	对应一定流量，只能达到一定的扬程			对应一定流量可达到不同扬程，由管路系统确定	
	范围	10~2600m	2~20m	8~150m		
效率	特点	在设计点最高，偏离越远，效率越低			扬程高时，效率降低较小	扬程高时，效率降低较大
	范围（最高点）	0.5~0.8	0.7~0.9	0.25~0.5	0.7~0.85	0.6~0.8
结构特点		结构简单，造价低，体积小，重量轻，安装检修方便			结构复杂，振动大，体积大造价高	同离心泵
操作与维修	流量调节方法	出口节流或改变转速	出口节流或改变叶片安装角度	不能用出口阀调节，只能用旁路调节	同旋涡泵，另外还可调节转速和行程	
	自吸作用	一般没有	没有	部分型号有	有	
	启动	出口阀门关闭	出口阀全开		出口阀全开	
	维修	简单			麻烦	简单
适用范围		黏度较低的各种介质	特别适用于大流量，低扬程，黏度较低的介质	特别适用于小流量，较高压力的低黏度清洁介质	适用于高压力、小流量的清洁介质（含悬浮液或要求完全无泄漏可用隔膜泵）	适用于中低压力、中小流量，尤其适用于黏性高的介质

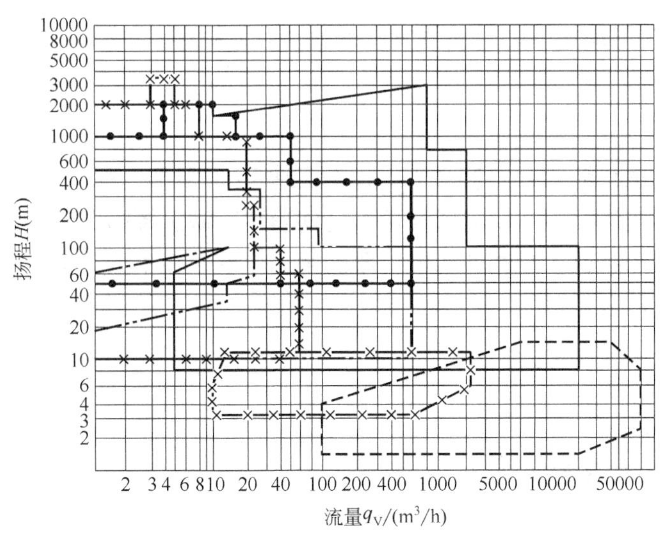

图 6.3　常用泵的适用范围

——— 离心泵；- - - - 轴流泵；—×—×— 混流泵；

—·— 旋涡泵；—×—×— 电动往复泵；—●—●— 三螺杆泵；—··— 气动往复泵

巩固与提高

一、单选题

按转子形式分类，污泥处理时常用的水泵类型为（　　）泵。

A. 滑片式　　B. 齿轮式　　C. 螺杆式　　D. 旋转活塞式

二、多选题

叶片式水泵包括（　　）。

A. 离心泵　　B. 轴流泵　　C. 混流泵　　D. 螺杆泵

任务 6.2　掌握泵的选择

学习目标

视频 39　泵的选择

1. 知识目标

（1）掌握泵的基本参数；

（2）了解泵站设计流量如何确定；

（3）掌握泵站扬程的计算。

2. 技能目标

掌握泵的基本参数，明确泵站扬程的确定。

3. 素质目标

（1）培养学生对本专业的职业认同感；

（2）增强学生的动手能力，培养学生的团队合作精神。

思政情境

“鱼，我所欲也；熊掌，亦我所欲也。”二者不可得兼，舍鱼而取熊掌者也。——《孟子》这句名言告诉我们选择的重要性，任何事物在做选择时要有所取舍。通过上次课的学习，大家对泵已经有了具体的认识：泵的用途广泛，有不同的类型。在生产过程中我们选择泵的依据是什么呢?

相关知识

6.2.1　泵的基本参数

1. 流量

流量就是泵在单位时间内输送出的液体量。它可以用体积流量 Q 来表示，也可以用质量流量 Q_m 来表示。体积流量的常用单位是 m^3/s、m^3/h 或 L/s，质量流量的常用单位是 kg/s 或 t/h。

质量流量和体积流量之间的关系为：

$$Q_m = \rho Q$$

式中　ρ——输送温度下的液体的密度，kg/m^3。

找照生产工艺的需要和对制造厂的要求，泵的流量有以下几种表示方法。

（1）正常操作流量。在生产正常操作工况下，达到其规模产量时，所需要的流量。

（2）最大需要流量和最小需要流量。当生产工况发生变化时，所需的泵流量的最大值和最小值。

（3）泵的额定流量。由泵制造厂确定并保证达到的流量。此流量应等于或大于正常操作流量，并充分考虑最大、最小流量而确定。一般情况下，泵的额定流量大于正常操作流量，甚至等于最大需要流量。

（4）最大允许流量。制造厂根据泵的性能，在结构强度和驱动机功率允许范围内而确定的泵流量的最大值。此流量值一般应大于最大需要流量。

（5）最小允许流量。制造厂根据泵的性能，在保证泵能连续、稳定地排出液体，且泵的温度、振动和噪声均在允许范围内而确定的泵流量的最小值。此流量值一般应小于最小需要流量。

2. 排出压力

排出压力是指被送被液体经过泵后，所具有的总压力能（单位为 MPa）。它是泵能否完成输送液体任务的重要标志，对于泵来说，其排出压力可能影响到生产能否正常进行。因此，泵的排出压力是根据生产工艺的需要确定的。

根据不同生产工艺的需要和对制造厂的要求，排出压力主要有以下几种表示方法。

（1）正常操作压力：生产在正常工况下操作时，所需的泵排出压力。

（2）最大需要排出压力：生产工况发生变化时，可能出现的工况所需的泵排出压力。

（3）额定排出压力：制造厂规定的并保证达到的排出压力。额定排出压力应等于或大于正常操作压力。对于叶片式泵应为最大流量时的排出压力。

（4）最大允许排出压力：制造厂根据泵的性能、结构强度、原动机功率等确定的泵的最大允许排出压力值。最大允许排出压力值应大于或等于最大需要排出压力，但应低于泵承压件的最大允许工作压力。

3. 扬程（压头）

单位重量的液体通过泵后能量的增加值，也就是泵能把液体提升的高度或增加压力的多少。用符号 H 表示，它的单位用 m（液柱）或 N · m/N 来表示。

扬程是叶片泵的关键性能参数。因为扬程直接影响叶片泵的排出压力，这一特点对泵的使用来说非常重要。根据生产工艺需要和对制造厂的要求，对泵的扬程提出以下要求。

（1）正常操作扬程：生产正常工况下，泵的排出压力和吸入压力所确定的泵扬程。

（2）最大需要扬程：生产工况发生变化时，可能需要的最大排出压力（吸入压力未变）时泵的扬程。

叶片泵的扬程应为生产过程中需要的最大流量下的扬程。

（3）额定扬程：指额定叶轮直径、额定转速、额定吸入和排出压力下叶片泵的扬程，是由泵制造厂确定并保证达到的扬程，且此扬程值应等于或大于正常操作扬程。一般取其值等于最大需要扬程。

（4）关死扬程：叶片泵流量为零时的扬程。此扬程为叶片泵的最大极限扬程，一般以此扬程下的排出压力确定泵体等承压件的最大允许工作压力。

泵的扬程是泵的关键特性参数，泵制造厂应随泵提供以泵流量为自变量的流量—扬程曲线。

4. 吸入压力

吸入压力指进入泵的被送液体的压力，在生产中是由生产工况决定的。泵吸入压力值必须大于被送液体在泵送温度下的饱和蒸气压，低于饱和蒸气压泵将产生汽蚀。

对于叶片式泵，因其扬程取决于泵的叶轮直径和转速，当吸入压力变化时，叶片泵的排出压力随之发生变化。因此叶片泵的吸入压力不能超过其最大允许吸入压力值，以避免泵的排出压力超过允许最大排出压力而引起泵超压损坏。

对于容积泵，由于其排出压力取决于泵排出端系统的压力，当泵吸入压力变化时，容积泵的压力差随之变化，所需功率也随之变化，因此，容积式泵的吸入压力不能太低，以避免因泵压力差过大而超载。

泵的铭牌上都标有泵的额定吸入压力值，以控制泵的吸入压力。

5. 功率与效率

泵的功率分为有效功率、轴功率和原动机功率。

有效功率，是指单位时间内通过泵的流体所获得的功率，即泵的输出功率，用符号 N_e 表示，单位为 kW。

轴功率，是指单位时间内由原动机传到泵轴上的功，用符号 N 表示，单位为 W 或 kW。

原动机功率，是指原动机输出的功率，即为总功率。

效率是指泵的有效功率与轴功率之比值，用符号 η 表示。泵的效率反映了泵中能量损失的程度。泵内液体流动时能量损失越小，泵的效率越高，也就是说液体从原动机中所得的功率有效部分越大。由于泵在运行时，存在容积损失、水力损失和机械损失。

6. 转速

泵轴每分钟的转数称为转速，用符号 n 表示，单位为 r/min。在国际标准单位制（SI）中转速的单位为 s^{-1}，即 Hz。泵的额定转速是泵在额定的尺寸（如叶片泵叶轮直径、往复泵柱塞直径等）下，达到额定流量和额定扬程的转速。

在应用固定转速的原动机（如电动机）直接驱动叶片泵时，泵的额定转速与原动机额定转速相同。

当以可调转速的原动机驱动时，必须保证泵在额定转速下，达到额定流量和额定扬程，并要能在其额定转速的 105%的转速下长期连续运行，则此转速称最大连续转速。可调转速原动机应具有超速自动停车机构，自动停车的转速为泵额定转速的 120%，因此，要求泵能在其额定转速 120%的转速下短期正常运行。

在生产中采用可调转速的原动机驱动叶片泵，便于通过改变泵的转速来变更泵的工况，以适应生产工况的变化。但泵的运行性能必须满足上述的要求。

容积式泵的转速较低（往复泵的转速，一般小于200r/min；转子泵的转速，小于1500r/min），因此，一般应用固定转速的原动机。经过减速器减速后，达到泵的工作转速，也可用调速器（如液力变矩器等）或变频调速等方法改变泵的转速，以适应化工生产工况的需要。

7. 汽蚀余量

泵在工作时，液体在叶轮的进口处因一定真空压力下会产生气体，汽化的气泡在液体质点的撞击运动下，会对叶轮等金属表面产生剥蚀，从而破坏叶轮等金属，此时真空压力叫汽化压力。汽蚀余量是指在泵吸入口处单位重量液体所具有的超过汽化压力的富余能量，单位为m。

在生产装置中，多采用增加泵吸入端液体的标高，即利用液柱的静压力作为附加能量（压力），单位以米液柱计。在实际应用中有必需汽蚀余量 $NPSH_r$ 和有效汽蚀余量 $NPSH_a$ 之分。

1）必需汽蚀余量 $NPSH_r$

必需汽蚀余量实质是被送流体经过泵入口部分后的压力降，其数值是由泵本身决定的。其数值越小表示泵入口部分的阻力损失越小。因此，$NPSH_r$ 是汽蚀余量的最小值。在选用泵时，被选泵的 $NPSH_r$ 必须满足被送液体的特性和泵安装条件的要求。订购泵时，$NPSH_r$ 也是重要的采购条件。

2）有效汽蚀余量 $NPSH_a$

有效汽蚀余量表示泵安装后，实际得到的汽蚀余量，此值是由泵的安装条件决定的，与泵本身无关。

$NPSH_a$ 值必须大于 $NPSH_r$。一般 $NPSH_a \geq (NPSH_r+0.5)$。

8. 介质温度

介质温度是指被输送液体的温度。工业生产中液体物料的温度，低温可达-200℃，高温可达500℃。因此，介质温度对生产用泵的影响较大，泵的质量流量与体积流量的换算、压差与扬程的换算、泵制造厂以常温清水进行性能试验与输送实际物料时泵的性能换算、汽蚀余量的计算等，必然要涉及介质的密度、黏度、饱和蒸气压等物性参数。这些参数均随温度变化而变化，只有以准确的温度下的数值进行计算，才能得到正确的结果。生产用泵的泵体等承压零部件，应根据压力和温度确定其材料和压力试验的压力值。被送液体的腐蚀性也与温度有关，必须按泵在操作温度下的腐蚀性确定泵的材料。泵的结构和安装方式都因温度而异，对高温和低温下使用的泵，都应从结构、安装方式等方面减少和消除温度应力及温度变化（泵运行和停车）对安装精度的影响。泵轴封的结构、选材、是否需要轴封辅助装置等也需考虑泵的温度而确定。

6.2.2　泵站设计流量的确定

在生产、生活中各用水部门的用水量是不均匀的，因而排入管道的污水流量也是不均匀的。要正确地确定泵的出水量及其台数以及决定集水池的容积，必须知道排水量为最高日中每小时污水流量的变化情况。而在设计排水泵站时，这种资料往往是不能得到的。

因此，排水泵站的设计流量一般均按最高日最高时污水流量决定。一般小型排水泵站（最高日污水量在 5000m^3 以下），设 1~2 套机组；大型排水泵站（最高日污水量超过 15000m^3）设 3~4 套机组。

6.2.3 泵站的扬程

泵站的扬程可按下式计算：

$$H=H_{ss}+H_{sd}+\sum h_s+\sum h_d+H_c \tag{6.1}$$

式中 H_{ss}——吸水地形高度，为集水池内最低水位与水泵轴线的高差，m；

H_{sd}——压水地形高度，为泵轴线与输水最高点（即压水管出口处）的高差，m；

$\sum h_s$ 和 $\sum h_d$——污水通过吸水管路和压水管路中的水头损失，m；

H_c——安全压力，一般取 1~2m。

污水泵站应根据污水的性质来确定相应的污水泵或杂质泵等水泵的型号。对于排放含有酸性或其他腐蚀性工业废水的泵站，应选择耐腐蚀的泵。排出污泥，应选择污泥泵。由于污水泵站一般扬程低，因此污水泵可选用立式离心泵、轴流泵、混流泵、潜水污水泵等，污泥泵一般选用螺杆泵。

知识拓展

化工生产对泵的特殊要求

化工生产对泵的特殊要求大致有以下几点。

1. 能适应化工工艺需要

泵在化工生产流程中，除了起着输送物料的作用外，它还向系统提供必要的物料量，使化学反应达到物料平衡，并满足化学反应所需的压力。在生产规模不变的情况下，要求泵的流量及扬程要相对稳定，一旦因某种因素影响，生产波动时，泵的流量及出口压力也能随之变动，且具有较高的效率。

2. 耐腐蚀

化工用泵所输送的介质，包括原料和产品中间产物，多数具有腐蚀性。如果泵的材料选用不当，在泵工作时，零部件就被腐蚀失效，不能继续工作。

对于某些液体介质，如没有合适的耐腐蚀金属材料，则可采用非金属材料，如陶瓷泵、塑料泵、橡胶衬里泵等。塑料具有比金属材料更好的耐化学腐蚀性能。

在选用材料时，既要考虑到它的耐腐蚀性，还必须考虑到它的力学性能、切削性和价格等。

3. 耐高温、低温

化工用泵处理的高温介质，大体上可分为流程液和载热液。流程液是指化工产品加工过程和输送过程的液体。载热液是指运载热量的媒介液体，这些媒介液体，在一个封闭的回路中，靠泵的工作进行循环，通过加热炉加热，使媒介液体温度升高，然后循环到塔器中，给化学反应间接提供热量。

水、柴油、道生油、熔融金属铅、水银等，均可作为载热液。化工用泵处理的高温介质温度可达900℃。

化工用泵抽送的低温介质种类也很多，如液态氧、液态氮、液态氩、液态天然气、液态氢、甲烷、乙烯等。这些介质的温度都很低，如泵送液态氧的温度约为-183℃。

作为输送高温与低温介质的化工用泵，其用材必须在正常室温、现场温度和最后的输送温度下都具有足够的强度和稳定性。同样重要的是，泵的所有零件都能承受热冲击和由此产生的不同的热膨胀和冷脆性危险。

在高温情况下，要求泵装有中心线支架，以保证原动机和泵的轴心线总是同心。在高温和低温泵上，要求装有中间轴和热屏。

为了减少热能损失，或者为了防止被输送介质大量失热后物理性质起变化（如重油的输送，不保温会导致黏度增加），应在泵体外面设置保温层。

低温泵所输送的液体介质，一般处于饱和状态，一旦吸收外界热量，就会迅速汽化，使泵不能正常工作。这就需要在低温泵壳体上采取低温隔热措施。低温隔热材料常采用膨胀珍珠岩。

4. 耐磨损

化工用泵的磨损是由于输送高速液流中含有悬浮固体造成的。化工用泵的磨损破坏，往往加剧介质腐蚀，因不少金属及合金的耐腐蚀能力依靠表面的钝化膜，一旦钝化膜被磨损掉，则金属便处于活化状态，腐蚀情况就很快恶化。

提高化工用泵的耐磨损能力有两种方法：一种是采用特别硬的、往往是脆性的金属材料，如硅铸铁；另一种是在泵的内部和叶轮上衬覆软的橡胶衬里。如输送诸如钾肥原料的明矾矿料浆等磨损性很大的化工用泵，泵用材料可采用锰钢、陶瓷衬里等。

从结构上来考虑，输送磨损性液体时可采用开式叶轮。光滑的泵壳和叶轮流道，对化工用泵的抗磨损也有好处。

5. 无泄漏或少泄漏

化工用泵输送的液体介质，多数具有易燃、易爆、有毒的特性，有的介质含有放射性元素。这些介质如果从泵中漏入大气，可能造成火灾或影响环境卫生，伤害人体。有些介质的价格昂贵，泄漏会造成很大浪费。因此，化工用泵要求无泄漏或少泄漏，这就要求在泵的轴封上下功夫。选用好的密封材料及合理的机械密封结构，能做到轴封少泄漏；选用屏蔽泵、磁力传动密封泵等，则能做到轴封不向大气泄漏。

6. 运行可靠

化工用泵的运行可靠，包括两方面内容：长周期运行不出故障及运行中各种参数平稳。运行可靠对化工生产至关重要。如果经常发生故障，可能造成经常停产，影响经济效益，有时还会造成化工系统的安全事故。例如，输送作为热载体的道生油泵运行中突然停止，而这时的加热炉来不及熄火，有可能造成炉管过热，甚至爆裂，引起火灾。

化工用泵转速的波动，会引起流量及泵出口压力的波动，使化工生产不能正常运行，系统中的反应受到影响，物料不能平衡，造成浪费，甚至使产品质量下降或者报废。

对于要求每年一次大检修的工厂，泵的连续运转周期一般不应小于8000h。为适合三年一次大检修的要求，API 610《石油、石化及天然气工业用离心泵》和GB/T 3215—2019《石油、石化和天然气工业用离心泵》规定石油、重化学和天然气工业用离心泵的连续运转周期至少为 3 年。

7. 能输送临界状态的液体

临界状态的液体，当温度升高或压力降低时，往往会汽化。化工用泵有时输送临界状态的液体，一旦液体在泵内汽化，则易于产生汽蚀破坏，这就要求泵具有较高的抗气蚀性能。同时，液体的汽化，可能引起泵内动静部分的摩擦咬合，这就要求有关间隙取大一些。为了避免由于液体的汽化使机械密封、填料密封、迷宫密封等因摩擦而破坏，这类化工用泵必须有将泵内产生的气体充分排出的结构。

输送临界状态液体介质的泵，其轴封填料可采用自润滑性能较好的材料，如聚四氟乙烯、石墨等。对于轴封结构，除填料密封外，还可采用双端面机械密封或迷宫密封等。采用双端面机械密封时，两端面之间的空腔内，充入外来的密封液体；采用迷宫密封时，可以从外界引入具有一定压力的密封气体。当密封液体或密封气体漏入泵内时，对泵送介质应该是无妨的，如漏入大气也无害。如输送临界状态的液氨时，双端面机械密封的空腔内可用甲醇做密封液体；输送易气化的液态烃时，迷宫密封中可引入氮气。

8. 寿命长

泵的设计寿命一般至少为 10 年。API 610《石油、石化及天然气工业用离心泵》和 GB/T 3215—2019《石油、石化和天然气工业用离心泵》规定石油、石化和天然气工业用离心泵的设计寿命至少为 20 年。

9. 泵的设计、制造、检验应符合有关标准、规范的规定

泵的设计、制造、检验常用的标准和规范见表 6.2。

表 6.2　泵的设计、制造、检验常用的标准和规范

泵类型	标准、规范
离心泵	ANSI/API 610—2010《石油、石化和天然气工业用离心泵》
	ASME B73.1—1991《化工工艺用卧式端吸离心泵规范》
	ANSI/ASME B73.2—2016《化学工艺用立式管线离心泵规范》
	ISO 2858（端吸式离心泵（额定压力 16bar）标记、性能、尺寸）
	ISO 5199《工业泵的技术规范 2 类》
	ISO 13709《石油、石油化工和天然气工业用离心泵》
	GB/T 3215—2010《石油、石化和天然气工业用离心泵》
	GB/T 3216《回转动力泵　水力性能验收试验 1 级、2 级和 3 级》
	GB/T 5656—2008《离心泵　技术条件（Ⅱ类）》
	SH/T 3139—2019《石油化工重载荷离心泵工程技术规范》
	SH/T 3140—2011《石油化工中、轻载荷离心泵工程技术规范》
计量泵	API 675《计量泵》
	GB/T 7782—2020《计量泵》
	SH/T 3142—2016《石油化工计量泵工程技术规范》
	API 674《往复泵》
往复泵	GB/T 9234—2018《机动往复泵》
	SH/T 3141—2013《石油化工用往复泵工程技术规范》
	GB/T 14794—2016《蒸汽往复泵》
	API 676《转子泵》
	SH/T 3151—2013《石油化工转子泵工程技术规范》
转子泵	GB/T 44045—2024《石油、石化和天然气工业用转子泵》
	JB/T 8091—2014《螺杆泵试验方法》

注：表中所列标准涉及的公司：API—美国石油协会标准；ANSI—美国国家标准协会标准；ASME—美国机械工程师协会标准；ISO—国际标准化组织。

巩固与提高

单选题

1. 为保证泵运转时不发生气蚀，应使泵所需要的气蚀余量比泵的最小气蚀余量要大（　　）。

A. 0.1~0.3m　　B. 0.3~0.5m　　C. 0.2~0.3m　　D. 0.4~0.5m

2. 由于污水泵站一般（　　），因此污水泵可选用立式离心泵、轴流泵、混流泵、潜水污水泵等。

A. 扬程低　　B. 转速快　　C. 流量大　　D. 效率低

任务 6.3　认知离心泵基本知识

学习目标

视频 40　离心泵基本知识

1. 知识目标

（1）掌握离心泵的工作原理；

（2）了解离心泵的型号；

（3）明确离心泵的特点。

2. 技能目标

掌握离心泵的工作原理，明确离心泵的特点。

3. 素质目标

（1）培养学生对本专业的职业认同感；

（2）增强学生的动手能力，培养学生的团队合作精神。

思政情境

在中国工业现代化进程中，泵作为重要的基础设备之一，其设计、制造和应用水平直接影响到多个关键行业的发展。我国在泵行业中制定了一系列国家标准和行业标准，这不仅提升了国内泵的技术水平，也增强了我国在国际市场的竞争力。通过学习离心泵的基本知识，学生们将了解到这些标准背后的科学原理和技术要求。这不仅有助于提升学生的专业技能，还能增强学生对我国工业标准和技术发展的认同感和自豪感。

相关知识

6.3.1　离心泵的型号

我国泵类产品的编号通常由三个单元组成。

离心泵的型号第一单元通常是以 mm 表示泵的吸入口径。但大部分老产品用“英寸”

表示，即以 mm 表示的吸入口径被 25 除后的整数值。第二单元是以汉语拼音的字母表示的泵的基本机构、特征、用途及材料等，比如 B 表示单级悬臂式离心清水泵；D 表示分段多级泵；F 表示耐腐蚀泵等。第三单元表示泵的扬程。有时泵的型号后会有 A 或 B，这是泵的变形产品标志，表示泵中装的叶轮是经过切割的。

目前我国泵行业用国际标准 ISO 2851—1975(E)《离心泵　技术规范（1 类)》的有关标记及额定性能参数和尺寸设计制造了新型号泵。其型号意义表示如表 6.3 所示。离心泵的型号表示方法举例如表 6.4 所示。

表 6.3　离心泵的基本型号及其代号

泵的型式	型式代号	泵的型式	型式代号
单级单吸离心水泵	IS，IB	卧式凝结水泵	NB
单级双吸离心水泵	S，SH	立式凝结水泵	NL
分段式多级离心泵	D，DA	立式筒袋型离心凝结水泵	LDTN
分段式多级离心泵（首级为双吸）	DS	卧式疏水泵	NW
分段式多级锅炉给水泵	DG	单级离心油泵	Y
卧式圆筒形双壳体多级离心泵	YG	筒式离心油泵	YT
多级离心式油泵	YD	单级单吸卧式离心灰渣泵	PH
中开式多级离心泵（首级为双吸）	DKS	长轴离心深井泵	JC
热水循环泵	R	单级单吸耐腐蚀离心泵	IH
屏蔽式离心泵	P	自吸式离心泵	Z
漩涡离心泵	WX	一般漩涡泵	W
耐腐蚀液下式离心泵	FY	耐腐蚀泵	F
离心式管道油泵	YG	多级立式筒形离心泵	DL
单级单吸悬臂式离心清水泵	B，BA	多级前置泵（离心泵）	DQ

表 6.4　离心泵的型号表示方法

名称	表示方法	名称	表示方法
二级单吸离心泵	100YⅡ-100×2A 100——泵吸入口直径，mm Y——单级离心油泵 Ⅱ——泵用材料代号，第二种不耐腐蚀的碳素钢 100——泵的单级扬程值，m A——叶轮外径第一次车削 2——泵的级数（即叶轮数）	分段式多级锅炉给水泵	DG 46-30×5 DG——卧式、单级分段锅炉给水泵 46——泵设计点流量，m^2/s 30——泵设计点单级扬程，m 5——泵的级数（即叶轮数）
分段式多级离心泵	200D——43×9 200——泵入口直径，mm D——分段式多级离心泵 43——泵设计点单级扬程值，m 9——泵的级数（即叶轮数）	单级单吸离心水泵	IS 80-65-160 IS——国际标准单级清水离心泵 80——泵入口直径，mm 65——泵出口直径，mm 160——泵叶轮名义直径，mm

6.3.2　离心泵的工作原理及分类

1. 离心泵的工作原理

离心泵品种很多，结构各有差异，但其基本结构相似，主要由叶轮、泵体（又称泵壳）泵盖、转轴、密封部件和轴承部件等构成。典型的单级单吸离心泵结构如图 6.4 所示。泵体泵盖组件内装有叶轮。由电动机带动轴上的叶轮旋转对液体做功，从而提高液体的压力能和动能。液体由泵体的吸入室流入，由泵体的排出室流出。叶轮前盖板的密封环和叶轮后盖板后端的填料与填料环防止从叶轮流出的液体泄漏。轴承和轴承悬架（托架）支持转轴。整个泵和电动机安装在一个底座之上。一般离心泵的液体过流部件是吸入室、叶轮和排出室。对过流部件的要求主要是达到规定的流量和扬程，液体流动连续、稳定、流动损失小、效率高，以节省能耗。对其他零部件的综合要求主要是结构紧凑、工作可靠、拆装方便、经久耐用。

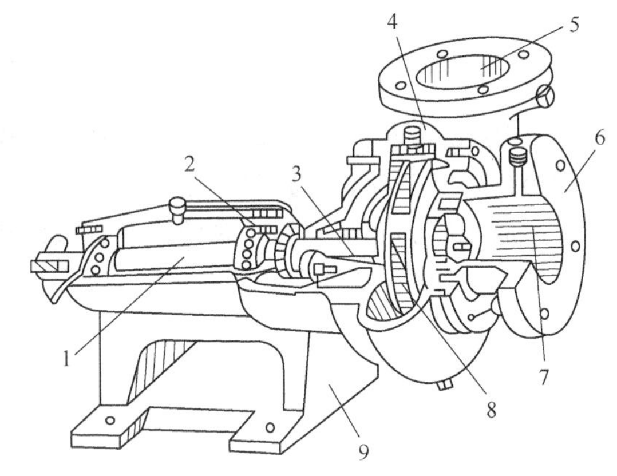

图 6.4　典型单极离心泵的结构

1—泵轴；2—轴承；3—轴封；4—泵体；5—排出口；6—泵盖；
7—吸入口；8—叶轮；9—托架

为了使离心泵正常工作，离心泵必须配备一定的管路和管件，这种配备有一定管路系统的离心泵称为离心泵装置。如图 6.5 所示是离心泵的一般装置示意图，主要包括吸入管路、底阀、排出管路、排出阀等。离心泵在启动前，泵体和吸入管路内应灌满液体，此过程称为灌泵。启动电动机后，泵的主轴带动叶轮高速旋转，叶轮中的叶片驱使液体一起旋转，在离心力的作用下，叶轮中的液体沿叶片流道被甩向叶轮出口，并提高了压力。液体经压液室流至泵出口，再沿排出管路送到需要的地方。泵体内的液体排出后，叶轮入口处形成局部真空，此时吸液池内的液体在大气压力作用下，经底阀沿吸入管路进入泵内。这样，叶轮在旋转过程中，一面不断地吸入液体，一面又不断地给予吸入的液体一定的能头，将液体排出。由此可见，离心泵能输送液体是依靠高速旋转的叶轮使液体受到离心力作用，故名离心泵。

离心泵吸入管路上的底阀是单向阀，泵在启动前此阀关闭，保证泵体及吸入管路内能灌满液体。启动后此阀开启，液体便可以连续流入泵内。底阀下部装有滤网，防止杂物进入泵内堵塞流道。

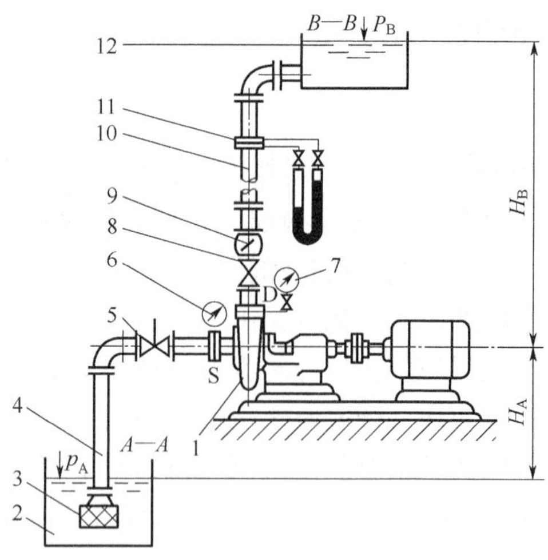

图 6.5　离心泵的一般装置示意图

1—泵；2—吸液池；3—底阀；4—吸入管路；5—吸入调节阀；6—真空表；7—压力表；
8—排出调节阀；9—单向阀；10—排出管路；11—流量计；12—排液罐

离心泵在运转过程中，必须注意防止空气漏入泵内造成“气缚”，使泵不能正常工作。因为空气比液体的密度小得多，在叶轮旋转时产生的离心作用很小，不能将空气抛到压液室中去，使吸液室不能形成足够的真空，离心泵便没有抽吸液体的能力。

对于大功率泵，为了减少阻力损失，常不装底阀、不灌泵，而采用真空泵抽吸气体然后启动的方式。

2. 离心泵的分类

1）按叶轮数目分类

按叶轮数目可分为单级泵和多级泵。泵内只有一个叶轮的称为单级泵，如图 6.6 所示。单级泵所产生的压力不高，一般不超过 1.5MPa。

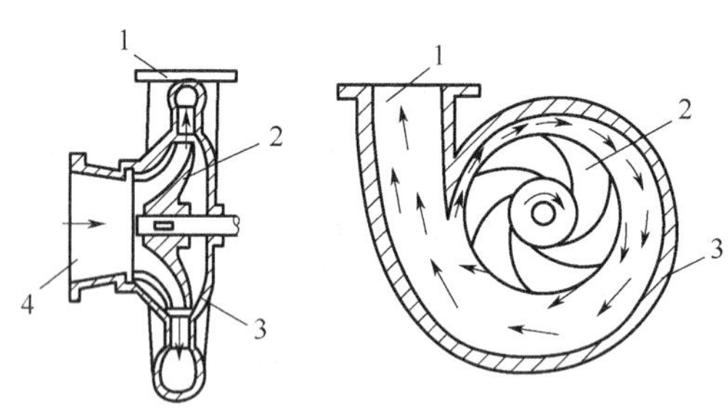

图 6.6　单级单吸离心泵

1—排出口；2—叶轮；3—泵壳；4—吸入口

液体经过一个叶轮所提高的扬程不能满足要求时，就用几个串联的叶轮，使液体依次进入几个叶轮来连续提高其扬程。这种在同一根泵轴上装有串联的两个以上叶轮的离心泵称为多级泵。如图 6.7 所示为四个叶轮串联成的多级泵。

2）按叶轮吸入方式分类

按叶轮吸入方式可分为单吸泵和双吸泵。在单吸泵中液体从一侧流入叶轮，即泵只有

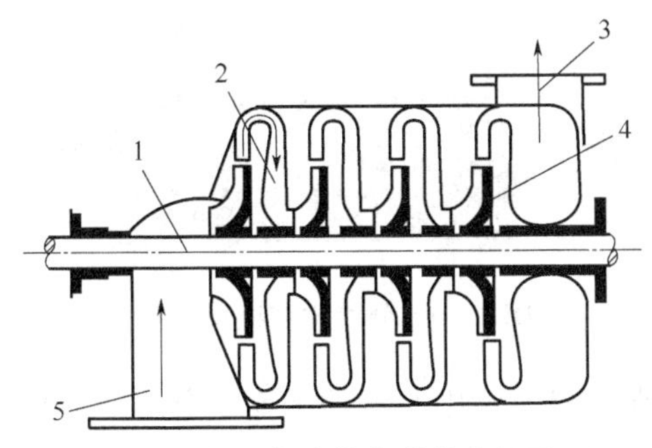

图 6.7　四个叶轮串联的多级泵

1—泵轴；2—导轮；3—排出品；4—叶轮；5—吸入口

一个吸液口，这种泵的叶轮制造容易，液体在其间流动情况较好，但缺点为叶轮两侧所受到的液体压力不同，使叶轮承受轴向力的作用。

在双吸泵中液体从两侧同时流入叶轮，即泵具有两个吸液口，如下图 6.8 所示。这种叶轮及泵壳的制造比较复杂，两股液体在叶轮的出口汇合时稍有冲击，影响泵的效率，但叶轮的两侧液体压力相等，没有轴向力存在，而且泵的流量几乎比单吸泵增加一倍。

3）按从叶轮将液体引向泵室的方式分类

按从叶轮将液体引向泵室的方式可分为蜗壳式泵和导叶式泵。蜗壳式离心泵的泵壳呈螺旋线形状，如图 6.6 所示。液体自叶轮甩出后，进入螺旋形的蜗室，其流速降低，压力升高，然后由排液口流出。蜗壳是很普遍的一种转能装置，它将从叶轮甩出的液体的动能转换成静能头。它的构造简单、体积小，多用在低压或中压的泵上。

导叶式（又称透平式）离心泵如图 6.9 所示，液体自叶轮甩出后先经过固定的导叶轮，在其中降速增压后，进入泵室，再经排液口流出。多级泵大多是这种形式。

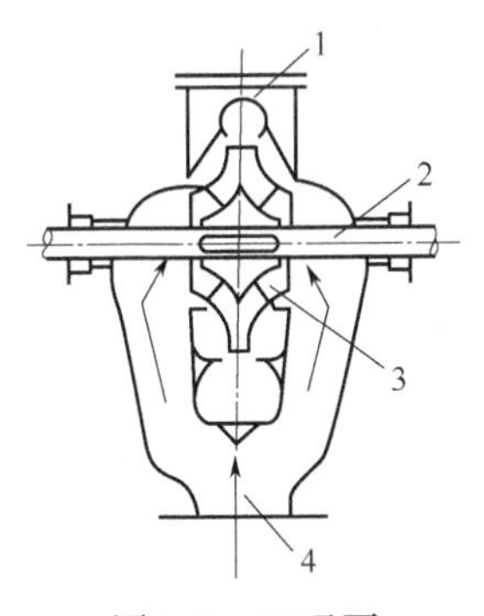

图 6.8　双吸泵

1—排出口；2—泵轴；3—叶轮；4—吸入口

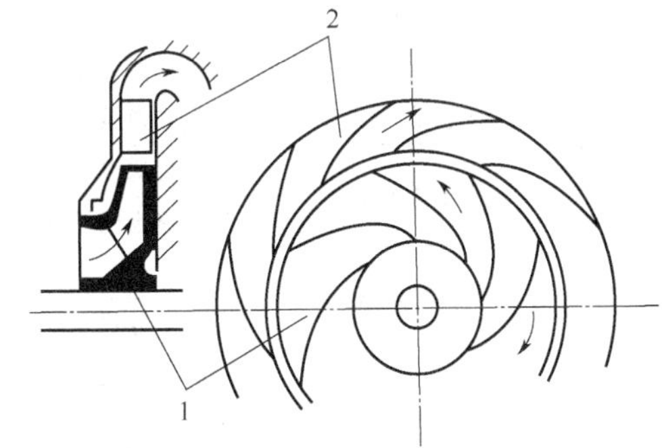

图 6.9　导叶式离心泵

1—叶轮；2—导叶

4）按泵体剖分方式分类

按泵体剖分方式可分为分段式离心泵和中开式离心泵。分段式离心泵整个泵体由各级壳体分段组成，各分段的接合面与泵轴垂直，各分段之间用螺栓紧固，构成泵体。如图 6.10 所示为分段式多级离心泵。

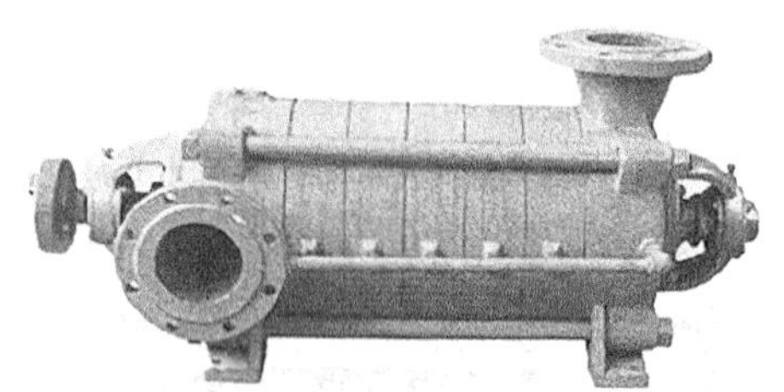
图 6.10　分段式多级离心泵

中开式离心泵的泵体在通过泵轴中心线的平面上分开。如果泵轴是水平的，就称为水平中开式离心泵，如图 6.11 所示；如果泵轴是垂直的，就称为垂直中开式离心泵。

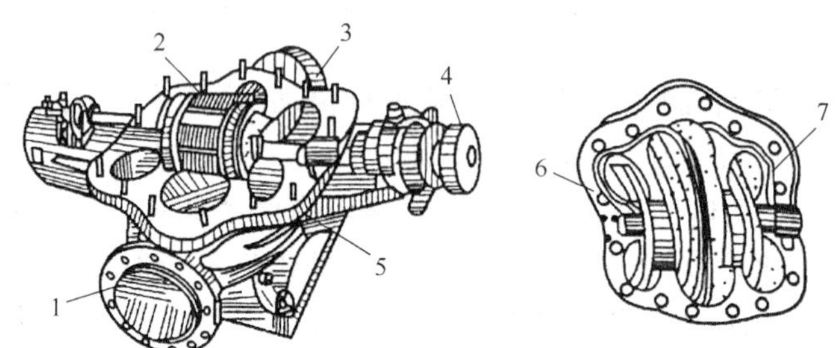

图 6.11　水平中开式离心泵

1—吸入口；2—叶轮；3—排出口；4—联轴器；5—泵体；6—泵盖；7—水封槽

5）按叶轮的布置方式分类

按叶轮的布置方式，API 610—2010《石油、石化及天然气工业用离心泵》和 GB/T 3215—2019《石油、石化和天然气工业用离心泵》标准将离心泵分为 3 大类、18 种形式，见表 6.5。

表 6.5　按叶轮的布置方式分类

<table>
<tr><th>离心泵分类</th><th colspan="3">离心泵形式</th></tr>
<tr><td rowspan="6">悬臂式</td><td rowspan="3">挠性联轴器传动</td><td rowspan="2">卧式</td><td>底脚安装式</td></tr>
<tr><td>中心线安装式</td></tr>
<tr><td colspan="2">有轴承架的立式管道泵</td></tr>
<tr><td>刚性联轴器传动</td><td colspan="2">立式管道泵</td></tr>
<tr><td rowspan="2">共轴式传动</td><td colspan="2">立式管道泵</td></tr>
<tr><td colspan="2">与高速齿轮箱成一整体式</td></tr>
<tr><td rowspan="5">两端
支撑式</td><td rowspan="2">单级和双级</td><td colspan="2">轴向剖分式</td></tr>
<tr><td colspan="2">径向剖分式</td></tr>
<tr><td rowspan="3">多级</td><td colspan="2">轴向剖分式</td></tr>
<tr><td rowspan="2">径向剖分式</td><td>单壳式</td></tr>
<tr><td>双壳式</td></tr>
<tr><td rowspan="7">立式
悬吊式</td><td rowspan="5">单壳式</td><td rowspan="3">通过扬水管排出</td><td>导流壳式</td></tr>
<tr><td>蜗壳式</td></tr>
<tr><td>轴流式</td></tr>
<tr><td rowspan="2">独立排液管</td><td>长轴式</td></tr>
<tr><td>悬臂式</td></tr>
<tr><td rowspan="2">双壳式</td><td colspan="2">导流壳式</td></tr>
<tr><td colspan="2">蜗壳式</td></tr>
</table>

6）特殊结构的离心泵

特殊结构的离心泵的类型和特点见表6.6。

表6.6　特殊结构的离心泵的类型和特点

分类方式	类型	特点
特殊结构	潜水泵	泵和电动机制成一体浸入水中
	液下泵	泵体浸入液体中
	管道泵	泵作为管路一部分，安装时无须改变管路
	屏蔽泵	叶轮与电动机转子连为一体，并在同一个密封壳体内，不需采用密封结构，属于无泄漏泵
	磁力泵	除进、出口外，泵体全封闭，泵与电动机的连接采用磁钢互吸而驱动
	自吸式泵	泵启动时无须灌液
	高速泵	由增速箱使泵轴转速增加，一般转速可达10000r/min以上，也称部分流泵或切线增压泵
	立式筒型泵	进出口接管在上部同一高度上，分为内、外两层壳体，内壳体由转子、导叶等组成，外壳体为进口导流通道，液体从下部吸入

此外，离心泵还可以按其转轴的位置分为立式和卧式两种；按其扬程大小可分为高压（扬程大于100m）、中压（扬程为20~100m）、低压（扬程小于20m）三种。

6.3.3　离心泵的特点

（1）当离心泵的工况点确定后，离心泵的流量和扬程（当吸入压力一定时，即为离心泵的排出压力）是稳定的，无流量和压力脉动。

（2）离心泵的流量和扬程之间存在着函数关系。当离心泵的流量（或扬程）一定时，只能有一个相对应的扬程（或流量）值。

（3）离心泵的流量不是恒定的，而是随其排出管路系统的特性不同而不同。

（4）离心泵的效率因其流量和扬程而异。大流量、低扬程时，效率较高，可达80%；小流量、高扬程时效率较低，甚至只有百分之几。

（5）一般离心泵无自吸能力，启动前需灌泵。

（6）离心泵可用旁路回流、出口节流或改变转速调节流量。

（7）离心泵结构简单、体积小、质量轻、易损件少，安装、维修方便。

巩固与提高

一、单选题

我国泵类产品的编号通常由三个单元组成，离心泵的型号第三个单元表示（　　）。

A. 吸入口径　　　　B. 基本机构、特征、用途及材料

C. 扬程　　　　D. 流量

二、多选题

为防止发生“气缚”，应怎样操作（　　）。

A. 保证泵壳内存在空气　　　　B. 使叶轮旋转速度快

C. 在吸入管道底部装一止逆阀　　　　D. 在离心泵的出口管路上也装一调节阀

任务 6.4　认识螺杆泵基本知识

学习目标

视频 41　螺杆泵基本知识

1. 知识目标

（1）掌握螺杆泵的概念及分类；

（2）了解螺杆泵的工作原理；

（3）明确螺杆泵的特点。

2. 技能目标

掌握螺杆泵的概念及分类，明确螺杆泵的特点。

3. 素质目标

（1）培养学生对本专业的职业认同感；

（2）增强学生的动手能力，培养学生的团队合作精神。

思政情境

螺杆泵作为工业应用中广泛使用的设备之一，其重要性不言而喻。在我国的工业现代化进程中，螺杆泵的开发与应用展示了中国制造业在泵类设备领域的技术进步。通过学习螺杆泵的基本知识，学生们不仅可以掌握这一重要设备的工作原理与特点，还可以进一步理解我国在该领域的技术成就和国际竞争力。同时，通过探讨螺杆泵在不同领域的应用与发展，学生们能够意识到自己未来在推动中国制造业持续进步中的重要角色，进而树立起技术报国的远大理想。

相关知识

6.4.1　螺杆泵的概念及分类

螺旋泵，亦称“螺旋扬水机”“阿基米德螺旋泵”，是依靠螺杆相互啮合空间的容积变化来输送液体的转子容积式泵，由轴、螺旋叶片、外壳组成。抽水时，将泵斜置水中，使水泵主轴的倾角小于螺旋叶片的倾角，螺旋叶片的下端与水接触。当原动机通过变速装置带动螺旋泵轴旋转时，水就进入叶片，沿螺旋形流道上升，直至出流。结构简单、制造容易、流量较大、水头损失小、效率较高、便于维修和保养，但扬程低、转速低、需设变速装置。多用于灌溉、排涝，以及提升污水、污泥等场合，中国从 20 世纪 70 年代开始使用。

根据互相啮合的螺杆数目，通常可分为单螺杆泵（图 6.12）、双螺杆泵（图 6.13、图 6.14）、三螺杆泵（图 6.15）等。

按照螺杆轴向安装位置还可以分为卧式和立式。

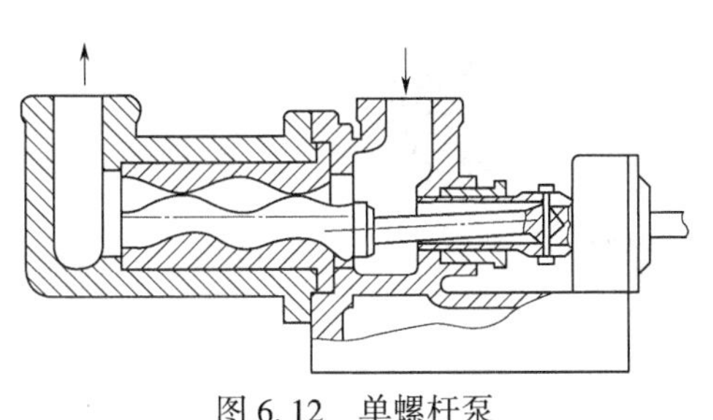
图 6.12 单螺杆泵

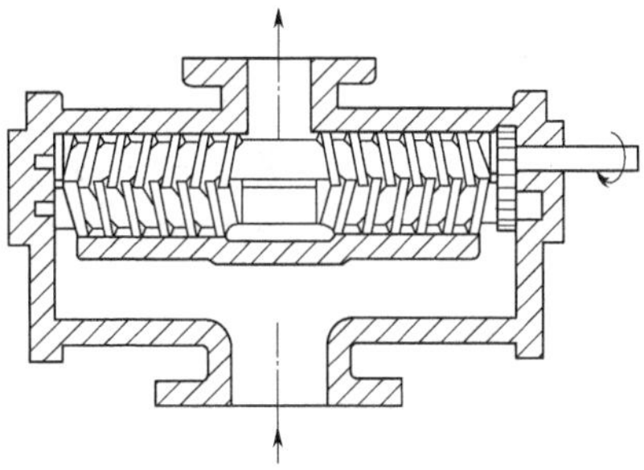

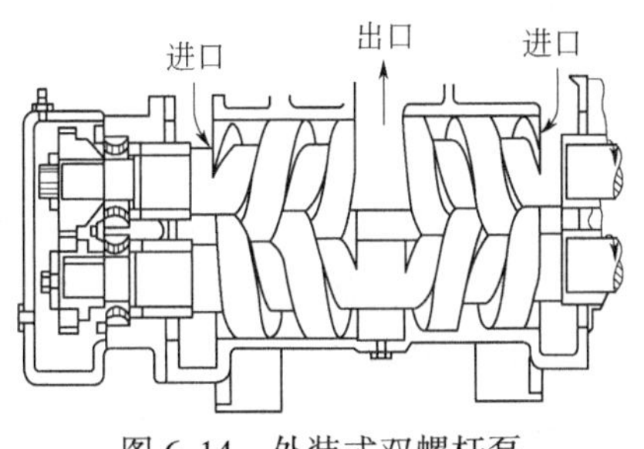

图 6.14 外装式双螺杆泵

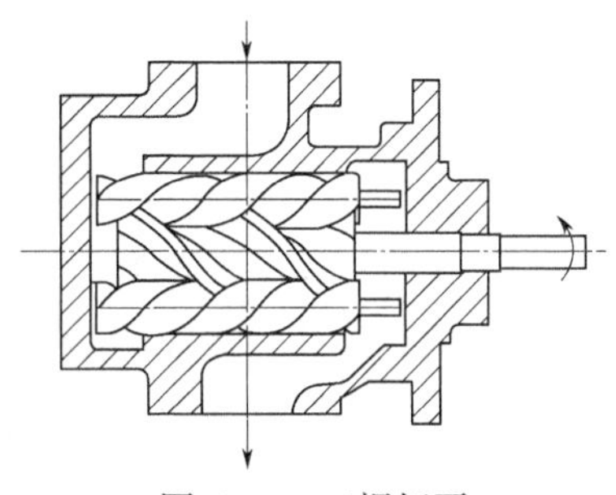
图 6.13 内装式双螺杆泵

图 6.15 三螺杆泵

6.4.2 螺杆泵的工作原理

1. 单螺杆泵

如图 6.16 所示，单螺杆泵由螺杆（转子）、泵套（定子）、万向联轴器、吸入室及轴封等组成。

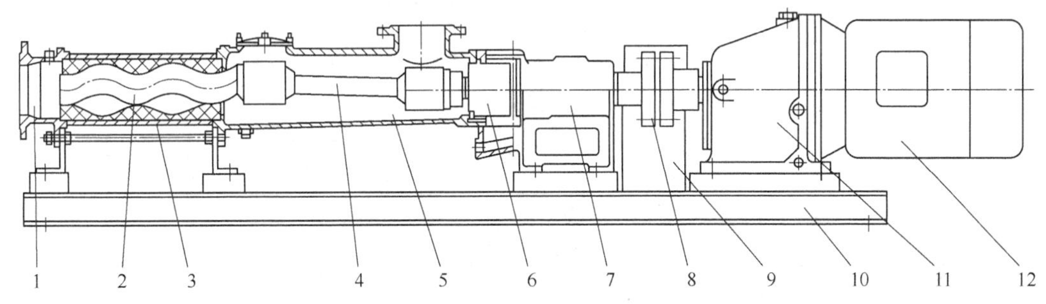

图 6.16 单螺杆泵的组成

1—排出体；2—转子；3—定子；4—万向联轴器；5—吸入室；6—轴封；7—轴承架；

8—联轴器；9—联轴器罩；10—底座；11—减速机；12—电动机

一般单螺杆泵的截面是圆形截面，以其圆心与轴线的偏心距 e 为半径，以 t 为螺距，绕其轴线做螺旋运动而成的圆形截面螺旋形曲杆，如图 6.17 所示。其定子（泵套）的内孔是以长圆形截面绕轴线转动，同时以 2 倍转子螺距为导程（$T=2e$），轴向移动而成的双头螺旋孔（图 6.18）。

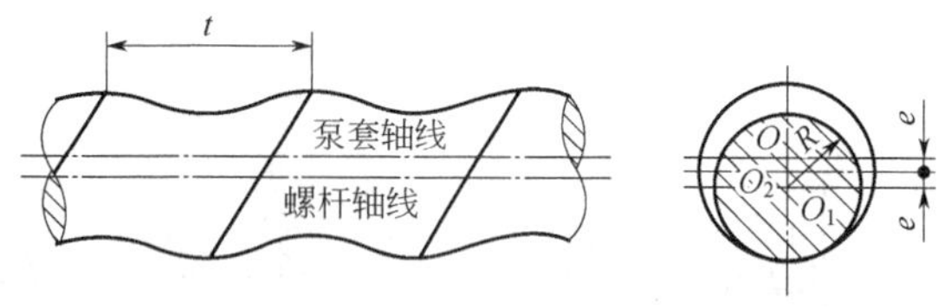

图 6.17　螺杆的几何形状

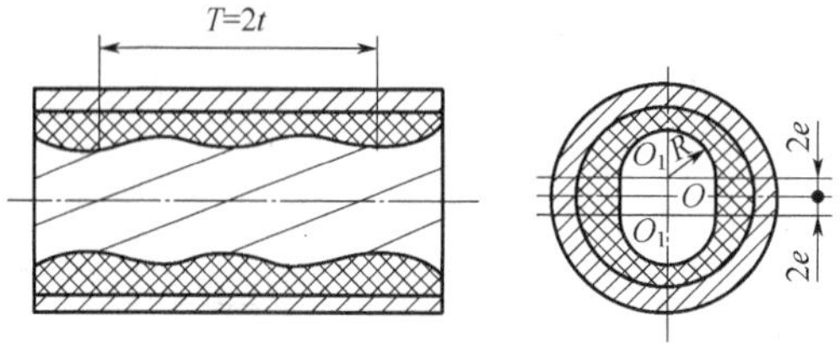

图 6.18　泵套的几何形状

单螺杆泵工作时，转子（螺杆）在泵套的螺旋孔内做自转和公转的行星运动。螺杆的外表面与泵套的螺旋孔内表面相贴合构成密封线，在螺杆和泵套的螺旋槽之间形成数个互不相通的工作腔，当螺杆在定子螺旋孔内转动时，工作腔随螺杆的转动（自转和公转）以螺旋运动从泵的吸液端移向泵的排液端，同时其容积由小变大、再由大变小，完成输液过程。单螺杆泵输液过程中工作腔容积和位置的变化情况如图 6.19 所示。

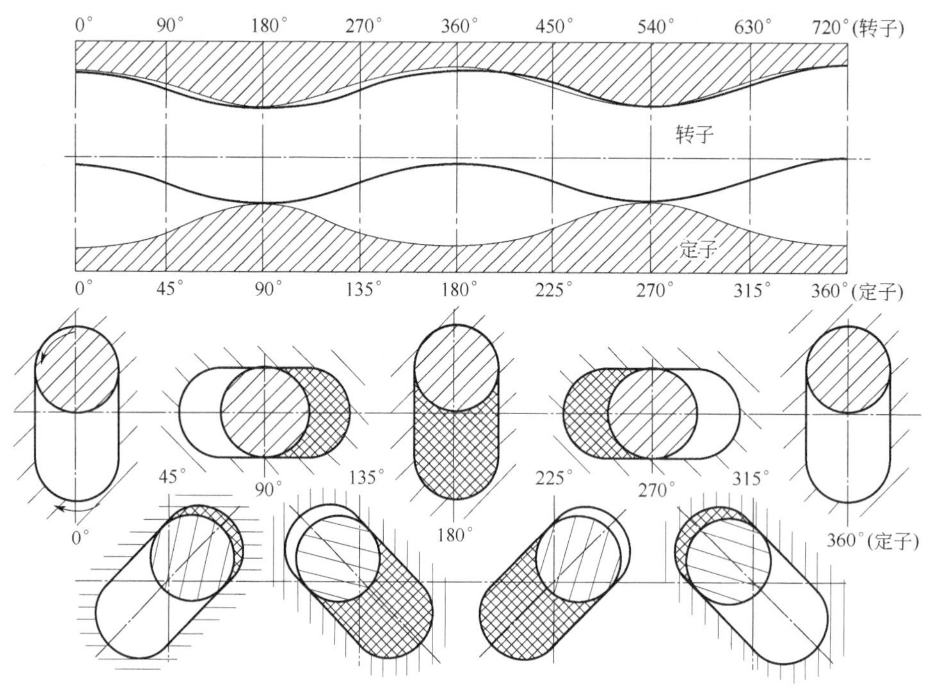

图 6.19　单螺杆输液过程中工作腔容积和位置的变化情况

单螺杆泵的工作腔连续地由泵吸入端移向排出端，连续地将被送液体由泵吸入端送至排出端并连续地排出，因此单螺杆泵流量均匀平稳、没有湍流、搅动和脉动；由转子和定子内壁贴合构成密封，可以有较长的密封线，密封性能较好，泵可以达到较高的排出压力和良好的自吸能力，可液、气、固多相混输；单螺杆泵转子形状和用橡胶等软质材料制成的定子，可不破坏液体所含的固体颗粒。

单螺杆泵适于输送清水或类似清水的液体；含有固体颗粒、浆状（粉状）的液体；含有纤维和其他悬浮物的液体；高黏度液体以及腐蚀性液体等。其适用范围为：流量 0.03～450m^3/h，排出压力<20MPa；操作温度-20～150℃；介质黏度<1000Pa・s；固体含量从颗粒到粉末的体积含量比 40%～70%；颗粒尺寸<e（螺杆截面圆心与轴线的偏心距）；纤维长度<0.4t（螺杆的螺距）。

单螺杆泵广泛应用于化工、石油、造纸、纺织、建筑、食品、日用化工、污水处理等行业。

2. 双螺杆泵

双螺杆泵由两根螺杆、泵体及轴封等组成。一般所指的双螺杆泵由分别为左旋和右旋的两根单头螺纹的螺杆同置于一个泵体中，主动螺杆通过一对同步齿轮，驱动从动螺杆共同旋转。两螺杆的螺纹齿相互置于对方的螺纹槽中，两螺杆螺纹的螺旋面之间、螺纹顶部与根部之间以及螺纹顶部与泵体内壁之间均有很小的间隙，以此间隙构成密封，在螺杆和泵体内壁之间形成一个或数个密闭的工作腔。

在泵工作时，随着螺杆的转动，在吸入端，工作腔的容积逐渐变大，吸入液体，并将其密闭于工作腔内送向泵排出端；在排出端，工作腔的容积逐渐缩小，将被送液体挤出工作腔，排至泵的输出管路中，完成输液过程。双螺杆泵的组成和工作原理如图 6.20 所示。

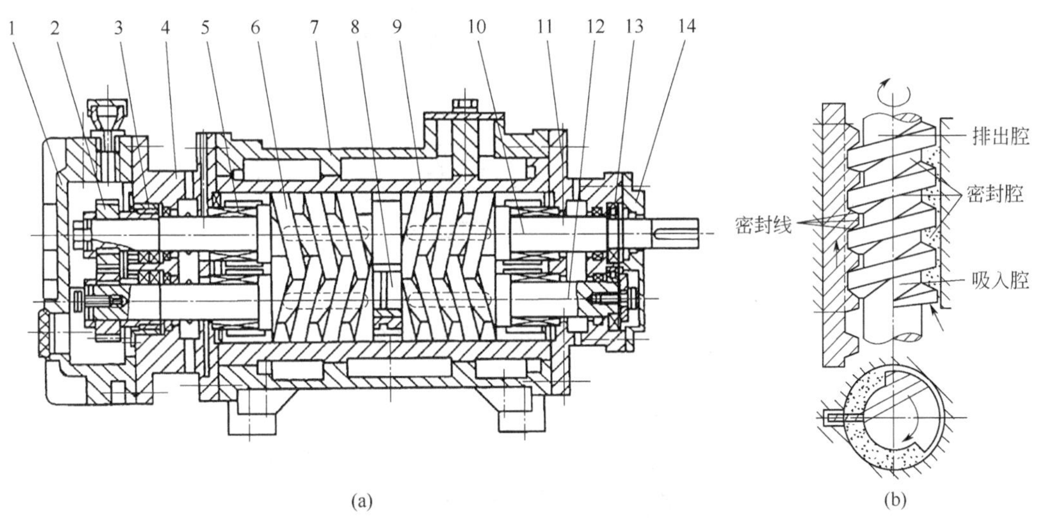

图 6.20　双螺杆泵的组成和工作原理

1—齿轮箱盖；2—齿轮；3,13—滚动轴承；4—后支承；5—机械密封；6—螺杆；7—泵体；8—调节螺栓；9—衬套；10—主动轴；11—前支架；12—从动轴；14—压盖

3. 三螺杆泵

三螺杆泵主要由一根主动螺杆、两根从动螺杆和包容三根螺杆的泵套组成，如图 6.21 所示。主动螺杆螺纹为凸形双头，从动螺杆为凹型双头，两者螺旋方向相反。螺杆的螺纹的法向截面齿廓型线为摆线。

自润滑低压三螺杆泵如图 6. 22 所示，主动螺杆为悬臂式，剩余轴向力由热装在主动螺杆上的推力轴承承受，从动螺杆端部为自然润滑式，其轴向力由端部的推力块承受。

中、高压三螺杆泵多为高压平衡式，参见图 6. 21，高压液体经泵套上的深孔到主动螺杆和从动螺杆的端部。平衡螺杆上的轴向力，也可以采用低压平衡式，参见图 6. 23，使位于排出腔一端的从动螺杆平衡活塞的端面与低压腔连通，从动螺杆的剩余轴向力应指向排出腔。

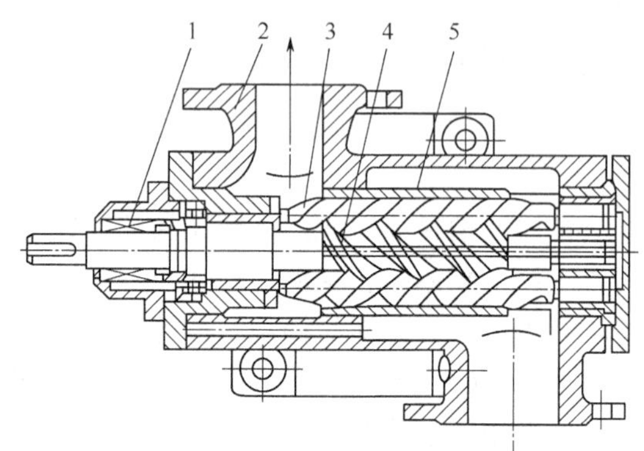

图 6. 21　高压平衡式螺杆泵

1—机械密封；2—泵体；3—从动螺杆；4—主动螺杆；5—泵套

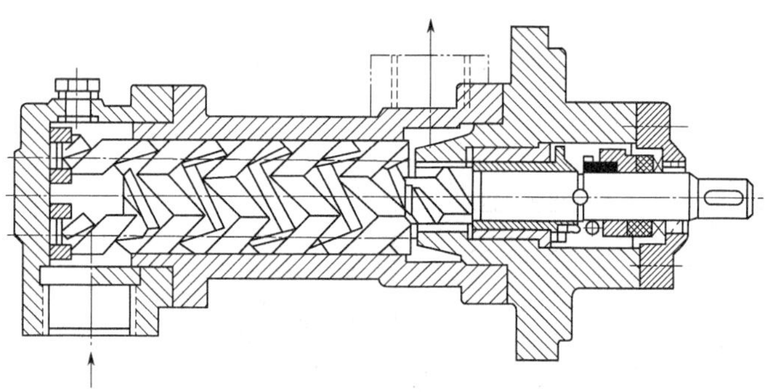

图 6. 22　自润滑低压三螺杆泵

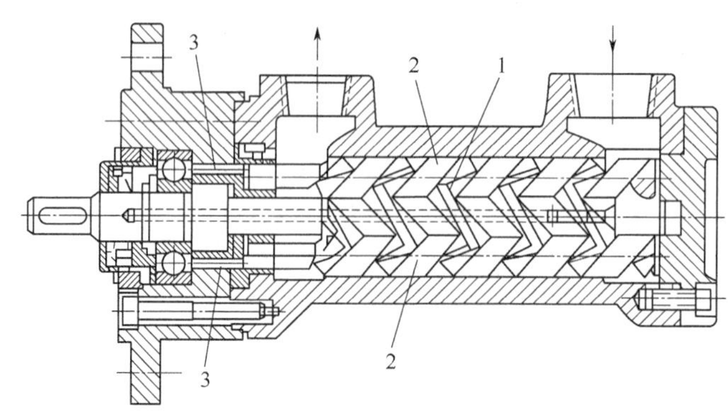

图 6. 23　低压平衡式三螺杆泵

1—主动螺杆；2—从动螺杆；3—平衡孔

主动螺杆和从动螺杆的螺纹相互啮合形成数条密封线，参见图6.24。这些密封线同螺杆与泵套孔壁之间的间隙密封构成数个密闭的工作腔，并将泵的吸入室和排出室隔开。使得泵吸入端的工作腔能在螺杆转动中，容积逐渐增大，吸入液体，随螺杆继续转动，将液体密闭于工作腔内，并送向泵的排出端；在排出端工作腔随螺杆的转动，容积逐渐缩小，将被送液体挤出工作腔，排至泵的输出管路中去，完成液体输送。

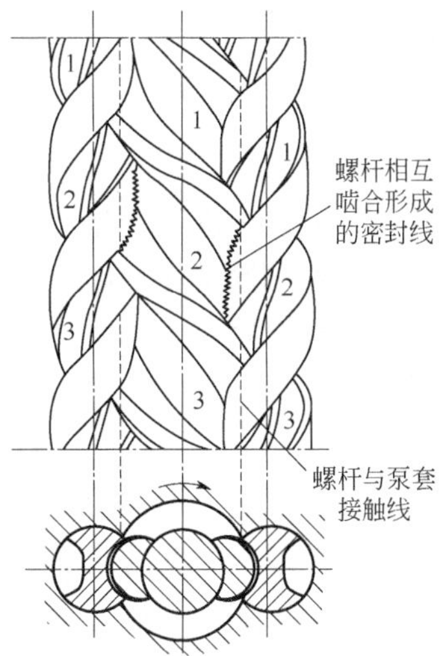

图6.24　三螺杆泵螺杆密封线

1—吸入腔；2—密封腔；3—排出腔

三螺杆泵中，主动螺杆直径和截面面积都较大，在泵工作时承受主要的负荷。从动螺杆的主要作用是阻止液体从排出室漏回吸入室，同时主动螺杆和从动螺杆的啮合也阻止了被送液体随螺杆转动，被送液体相当于被限制转动的螺母。当螺杆每转一转，被送液体沿螺杆的轴向由泵吸入端向出口端移动一个导程。螺杆连续地旋转，泵连续地输送液体。

三螺杆泵的排出压力取决于泵输出管路系统的特性。泵能达到的排出压力与螺杆的导程数（密封线数）、螺杆与泵套孔壁的间隙有关，排出压力越高，需要导程数越多；螺杆越长，要求螺杆与孔壁间隙越小。

三螺杆泵主要用于输送润滑油、液压油、重油、燃料、柴油、汽油、液体蜡以及黏度较小的合成树脂等，在化工生产装置中主要用于离心压缩机、大型泵等机组的润滑油泵、密封油泵等。

6.4.3　螺杆泵的特点

和其他泵相比，螺杆泵有许多优点：经济性能好、压力高而均匀、流量均匀、转速高、能与原动机直联。螺杆泵可以输送润滑油、输送燃油、高分子聚合物及黏稠体。

螺杆泵的缺点：螺杆齿型复杂、加工精度要求高、工作特性对黏度变化比较敏感。具体优缺点见表6.7。

表6.7　螺杆泵的优缺点

泵型	优点	缺点
单螺杆泵	可处理高固体含量液体 黏度高 压力高 对泥浆和污泥有极佳处理能力 机械密封在入口侧	不能干转 不能用于高温 不易维护 维修成本高 所需空间大 螺杆的加工和装配要求高
三螺杆泵	压力和流量范围大 液体的种类和黏度范围广 转速高 吸入性能好，具有自吸能力 流量均匀连续，振动小，噪声低 剪切力低 与其他回转泵相比，对进入的气体和污物不大敏感 结构坚实，安装保养容易	螺杆的加工和装配要求高 泵的性能对液体的黏度变化比较敏感

知识拓展

水泵的历史

在公元前 3 世纪末叶，古希腊数学家兼工匠特斯比亚斯发明了最古老的水泵，它是用一个柱塞在圆筒里往复运动来抽水，这可以说是今天活塞泵的原形。公元前 100 年左右，古罗马的建筑家毕多毕斯发明了一种扬水泵，泵内有两个青铜做的缸，缸内的活塞可上下运动，将水抽上来。在罗马时代，由于水利工程非常发达，因而产生了许多不同类型的抽水机械。

公元 5 世纪，葡萄牙人制造出木质两叶片泵，这是近代离心泵的雏形。到了 15 世纪，意大利文艺复兴时期的艺术、科学巨匠达・芬奇设计了与毕多毕斯原理相同的活塞泵。16 世纪以后，人们开始在生产中使用活塞泵，新的抽水扬水装置不断涌现。

1581 年，英国的贝塔・莫里斯建造的抽水设施利用泰晤士河水流带动水车转动，再以水车为动力带动活塞泵抽水。这是最早用水力驱动的水泵，也是世界上最早的大型抽水站，它为伦敦市输送自来水。1588 年，意大利的拉梅里也设计了与莫里斯相同原理的抽水装置。这以后，欧洲许多城市都使用水泵输送自来水。

18 世纪末，蒸汽机诞生后，逐步被用作水泵的动力。英国的苏梅塞特侯爵从 1628 年开始进行蒸汽泵研究，1633 年他获得了蒸汽泵的专利。此后，美国的温辛顿于 1859 年又制造出性能更好、并以他的名字命名的“温辛顿活塞泵”。

在水泵的发展过程中，人们逐渐发现，在水泵的内部抽水方式上，旋转运动与往复运动相比，前者的结构更简单，对外来动力的利用也更方便。所以进入 18 世纪后，旋转结构的水泵发展得比活塞泵更快，应用得也更广。

18 世纪初，法国制成第一台蜗壳叶片泵。1818 年，美国发明了一种使用离心叶片的旋转作用的简易离心泵。在此基础上，麦卡锡于 1830 年制造出了性能更好的离心泵，曾在当时纽约的排水工程中大量使用。在 19 世纪中叶，又诞生了多极叶片泵和扭曲叶片泵，这使水泵的工作效率和扬水高度都有了很大提高。从这以后，对泵的研究更加深入，又有了涡轮泵。

到近代，汽油机、柴油机和电力的发明，又为水泵提供了更强大、更可靠和更灵活的动力，使水泵的使用范围大大扩展。在中世纪及其以前的年代里，水泵主要是为主流社会提供自来水。到了 17、18 世纪，水泵的服务对象扩大到了城市平民和工厂、矿山。而水泵真正成为普通农民的农田排灌机能，则是在 19 乃至 20 世纪以后的事。有了水泵，就可以大量利用丰富的地下水，可以引水上山。在现代农田灌溉排涝中，水泵扮演着十分重要的角色。

巩固与提高

一、单选题

1. 一般单螺杆泵的截面形状是（　　）。

A. 矩形　　B. 圆形　　C. 椭圆形　　D. 工字形

二、多选题

螺杆泵的优点有（　　）。

A. 压力和流量稳定　　B. 工作平稳，噪声低

C. 结构简单　　D. 螺杆齿型复杂，加工精度要求高

任务 6.5　认知泵的运行与维护

学习目标

视频 42　泵的运行与维护

1. 知识目标

（1）掌握螺杆泵的概念及分类；

（2）了解螺杆泵的工作原理；

（3）明确螺杆泵的特点。

2. 技能目标

掌握螺杆泵的概念及分类，明确螺杆泵的特点。

3. 素质目标

（1）培养学生对本专业的职业认同感；

（2）增强学生的动手能力，培养学生的团队合作精神。

思政情境

2016 年 3 月，《国家政府工作报告》中首次提出要弘扬工匠精神："鼓励企业开展个性化定制、柔性化生产，培育精益求精的工匠精神，增品种、提品质、创品牌。"我国的工匠精神来源于农耕文明时期的四大发明和庖丁、鲁班等优秀工匠文化的传承。"工匠精神"对于个人，是干一行、爱一行、专一行、精一行，务实肯干、坚持不懈、精雕细琢的敬业精神；对于企业，是守专长、制精品、创技术、建标准，持之以恒、精益求精、开拓创新的企业文化；对于社会，是讲合作、守契约、重诚信、促和谐，分工合作、协作共赢、完美向上的社会风气。

相关知识

6.5.1　泵的启动及注意事项

1. 离心泵的启动

1）*启动前准备*

（1）检查泵的各连接螺栓与地脚螺栓有无松动现象。

（2）检查配管的连接是否合适，泵和驱动机中心是否对中。处理高温、低温液体的泵的配管膨胀、收缩有可能引起轴心失常、咬合等，因此需采用挠性管接头等。

（3）直接耦合和定心。小型、常温液体泵在停止运行时，进行泵和电动机的定心没有问题；而大型、高温液体泵运行和停止中，轴心差异很大，为了正确定心，一般加热到运转温度或运行后停下泵，迅速进行再定心以保证转动件双方轴心一致，避免振动和泵的咬合。

（4）清洗配管。运行前必须首先清洗配管，将配管中的异物、焊渣等除去，切勿使异物焊渣等掉入泵体内部。在吸入管的滤网前后装上压力表，以便监视运行中滤网的堵塞情况。

（5）盘车。启动前卸掉联轴器，用手转动转子，观察是否有异常现象，并使电动机单独试车，检查其旋转方向是否与泵一致。用手旋转联轴器，可发现泵内叶轮与外壳之间有无异物。盘车应经重均匀，泵内无杂音。

（6）启动油泵，检查轴承润滑是否良好。

2）离心泵的开车操作

（1）检查装置的管路和设备情况，关闭出口阀门；

（2）打开入口阀门，将阀门转到最大位置回转一圈；

（3）打开管路下方的阀门，观察水是否进入泵体内；

（4）打开放空阀门，使泵体内的空气排出，防止出现气缚现象；

（5）启动前先对电动机和泵盘车，判断是否转动自如；

（6）按下启动按钮，泵开始运转；

（7）慢慢打开出口阀门，观察流量和压力表的参数变化；

（8）根据参数变化进行现场调整。

2. 螺杆泵的启动

1）启动前的准备

螺杆泵应在吸排停止阀全开的情况下启动，以防过载或吸空。螺杆泵尽管具有干吸能力，但必须防止其干转，以免损伤主要配件定子。如果泵需要在低温或高黏度的条件下启动，应在吸排气阀及旁通阀完全打开的情况下启动，以降低泵启动时的负荷，直到原动机达到额定转速时，再将旁通阀逐渐关闭。此外，在启动前还需注意以下事项：

（1）检查泵进出口连接法兰及地脚螺栓紧固情况，如松动，应上紧。

（2）检查机泵各部位螺丝是否紧固，地脚螺丝是否紧固。

（3）检查电气设备和接地装置是否完好。

（4）检查联轴器是否同轴，断面间隙是否合适。

（5）检查轴承座及减速器的润滑油是否添加足够。

（6）泵启动前，打开进出口阀门，必要时按照旋转方向盘转数圈；另外，首次开机前需将进口灌满所输送的介质。

2）螺杆泵的启动操作

（1）首次启动泵或再次使用长期封存的泵，应注入所输入液体，借助辅助工具转动泵轴几次，这样不会损坏定子。泵不能无液启动，无液启动会损坏定子。

（2）启动电动机片刻，检查泵的旋转方向，确认与泵壳上所标的方向一致后方可启动运行。

(3) 启动泵后，观察压力表和真空表的读数是否满足要求，注意泵的声音、振动等运转情况，发现不正常应马上停车检查。

(4) 在初始启动过程中，填料密封（特别是聚四氟乙烯）允许的起始泄漏量，在初始启动过程的 15min 内，应均匀地调整填料压盖螺栓。每次大约 1/8r，调整到最低泄漏量。若填料函温度急剧升高，泄漏量急剧减小，应马上松开螺栓，重复以上过程。

3. 注意事项

(1) 泵启动时，应先打开入口阀门，关闭出口阀门使流量为零，其目的是减小电动机的启动电流。但出口阀也不能关闭时间太长，否则泵内液体因叶轮搅动而使温度很快升高，产生汽蚀。所以，待泵出口压力稳定后立即缓慢打开出口阀门，调节所需的流量和扬程；关闭出口阀门时，泵的连续运转时间不应过长。

(2) 往复泵、齿轮泵、螺杆泵等容积式泵启动时，必须先开启进、出口阀门。

(3) 泵启动时，对于高温（或低温）泵，要做预热（或预冷）时要慢慢地把高温（或低温）液体送到泵内进行加热（或冷却）。泵内温度和额定温度的差值在 25℃ 以内。开启入口阀门和放空阀门，排出泵内气体，当预热到规定温度后，再关好放空阀门。

(4) 大黏度油品泵如果不预热，油会凝结在泵体内，造成启动后不上量，或者因启动力矩大，电动机跳闸。

(5) 泵在启动时检查加入轴承中的润滑脂或润滑油是否适量，强制润滑时，要确认润滑油的压力是否保持在规定的压力。

(6) 蒸汽泵的汽缸，在启动时应以蒸汽进行暖缸，并及时排出冷凝水。

(7) 水泵启动时应将泵内充满水。充水时，打开放气阀，待泵内充满水后将放气阀关闭。

(8) 耐酸泵启动时，应使出口阀全开，以免因酸液在泵壳内搅动升温而加剧对泵的腐蚀。

(9) 用脆性材料（如硅铁、陶瓷、玻璃等）制造的泵，在启动时应严防骤冷或骤热，不允许有大于 50℃ 温差的突然冷热变化。

6.5.2 泵运行中的注意事项

1. 离心泵运行注意事项

(1) 泵在运行中，要注意填料压盖部位的温度和渗漏。正常的填料渗漏应不超过每分钟 10~20 滴。

(2) 在泵运行中，若泵吸入空气或固体，会发出异常声响，并随之振动。

(3) 在泵运行中，如果备用机的逆止阀泄漏，而切换阀一直开着，要注意因逆流而使备用机产生逆转。

(4) 泵在正常运转中调节流量时，不能采用减小泵吸入管路阀门开度的方法来减小流量；否则会造成泵入口流量不足而使泵产生汽蚀。

(5) 在泵运行中，对于需要冷却水的轴承，要注意水的温度、水量，设法使轴承温度保持在规定范围内。

2. 螺杆泵运行注意事项

螺杆泵工作时，应注意检查压力、温度以及机械轴封工作情况。对轴封应该允许有微量的泄漏，如泄漏量不超过每秒 20~30 滴，则认为正常。如果螺杆泵在工作过程中产生噪声，通常是由于温度过低、介质黏度过高、或介质中进入空气，或泵过度磨损等原因引起。具体注意事项如下：

（1）启动泵后，如有异常声音，立即停泵，排除故障后，再重新启动。

（2）在泵运行中，应注意检查电动机、减速箱、传动轴、泵壳体等各部位的温度是否正常。

（3）在泵运行中，应注意检查输送介质时压力是否在额定范围内。

（4）泵在使用过程中，根据实际情况定期清洗进出口管道的藏留物。

3. 运行时常见故障及处理方法

（1）离心泵运行时常见故障、故障原因及处理方法见表 6.8。

表 6.8　离心泵常见故障、故障原因及处理方法

故障现象	故障原因	解决办法
泵不出水	泵没有注满液体	停泵注水
	吸水高度过大	降低吸水高度
	吸水管有空气或漏气	排气或消除漏气
	被输送液体温度过高	降低液体温度
	吸入阀堵塞	排除杂物
	转向错误	改变转向
流量不足	吸入阀或叶轮被堵塞	检查水泵，清除杂物
	吸入高度过大	降低吸入高度
	进入管弯头过多，阻力过大	拆除不必要弯头
	泵体或吸入管漏气	紧固
	填料处漏气	紧固或更换填料
	密封圈磨损过大	更换密封环
	叶轮腐蚀、磨损	更换叶轮
输出压力不足	介质中有气体	排出气体
	叶轮腐蚀或严重破坏	更换叶轮
消耗功率过大	填料压盖太紧、填料函发热	调节填料压盖的松紧度
	联轴器皮圈过紧	更换胶皮圈
	转动部分轴窜过大	调整轴窜动量
	中心线偏移	找正轴心线
	零件卡住	检查、处理
轴承过热	中心线偏移	校正轴心线
	缺油或油不净	清洗轴承、加油或换油
	油环转动不灵活	检查处理
	轴承损坏	更换轴承

续表

故障现象	故障原因	解决办法
密封处漏损过大	填料或密封元件材质选用不对	验证填料腐蚀性能，更换填料材质
	轴或轴套磨损	检查、修理或更换
	轴弯曲	校正或更换
	中心线偏移	找正
	转子不平衡、振动过大	测定转子、平衡
	动、静环腐蚀变形	更换密封环
	密封面被划伤	研磨密封面
	弹簧压力不足	调整或更换
	冷却水不足或堵塞	清洗冷却水管路，加大冷却水量
泵体过热	泵内无介质	检查处理
	出口阀未打开	打开出口阀门
	泵容量大，实用量小	更换泵
振动或发出杂音	中心线偏移	找正中心线
	吸水部分有空气渗入	堵塞漏气孔
	管路固定不对	检查调整
	轴承间隙过大	调整或更换轴承
	轴弯曲	校直
	叶轮内有异物	清除异物
	叶轮腐蚀、磨损后转子不平衡	更换叶轮
	液体温度过高	降低液体温度
	叶轮歪斜	找正
	叶轮与泵体摩擦	调整
	地脚螺栓松动	紧固螺栓

（2）螺杆泵运行时常见故障、故障原因及处理方法见表 6.9。

表 6.9　螺杆泵常见故障、故障原因及处理方法

故障现象	故障原因	解决方法
泵不吸油	吸入管路堵塞或漏气	检修吸入管路
	吸入高度超过允许吸入真空高度	降低吸入高度
	电动机反转	改变电动机转向
	介质黏度过大	将介质加温
压力表指针波动大	吸入管路漏气	检修吸入管路
	安全阀未调好，使安全阀时开时闭	调整安全阀
	工作压力过大，使安全阀时开时闭	调整工作压力

续表

故障现象	故障原因	解决方法
流量下降	吸入压头不够	增高液面
	吸入管路堵塞或漏气	检修吸入管路，进行堵漏，除漏
	螺杆与泵套磨损	磨损严重时应更换零件
	安全阀弹簧太松或阀瓣与阀座接触不严	调整弹簧、研磨阀瓣与阀座
	电动机转速不够	修理或更换电动机
轴功率急剧增大	排出管路堵塞	停泵清洗管路
	螺杆与泵套严重摩擦	检修或更换有关零件
	介质黏度太大	将介质升温
泵振动大	泵与电动机不同心	调整同心度
	螺杆与泵套不同心或间隙大	检修调整
	泵内有气体	检修吸入管路，排除漏气部位
	安装高度过大，泵内产生汽蚀	降低安装高度或降低转速
泵发热	泵内严重摩擦	检查调整螺杆和泵套
	机械密封回油孔堵塞	疏通回油孔
	油温过高	适当降低油温
机械密封大量漏油	装配位置不对	重新按要求安装
	密封压盖未压平	调整密封压盖
	动环或静环密封面碰伤	研磨密封面或更换新件
	动环或静环密封圈损坏	更换密封圈
盘车不动	泵内由杂物卡住	解体，清理杂物
	螺杆弯曲或螺杆定位不良	调直螺杆或进行螺杆定位调整
	同步齿轮调整不当	重新调整
	轴承磨损或损坏	更换或调整轴承
	螺杆径向轴承间隙过小	调整间隙
	螺杆轴承座不同心而产生偏磨	解体，检修
	泵内压力大	打开出口阀

6.5.3 泵的停车操作及注意事项

1. 离心泵的停车操作

（1）打开自循环系统上的阀门。

（2）关闭排液阀。

（3）停止电动机。

（4）若需保持泵的工作温度，则打开预热阀门。

（5）关闭轴承和填料函的冷却水给水阀。

（6）停机时若不需要液封则关闭液封阀。

（7）如果是特殊泵装置的需要或打开泵进行检查时，则关闭吸入阀，打开放气孔和各种排液阀。

通常，汽轮机驱动的泵所规定的启动和停车步骤与电动机驱动泵基本相同。汽轮机因有各种排水孔和密封装置，必须在运行前后打开或关闭。此外，汽轮机一般要求在启动前预热。还有一些汽轮机在系统中要求随时启动，则要求进行盘车运转，因此，运行时应根据汽轮机制造厂所提供的有关汽轮机启动和停车步骤的规定进行操作。

2. 螺杆泵的停车操作

螺杆泵停止时，应先关闭排出停止阀，在螺杆泵完全停转后关闭吸入停止阀。单螺杆泵由于工作螺杆长度大，刚性较差，容易弯曲，导致工作失常。连接管路时应独立固定，尽可能减少对泵的牵连等。此外，备用螺杆，在保存时建议采用悬吊固定的方法，以避免因放置不平而导致的变形。此外，还应注意：

（1）完成输送工作后，按下停泵按钮。

（2）长期不用时，关闭进出口阀门。

3. 停车注意事项

（1）泵运行中因断电而停车时，先关闭电源开关，后关闭排出管道上的阀门。

（2）轴流泵在停车时，在关闭出口阀之前，先打开真空阀。

（3）泵在停车且泵内有液体时，至轴封部位的密封液体，最好不要中断。

（4）热油泵在停车时要注意，各部分的冷却水不能马上停，要等各部分温度降至正常温度时方可停冷却水；严禁用冷水洗泵体，以免泵体冷却速度过快，使泵体变形；关闭泵的出口阀、入口阀、进出口连通阀；每隔 15～30min 盘车 180°，直至泵体温度降至100℃以下。

（5）对于出口管未装单向阀的离心泵，停泵时应先逐渐关闭出口阀门，然后停止电动机。若先停电动机就会使高压液体倒灌，导致叶轮反转而引起事故。

（6）低温泵停车时，当无特殊要求时，泵内应经常充满液体。吸入阀和排出阀应保持常开状态；采用双端面机械密封的低温泵，液位控制器和泵密封腔内的密封液应保持泵的灌浆压力。

（7）输送易结晶、易凝固、易沉淀等介质的泵，停泵后应防止堵塞，并及时用清水或其他介质冲洗泵和管道。

（8）离心泵应先关闭排出管道上的阀门，再切断电源，等泵冷却后再关闭其他的阀门。

（9）泵在停车时，对于淹没状态运行的泵，停车后把进口阀关闭。

知识拓展

泵的检修

1. 单级离心泵的检修

单级离心泵主要由泵体、泵盖、叶轮、轴、密封和托架等部件组成，有的还有衬板等。单吸泵的叶轮安装在轴端呈悬臂式，轴线端面进水，排出口与泵的轴线垂直。双吸泵的泵体为水平剖分式，叶轮采用双吸式叶轮，由两端轴承支承。吸入口与排出口均在泵体上，成水平方向与泵体垂直。电动机通过联轴节直接驱动泵。

1）泵完好标准

（1）零部件。

① 泵体及各零部件完整齐全。

② 基础螺栓及各连接螺栓齐全、紧固。

③ 安全防护装置齐全、稳固。

④ 各部安装配合符合规定。

⑤ 基础及底座完整、紧固。

（2）运行性能。

① 油路畅通，润滑良好。

② 运转正常，无异常振动、杂音等现象。

③ 压力、流量平稳，各部温度正常，电流稳定。

④ 达到铭牌出力或查定能力。

（3）技术资料。

① 有泵的总图或结构图，易损件图。

② 设备档案齐全，数据准确可靠，包括：安装及试车验收资料；设备运行记录；历次检修及验收记录；设备缺陷及事故情况记录。

（4）设备及环境。

① 基础底座整洁。

② 进出口阀门、管口法兰、泵体等处接合面均无泄漏。

③ 密封漏。

填料封：介质为水时，初期每分钟不多于20滴，末期每分钟不多于40滴。其他液体每分钟不多于15滴。

机械封：初期无泄漏，末期每分钟不超过5滴。

2）检修周期和检修内容

（1）检修周期见表6.10。

表6.10 离心泵检修周期

类别	小修		中修		大修	
	水	其他液体	水	其他液体	水	其他液体
周期（月）	3	1~2	12	3~6	36	6~12

（2）检修内容。

① 小修。

a. 检修填料密封，更换填料。

b. 检查与调整联轴器的同轴度及轴向间隙，更换联轴器的易损件。

c. 检查轴承及油路，更换润滑油（脂）。

d. 检查冷却水系统及消除水垢。

e. 消除运行中的缺陷及渗漏，检查紧固各部螺栓。

f. 清扫及检修所属阀门。

② 中修。

a. 包括小修内容。

b. 检修机械密封，修理及更换零件。

c. 解体、检查各部零件的磨损、腐蚀和冲刷程度，予以修复或更换，消除各部污垢。

d. 检查轴承磨损、腐蚀和直线度，进行修复。

e. 测定叶轮的静平衡及检查转子的晃动量。

f. 检查轴承磨损、刮研轴瓦、调整间隙以及更换轴承。

g. 检查与调整叶轮密封环、轴承、压盖、轴封等间隙。

h. 检查或校验压力表。

i. 检查、清扫以及修理电动机。

③ 大修。

a. 包括中修内容。

b. 更换叶轮。

c. 更换泵轴。

d. 泵体及衬板测厚、鉴定，并做必要的修复处理。

e. 测量及调整泵体水平度。

f. 除锈防腐。

3）检修方法及质量标准

（1）泵体及底座。

① 泵体及底座应无裂纹，泵体涡旋室及液体通道内壁铸造表面应光滑，在不承受压力部位发现裂纹或其他可焊补的铸造缺陷时，可按规定进行焊补修复。

② 双吸叶轮泵泵体与泵盖中分面的平面度以 1m 长的平尺检查不应超过 0.1mm，装配时垫以 0.2~0.25mm 的纸垫。

③ 泵体安装的水平度。

单吸式离心泵：纵向（沿轴方向）0.05mm/m；横向（垂直于泵轴方向）0.10mm/m。

双吸式离心泵：纵向及横向均为 0.05mm/m。

（2）泵轴及轴套。

① 轴不应有腐蚀、裂纹等缺陷，修理或更换泵轴必要时要做无损探伤，检测有无裂纹。

② 泵轴轴颈的表面粗糙度：安装叶轮、轴套及装配联轴器处 3.2，装配滚动轴承处 1.6，滑动轴承 0.8。

③ 以两轴承为支点，用千分表检查装配叶轮、轴套以及联轴器等部位轴颈的径向跳动，应不大于 0.03mm。

④ 键槽中心对轴颈中心线的偏移量不大于 0.06mm，歪斜不大于 0.03mm/100mm。

⑤ 键槽磨损后，可根据磨损情况适当加大，但最大只可按标准尺寸增大一级，在结构和受力允许时，可在原槽的 90°或 120°方向另开键槽。

⑥ 轴颈磨损后，可用电镀、喷镀或涂镀的方法修复。

⑦ 轴套材料应符合图样；轴承不允许有裂纹、外圆表面不允许有砂眼，气孔、疏松等缺陷。

⑨ 轴套与轴的配合用 H8/h8 或 H9/h9。

（3）叶轮。

① 叶轮表面及液体流道内壁应清理洁净，不能有黏砂、毛刺、结垢和灰垢等；流道入口加工面与非加工面衔接处应圆滑过渡。

② 叶轮与轴一般采用 H7/n6 配合。

③ 新装叶轮须作过静平衡，不平衡重量应不大于表 6.11 数值；超过时用去重法从叶轮两侧切削，切去的厚度应不超过叶轮厚壁厚的 1/3，切削部位应与未切削处平滑过渡。

离心泵叶轮检修要求见表 6.11。

表 6.11　离心泵叶轮检修要求

叶轮外圆直径（mm）	≤200	201～300	301～400	401～500
允许不平衡重量（g）	3	5	8	10

（4）转子部分拆装。

① 在拆卸轴套、叶轮螺母、滚动轴承等，如发现被锈蚀咬住，应用煤油或除锈剂浸泡后再拆，不要随意敲击。

② 装配后检查转子部件上叶轮的密封部位外圆及轴套外圆的径向圆跳动，应不超过表 6.12 的规定。

表 6.12　离心泵检修叶轮的密封部位外圆及轴套外圆的径向圆跳动规定

名义直径部分	≤50	50～120	120～200	200～500	500～800
叶轮密封部位外圆的径向圆跳动（mm）	0.05	0.06	0.08	0.10	0.12
轴套外圆的径向圆跳动（mm）	0.04	0.05	0.06		

2. 螺杆泵的检修

1）检修周期

螺杆泵的检修周期见表 6.13，根据运行状况及状态监测结果可适当调整检修周期。

表 6.13　螺杆泵的检修周期　　（单位：月）

检修类别	小修	大修
检修周期	6	24

2）检修内容与程序

（1）小修项目。

① 检查轴封泄漏情况，调整压盖与轴的间隙，更换填料或修理机械密封。

② 检查轴承。

③ 检查各部位螺栓紧固情况。

④ 消除冷却水、封油和润滑系统在运行中出现的跑、冒、滴、漏等缺陷。

⑤ 检查联轴器及对中情况。

（2）大修项目。

① 包括小修项目内容。

② 解体检查各部件磨损情况，测量并调整各部件配合间隙。

③ 检查齿轮磨损情况，调整同步齿轮间隙。

④ 检查螺杆直线度及磨损情况。

⑤ 检查泵体内表面磨损情况。

⑥ 校验压力表、安全阀。

3）检修与质量标准

（1）检修前准备。

① 掌握运行情况，备齐必要的图纸资料。

② 备齐检修工具、量具、配件及材料。

③ 切断电源及设备与系统联系，内部介质冷却、吹扫、置换干净，符合安全检修条件。

（2）拆卸与检修。

① 拆卸联轴器。

② 拆卸检查同步齿轮：拆卸泵后端盖，检查垫片、止推垫片、轴承、轴向定位塞（单或三螺杆泵）；拆卸泵后端盖，拆卸检查轴承及密封。

③ 拆卸前端盖，拆卸检查主、从动螺杆及密封。

④ 必要时更换端盖与泵体之间垫片。

⑤ 联轴器对中。

（3）检查与质量标准。

本标准为一般性的要求，对于不同的螺杆泵，以设备生产厂家设计指标为准。

① 螺杆：螺杆表面要求不得有伤痕，螺旋形面粗糙度为 Ra1.6，齿顶表面粗糙度为 Ra1.6，螺旋外圆表面粗糙度为 Ra1.6；螺杆轴颈圆柱度为直径的 0.25‰；螺杆轴线直线度为 0.05mm；螺杆齿顶与泵体间隙冷态为 0.11~0.48mm；螺杆啮合时齿顶与齿根间隙冷态为 0.11~0.48mm，法向间隙为 0.10~0.29mm，且处于相邻两齿中间位置。

② 泵体：泵体内表面粗糙度为 Ra3.2；泵体、端盖和轴承座的配合面及密封面应无明显伤痕，粗糙度为 Ra3.2。

③ 轴承：滚动轴承与轴的配合采用 H7/k6；滚动轴承与轴承箱配合采用 H7/h6；滚动轴承外圈与轴承压盖的轴向间隙为 0.02~0.06mm；滚动轴承采用热装时，加热温度不得超过 100℃，严禁用火焰直接加热，推荐采用高频感应加热；滚动轴承的滚子和内外滚道表面不得有腐蚀、坑疤、斑点等缺陷，保持架无变形、损伤；滑动轴承衬套与轴的配合间隙（经验值）如表 6.14 所示；滑动轴承衬套与轴承座孔的配合为 R7/h6。

表 6.14　轴颈与滑动轴承配合间隙

转速（r/min）	1500 以下	1500~3000	3000 以上
间隙（mm）	1.2/1000D	1.5/1000D	2/1000D

注：D 为轴颈直径，mm。

④ 密封。

填料密封：填料压盖与填料箱的直径间隙一般为 0.1～0.3mm；填料压盖与轴套的直径间隙为 0.75～1.0mm，轴向间隙均匀，相差不大于 0.1mm；填料尺寸正确，切口平行、整齐、无松动，接口与轴心线成 45°夹角；压装填料时，填料的接头必须错开，一般接口交错 90°，填料不宜压装过紧；安装填料密封应符合技术要求（液封环与填料箱的直径间隙一般为 0.15～0.20mm；液封环与轴套的直径间隙一般为 1.0～1.5mm；填料均匀压入，不宜压得过紧，压入深度一般为一圈盘根高度，但不得小于 5mm）。

机械密封：压盖与垫片接触面对轴中心线的垂直度为 0.02mm；安装机械密封应符合技术要求。

⑤ 联轴器：联轴器与轴的配合根据轴径不同，采用 H7/js6、H7/k6 或 H7/m6；联轴器对中偏差和端面间隙如表 6.15 所示。

表 6.15　联轴器对中偏差和端面间隙

<table>
<tr><th rowspan="2">联轴器型式</th><th rowspan="2">联轴器外径</th><th colspan="2">对中偏差</th><th rowspan="2">端面间隙</th></tr>
<tr><th>径向位移</th><th>轴向倾斜</th></tr>
<tr><td rowspan="2">滑块联轴器</td><td>≤300</td><td><0.05</td><td><0.4/1000</td><td></td></tr>
<tr><td>300～600</td><td><0.10</td><td><0.6/1000</td><td></td></tr>
<tr><td rowspan="3">齿式联轴器</td><td>170～185</td><td><0.05</td><td rowspan="2"><0.3/1000</td><td>2.5</td></tr>
<tr><td>220～250</td><td><0.08</td><td>2.5</td></tr>
<tr><td>290～430</td><td><0.10</td><td><0.5/1000</td><td>5.0</td></tr>
<tr><td rowspan="13">弹性套柱销联轴器</td><td>71～106</td><td><0.04</td><td rowspan="13"><0.2/1000</td><td>3</td></tr>
<tr><td>130～190</td><td><0.05</td><td>4</td></tr>
<tr><td>220～250</td><td><0.05</td><td rowspan="2">5</td></tr>
<tr><td>315～400</td><td><0.08</td></tr>
<tr><td>475</td><td><0.08</td><td rowspan="2">6</td></tr>
<tr><td>600</td><td><0.10</td></tr>
<tr><td>90～160</td><td rowspan="2"><0.05</td><td>2.5</td></tr>
<tr><td>195～220</td><td>3</td></tr>
<tr><td>280～320</td><td rowspan="2"><0.08</td><td>4</td></tr>
<tr><td>360～410</td><td>5</td></tr>
<tr><td>480</td><td rowspan="3"><0.10</td><td>6</td></tr>
<tr><td>540</td><td rowspan="2">7</td></tr>
<tr><td>630</td></tr>
</table>

⑥ 同步齿轮：主动齿轮与轴的配合为 H7/h6，从动齿轮与推行轮毂的配合为 H7/h6，锥形轮毂与轴的配合为 H7/h6；锥形轮毂质量应符合技术要求，内表面粗糙为 Ra0.8，如有裂纹或一组锥形轮毂严重磨损，f 值小于 0.5mm 时应更换；齿轮不得有毛刺、裂纹、断裂等缺陷。齿轮的接触面积，沿齿高度不小于 40%，沿齿宽不小于 55%，并均匀地分布在节圆线周围，齿轮啮合侧间隙为 0.08～0.10mm。

4）试车与验收

（1）试车前准备。

① 检查检修记录，确认符合质量要求。

② 轴承箱内润滑油油质及油量符合要求。

③ 封油、冷却水管不堵、不漏。

④ 检查电动机旋转方向。

⑤ 盘车无卡涩，无异常响声。

⑥ 必须向泵内注入输送液体。

⑦ 出入口阀门打开，至少应有30%开度。

（2）试车。

① 螺杆泵不允许空负荷试车。

② 运行良好，应符合下列机械性能及工艺指标要求：运转平稳，无杂音；振动烈度应符合 SHS 01003—2004《石油化工旋转机械振动标准》相关规定；冷却水和油系统工作正常，无泄漏。

流量、压力平稳；轴承温升符合有关标准；电流不超过额定值；密封泄漏不超过下列要求，即机械密封；重质油不超过5滴/min；轻质油不超过10滴/min。填料密封：重质油不超过10滴/min；轻质油不超过20滴/min。

③ 安全阀回流不超过3min。

④ 试车24h合格后，按规定办理验收手续，移交生产。

⑤ 试车期间维修人员和检修人员加强巡检次数。

⑥ 停车时不得先关闭出口阀。

（3）验收。

① 检修质量符合 SHS 01001—2004《石油化工设备完好标准》项目内容的要求和规定，检修记录齐全、准确，并符合本规程要求。

② 设备技术指标达到设计要求或能满足生产需要。

③ 设备状况达到完好标准。

巩固与提高

一、单选题

根据螺杆泵的检修要求，小修周期为（　　）。

A. 3个月　　B. 6个月　　C. 12个月　　D. 24个月

二、多选题

在运行过程中，如果螺杆泵的基座螺栓发生松动，会产生（　　）影响。

A. 会造成机体振动　　B. 造成泵体移动

C. 使管线破裂　　D. 螺栓断裂

参 考 文 献

[1] 全国化工设备设计技术中心站机泵技术委员会．工业泵选用手册［M］．北京：化学工业出版社，2019.

[2] 魏龙．泵运行与维修实用技术［M］．北京：化学工业出版社，2021.

[3] 薛敦松．石油化工厂设备检修手册：泵［M］．2 版．北京：中国石化出版社，2007.

[4] 杨雨松．泵运维护与检修［M］．2 版．北京：化学工业出版社，2021.

[5] 谢经良．污水处理设备操作维护问答［M］．2 版．北京：化学工业出版社，2021.

[6] 杨巍．水污染控制技术［M］．北京：化学工业出版社，2021.

[7] 郭正，张宝军．水污染控制与设备运行［M］．北京：高等教育出版社，2007.

[8] 北京水环境与设备研究中心．三废处理工程技术手册（废水卷）［M］．北京：化学工业出版社，2000.

[9] 沈耀良，王宝贞．废水生物处理新技术［M］．北京：中国环境科学出版社，2000.

[10] 王有志．水污染控制技术［M］．北京：中国劳动保障出版社，2010.

[11] 江野立．环境工程工业污水治理中常见问题分析与应对措施［J］．环境与发展，2020，32（10）：2.

[12] 魏彬，杨慧敏，张晓正，等．污水处理厂曝气总量精确控制方法的研究与应用［J］．中国给水排水，2016，32（6）：5.

[13] 申国泽，唐志坚，邓非凡，等．农村生活污水处理工艺优选方法研究［J］．环境工程，2016，34（6）：5.

[14] 杨翠丽，武战红，韩红桂，等．城市污水处理过程优化设定方法研究进展［J］．自动化学报，2020，46（10）：17.

[15] 毛珊瑛，史敏，罗建．基于生态修复的污水处理技术可持续性评价指标体系及方法［J］．中南林业科技大学学报，2021，41（12）：12.

[16] 刘秉涛，张亚龙．村镇生活污水处理中存在的问题及分类处理方法［J］．江苏农业科学，2018，46（6）：5.

[17] 吕尤，俞岚．分散型农村生活污水处理技术评价方法［J］．给水排水，2020（S01）：548-551.

[18] 刘玲花，张盼伟，王启文．基于源分离的农村分散式生活污水处理技术［J］．水利水电技术，2019，50（6）：7.

[19] 云玉攀，杨鑫，李子富，等．催化还原法深度处理污水中硝态氮的研究［J］．中国环境科学，2015（11）：7.

[20] 缪佳，毛妙杰，李菁，等．微生物固定化技术在污水处理领域的研究进展［J］．福建师范大学学报（自然科学版），2022（1）：038.

[21] 尹军华，鲁晓燕．探讨城市污水处理方法与污水化验分析的质量控制研究［J］．中文科技期刊数据库（全文版）工程技术，2022（1）：4.

[22] 马晓宁．城市污水处理的主要方法及发展［J］．建材与装饰，2018（7）：1.

[23] 李芳．污水处理中存在的常见问题及解决策略［J］．中国资源综合利用，2017，35（11）：2.

[24] 王国鸣．环境工程中工业污水治理中存在的问题及解决策略［J］．价值工程，2021，40（16）：54-55.